CAD/CAM/CA

U0166907

中文版 UG NX 2312
从入门到精通

（实战案例版）

169 集同步视频教程　86 个实例案例分析

☑建模基础　☑草图设计　☑特征建模　☑曲面功能　☑钣金特征　☑装配建模　☑工程图

天工在线　编著

中国水利水电出版社
www.waterpub.com.cn

·北京·

内 容 提 要

UG NX 是一款集 CAD/CAM/CAE 于一体的三维设计软件，是当今世界应用广泛的计算机辅助设计、分析和制造软件，广泛应用于汽车、航空航天、机械、消费产品、医疗器械、造船等行业。

本书以 UG NX 2312 版本为基础，通过具体的工程实例，系统讲解了 UG NX 工程设计的应用和技巧。全书共 13 章，包括 UG NX 2312 入门、基本操作、建模基础、草图设计、曲线功能、基本特征建模、设计特征建模、复制特征、特征操作、曲面功能、钣金特征、装配建模、工程图等内容。

全书包含了 86 个实例案例讲解，配备了 169 集同步视频教程，提供配套的实例素材源文件。另外本书还附赠了 12 大行业设计案例、教学视频和源文件等，帮助读者拓展视频，提升实战能力。

本书适合 UG NX 2312 入门读者或者需要系统学习 UG NX 建模的读者使用。本书也可以作为相关院校的教材使用。使用 UG NX 12、UG NX 11、UG NX 10 及以下版本的读者也可以参考学习。

图书在版编目（CIP）数据

中文版UG NX 2312 从入门到精通 ：实战案例版 / 天工在线编著. -- 北京 ：中国水利水电出版社，2024.9

（CAD/CAM/CAE/EDA微视频讲解大系）

ISBN 978-7-5226-1937-8

Ⅰ. ①中… Ⅱ. ①天… Ⅲ. ①计算机辅助设计－应用软件 Ⅳ. ①TP391.72

中国国家版本馆 CIP 数据核字(2023)第 223043 号

丛 书 名	CAD/CAM/CAE/EDA 微视频讲解大系
书 名	中文版 UG NX 2312 从入门到精通（实战案例版） ZHONGWENBAN UG NX 2312 CONG RUMEN DAO JINGTONG
作 者	天工在线 编著
出版发行	中国水利水电出版社 （北京市海淀区玉渊潭南路 1 号 D 座 100038） 网址：www.waterpub.com.cn E-mail: zhiboshangshu@163.com 电话：(010) 62572966-2205/2266/2201
经 售	北京科水图书销售有限公司 电话：(010) 68545874、63202643 全国各地新华书店和相关出版物销售网点
排 版	北京智博尚书文化传媒有限公司
印 刷	北京富博印刷有限公司
规 格	190mm×235mm 16 开本 28 印张 725 千字 2 插页
版 次	2024 年 9 月第 1 版 2024 年 9 月第 1 次印刷
印 数	0001—4000 册
定 价	89.80 元

凡购买我社图书，如有缺页、倒页、脱页的，本社营销中心负责调换

Try your best
Never underestimate your power to change yourself!

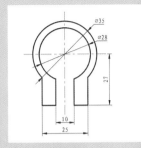

锁紧箍草图

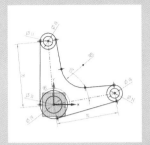

连杆草图

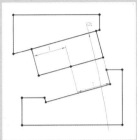

轴承草图

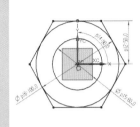

螺母草图

法兰草图

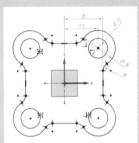

汽缸截面草图

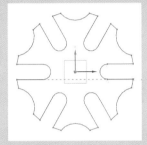

槽轮草图

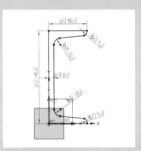

槽钢截面草图

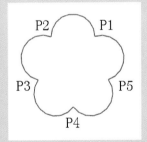

梅花草图

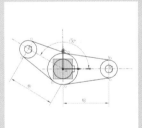

曲柄草图

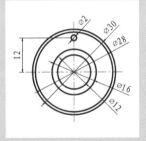

挡圈草图

拨叉草图

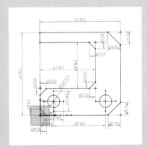

卡槽草图

垫片草图

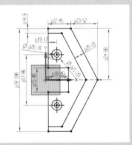

切刀草图

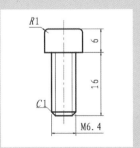

内六角螺钉截面

中文版UG NX 2312
从入门到精通（实战案例版）
本书部分案例

Try your best
Never underestimate your power to change yourself!

球摆

圆柱拉伸弹簧

时针

花键轴

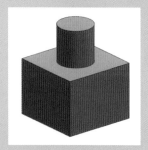
滑块

碗

活动钳口

柱塞泵爆炸图

固定开口扳手

方向盘

圆柱齿轮

内六角螺钉

饮料瓶

压板

半圆键

三相电表盒壳体

Try your best
Never underestimate your power to change yourself!

节能灯泡

耳机插头

电阻

填料压盖

油杯

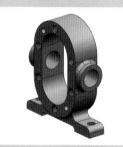

机座

挡板

瓶体

后端盖

下阀瓣

圆锥销

法兰盘

泵体

咖啡壶

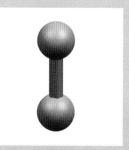

哑铃

灯泡

中文版UG NX 2312
从入门到精通（实战案例版）
本书部分案例

Try your best
Never underestimate your power to change yourself!

锅盖

齿轮

风扇

滚轮

阀体

螺母

轴承盖

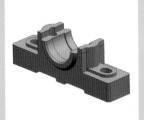
轴承座 1

轴承座 2

节能灯泡

茶杯

柱塞泵装配

瓶盖

柱塞泵装配图

斜齿轮

阀盖

前　言
Preface

　　UG NX①是 Siemens PLM Software 公司的一款集产品设计、工程制造于一体的解决方案系统软件，用于帮助用户改善产品质量，提高产品交付速度和效率。它集成了 CAD/CAM/CAE，提供先进的概念设计、三维建模及文档编制解决方案，实现了结构、运动、热、流体和多物理应用的多学科仿真，还提供了涵盖工装、加工及质量监测的零部件制造解决方案。

　　UG NX 的优势在于：能够提供在开放环境下应用同步技术实现灵活设计的解决方案；提供在开发流程中紧密集成多学科仿真的解决方案；提供全系列先进零部件制造应用的解决方案；与 Teamcenter——世界领先的产品生命周期管理（PLM）平台——实现无可比拟的紧密集成。

一、编写目的

　　鉴于 UG NX 强大的功能和深厚的工程应用底蕴，我们力图编写一套全方位介绍 UG NX 在工程行业实际应用的书籍。具体就本书而言，我们不求事无巨细地将 UG NX 知识点全部讲解清楚，而是针对工程专业或行业需要，以 UG NX 知识脉络为线索，以实例为抓手，帮助读者掌握用 UG NX 进行工程设计的基本技能和技巧。

二、本书特点

　　本书通过具体的工程实例，系统讲解了使用 UG NX 进行工程设计的方法和技巧，包括 UG NX 2312 入门、基本操作、建模基础、草图设计、曲线功能、基本特征建模、设计特征建模、复制特征、特征操作、曲面功能、钣金特征、装配建模、工程图等内容。

➥　实用性强

　　本书从全面提升 UG NX 设计能力的角度出发，结合大量的实例讲解如何利用 UG NX 进行工程设计。本书中有很多实例本身就是工程设计项目案例，经过作者精心提炼和改编，不仅能帮助读者掌握基本知识，还能帮助他们掌握实际操作技能，同时培养工程设计实践能力。

➥　实例丰富

　　本书的实例不管是数量还是种类，都非常丰富。本书结合大量的工业设计实例详细讲解 UG NX 知识要点，让读者在学习实例的过程中循序渐进地掌握 UG NX 软件的操作技巧。

---

①UG NX 原系美国 UGS 公司出品，2008 年前后被德国 Siemens（西门子）公司收购，更名为 Siemens NX，简称 NX。但在很多地方还习惯称其为 UG NX。为方便读者阅读，本书仍旧沿用 UG NX 的名称，本书提到的 UG NX 指的都是 Siemens NX。UG NX 发展到 2024 年，其最新版本号是 UG NX 2312，本书即采用 UG NX 2312 进行讲述。

➘ 系统全面

就本书而言，我们的目的是编写一本对工程设计各个方面具有普适性的基础应用学习用书，所以我们在本书中对基础知识点的讲解做到尽量全面。

三、本书的配套资源

为了方便读者学习，本书提供了极为丰富的学习资源。

1．配套学习视频

针对本书实例专门制作了丰富的教学视频，读者朋友通过手机扫描二维码即可观看视频，像看电影一样轻松愉悦地学习本书，然后对照书本加以实践和练习，可以大大提高学习效率。

2．全书实例的源文件素材

本书实例丰富，同时也提供了实例对应的素材源文件，读者可以安装 UG NX 2312 软件，按照书中的步骤学习与操作。

3．赠送多套大型图纸设计方案及大型教学视频

为了帮助读者拓宽视野，本书赠送多套设计图纸集、图纸源文件和教学视频等。

以上内容均可通过关于本书服务中介绍的方法进行下载。

四、关于本书服务

1．“UG NX 2312 简体中文版”安装软件的获取

要进行书中的实例操作，需要事先在计算机中安装 UG NX 2312 软件。读者朋友可以登录官方网站获取正版软件，或者通过百度搜索及相关学习群咨询软件获取方式。

2．本书资源的获取及联系方式（注意：本书不配光盘，以上提到的所有资源均需通过下面的方法下载后使用）：

（1）读者可以扫描并关注下面的微信公众号，然后发送“UG1937”到公众号后台，获取本书资源下载链接。将该链接复制到计算机浏览器的地址栏中，根据提示下载即可。

（2）读者可加入 QQ 群 659236253（若群满，则会创建新群，请根据加群时的提示加入对应的群），作者不定时在线答疑，读者也可以互相交流学习。

五、关于作者

本书由天工在线组织编写。天工在线是一个集 CAD/CAM/CAE/EDA 技术研讨、工程开发、培训咨询和图书创作于一体的工程技术人员协作联盟，由 40 多位专职和众多兼职 CAD/CAM/CAE/EDA 工程技术专家组成。

天工在线负责人由 Autodesk 中国认证考试中心首席专家担任，全面负责 Autodesk 中国官方认证考试大纲制定、题库建设、技术咨询和师资力量培训工作，成员精通 Autodesk 系列软件。其创作的很多教材成为国内具有引导性的旗帜作品，在国内相关专业方向图书创作领域具有举足轻重的地位。

参与本书编写的人员有：张亭、解江坤、刘昌丽、康士廷、毛瑢、朱玉莲、徐声杰、卢园、杨雪静、孟培、闫聪聪。

六、致谢

本书能够顺利出版，是作者、编辑和所有审校人员共同努力的结果，在此表示深深的感谢。同时，祝所有读者在通往优秀工程师的道路上一帆风顺！

编　者

目　录

Contents

第 1 章　UG NX 2312 入门

内容简介

UG NX（Unigraphics NX）是 Siemens PLM Software 公司推出的集 CAD/CAM/CAE/EDA 于一体的三维设计软件，也是当今世界应用最广的计算机辅助设计、分析和制造软件之一，广泛应用于汽车、航空航天、机械、消费产品、医疗器械、造船等行业。其功能包括概念设计、工程设计、性能分析和制造，可为制造行业产品开发的全过程提供解决方案。

内容要点

- ↘ UG NX 的启动
- ↘ 工作界面
- ↘ 功能区的定制
- ↘ 系统的基本设置

1.1　UG NX 的启动

启动 UG NX 2312 中文版，有以下 4 种方法。

➤ 双击桌面上的 UG NX 2312 快捷方式图标，即可启动 UG NX 2312 中文版。

➤ 单击桌面左下方的"开始"按钮，在弹出的菜单中选择"程序"→Siemens NX→NX，启动 UG NX 2312 中文版。

➤ 将 UG NX 2312 快捷方式图标固定到桌面下方的快捷启动栏中，只需单击快捷启动栏中的 UG NX 2312 快捷方式图标，即可启动 UG NX 2312 中文版。

➤ 直接在 UG NX 2312 安装目录的 NXBIN 子目录下双击 ugraf.exe 图标，即可启动 UG NX 2312 中文版。

UG NX 2312 中文版的启动界面如图 1-1 所示。

图 1-1　UG NX 2312 中文版的启动界面

扫一扫，看视频

1.2　工作界面

本节主要介绍 UG NX 2312 工作界面及其组成部分，了解各部分的位置和功能之后才能有效地进行设计工作。选择"文件"→"新建"→"确定"命令，进入如图 1-2 所示的工作界面。其中包括标题栏、菜单、选择条、功能区、工作区、坐标系、快速访问工具条、资源条、提示行和状态行等部分。

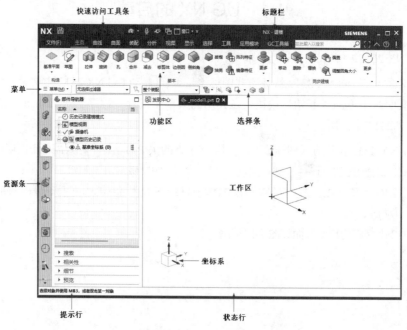

图 1-2　工作界面

1.2.1　标题栏

标题栏用于显示软件版本，以及当前的模块和文件名等信息。

1.2.2　菜单

菜单中包含本软件的主要功能，系统的所有命令或者设置选项都归属到不同的菜单下，它们分别是"文件"菜单、"编辑"菜单、"视图"菜单、"插入"菜单、"格式"菜单、"工具"菜单、"装配"菜单、PMI 菜单、"信息"菜单、"分析"菜单、"首选项"菜单、"窗口"菜单、"GC 工具箱"菜单和"帮助"菜单。

当选择某一菜单时，在其子菜单中就会显示所有与该功能有关的命令。图 1-3 所示为"格式"子菜单，具有如下特点。

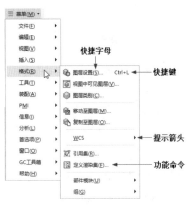

➤ 快捷字母：例如，"文件(F)"中的 F 是系统默认的快捷字母命令键，按 Alt+F 组合键即可调用该命令。如要执行"文件"→"打开"命令，按 Alt+F 组合键后再按 O 键即可。

➤ 功能命令：是实现软件各个功能所要执行的命令，单击它会调出相应功能。

➤ 提示箭头：是指菜单命令中右方的三角箭头，表示该命令含有子菜单。

➤ 快捷键：命令右方的组合键即是该命令的快捷键，在工作过程中直接按下组合键即可自动执行该命令。

图 1-3　"格式"子菜单

1.2.3　上边框条

上边框条（上边框条又称选择条）中含有不少快捷功能，为用户绘图提供了方便，如图 1-4 所示。

图 1-4　上边框条

1.2.4　功能区

在功能区中，将命令以图标的形式按不同的功能进行分类，安排在不同的选项卡和组中，如图 1-5 所示。功能区中所有的命令图标都可以在菜单中找到相应的命令，这样就避免了在菜单中查找命令的烦琐，方便操作。

图 1-5　功能区

1.2.5　工作区

工作区是绘图的主区域。

1.2.6　坐标系

UG NX 中的坐标系分为工作坐标系（WCS）、绝对坐标系（ACS）和机械坐标系（MCS），其中工作坐标系是用户在建模时直接应用的坐标系。

1.2.7　快速访问工具条

快速访问工具条中含有一些最为常用的命令按钮，通过它们，用户可以方便、快速地进行绘图工作。

1.2.8　资源条

资源条（图 1-6）中包括"装配导航器""部件导航器""Web 浏览器""历史记录"和"重用库"等按钮。

单击"重用库"按钮 ![icon]，打开重用库，单击右上角的 □ 按钮，可以将其最大化，如图 1-7 所示。

单击"Web 浏览器"按钮 ![icon]，可显示 UG NX 2312 的在线帮助、CAST、e-vis、iMan 或其他任何网站和网页。也可选择"菜单"→"首选项"→"用户界面"命令，在弹出的"用户界面首选项"对话框中配置浏览器主页，如图 1-8 所示。

单击"历史记录"按钮 ![icon]，可访问打开过的零件列表，预览零件及其他相关信息，如图 1-9 所示。

图 1-6　资源条　图 1-7　重用库　　　　图 1-8　配置浏览器主页　　　　图 1-9　历史记录

1.2.9　提示行

提示行用于提示用户如何操作。执行每个命令时，系统都会在提示行中显示用户必须执行的下一步操作。对于用户不熟悉的命令，利用提示行的帮助，一般都可以顺利完成操作。

1.2.10　状态行

状态行主要用于显示系统或图元的状态，如显示是否选中图元等信息。

扫一扫，看视频

1.3　功能区的定制

功能区为用户的绘图工作提供了方便，但是进入应用模块之后，UG 只会显示默认的功能区设置。对此用户可以根据自己的习惯定制独特风格的功能区，方法如下。

选择"菜单"→"工具"→"定制"命令（图 1-10），或者在功能区任意空白处右击，在弹出的快捷菜单中选择"定制"命令（图 1-11），打开"定制"对话框。对话框中包括 4 个选项卡：命令、选项卡/条、快捷方式、图标/工具提示，之后即可进行功能区的定制。完成后单击对话框下方的"关闭"按钮，即可退出"定制"对话框。

图 1-10　选择"菜单"→"工具"→"定制"命令

图 1-11　弹出的菜单

1.3.1　命令

该选项卡用于设置显示或隐藏功能区中的某些命令图标，如图 1-12 所示。具体操作为：在"类别"栏中找到需要添加命令的功能区选项卡、边框条或 QAT（快速访问工具条），然后在"项"栏中找到待添加的命令，将该命令拖至相应的功能区选项卡、边框条或 QAT 中即可。对于功能区中不需要的命令图标直接拖出，然后释放鼠标即可。使用同样的方法也可以将命令图标拖动到"菜单"中。

图 1-12　"命令"选项卡

📢 提示：

　　除了命令可以拖动到功能区，在"类别"栏中选择"我的项"→"我的菜单"时，"项"栏中的菜单也可以拖动到功能区中，从而创建自定义菜单。

1.3.2　选项卡/条

该选项卡用于设置显示或隐藏某些选项卡/工具条、新建工具条、装载定义好的工具条文件（以.tbr为后缀名）等，也可以利用"重置"按钮来恢复软件默认的选项卡/工具条设置，如图 1-13 所示。

图 1-13　"选项卡/条"选项卡

1.3.3　快捷方式

该选项卡用于定制快捷工具条或圆盘工具条等，如图 1-14 所示。

图 1-14　"快捷方式"选项卡

1.3.4　图标/工具提示

该选项卡用于设置在功能区和菜单上是否显示工具提示、在对话框选项上是否显示工具提示，以及功能区、菜单和对话框等中的图标大小，如图 1-15 所示。

图 1-15　"图标/工具提示"选项卡

1.4　系统的基本设置

在使用 UG NX 中文版进行建模之前，首先要对 UG NX 中文版进行系统设置。下面主要介绍系统的环境设置和参数设置。

扫一扫，看视频

1.4.1　环境设置

在 Windows 11 中，软件的工作路径是由系统注册表和环境变量来设置的。安装 UG NX 以后，会自动建立一些系统环境变量，如 UGII_BASE_DIR 和 UGII_LANG 等。如果用户要添加环境变量，可以在"此电脑"图标上右击，在弹出的快捷菜单中选择"属性"命令，在弹出的"设置"窗口中单击右侧的"高级系统设置"按钮，打开如图 1-16 所示的"系统属性"对话框。选择"高级"选项卡，单击"环境变量"按钮，在弹出的如图 1-17 所示的"环境变量"对话框中进行相应的设置即可。

图 1-16　"系统属性"对话框　　　　　图 1-17　"环境变量"对话框

如果要对 UG NX 进行中英文界面的切换，在"环境变量"对话框的"系统变量"列表框中选择 UGII_LANG，然后单击下面的"编辑"按钮，打开如图 1-18 所示的"编辑系统变量"对话框，在"变量值"文本框中输入 simpl_chinese（中文）或 English（英文）即可。

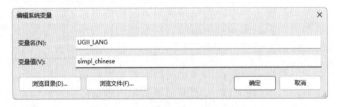

图 1-18　"编辑系统变量"对话框

扫一扫，看视频

1.4.2　默认参数设置

在 UG NX 中，操作参数一般都可以修改。大多数的操作参数，如图形中尺寸的单位、尺寸的标注方式、字体的大小以及对象的颜色等，都有默认值。而参数的默认值都保存在默认参数设置文件中，当启动 UG NX 时，会自动调用默认参数设置文件中的默认参数。UG NX 允许用户根据自己的习惯修改该文件，即自定义参数的默认值，以提高设计效率。

选择"菜单"→"文件"→"实用工具"→"用户默认设置"命令，打开如图 1-19 所示的"用户默认设置"对话框。

图 1-19 "用户默认设置"对话框

在该对话框中可以设置参数的默认值、查找所需默认设置的作用域和版本、将默认参数以电子表格的形式输出、升级旧版本的默认设置等。

下面介绍"用户默认设置"对话框中主要选项的用法。

➢ 查找默认设置：在"用户默认设置"对话框中单击 按钮，打开如图 1-20 所示的"查找默认设置"对话框。在该对话框的"输入与默认设置关联的字符"文本框中输入要查找的默认设置，单击 查找 按钮，结果将显示在"找到的默认设置"列表框中。

➢ 管理当前设置：在"用户默认设置"对话框中单击 按钮，打开如图 1-21 所示的"管理当前设置"对话框。在该对话框中可以实现对默认设置的新建、删除、导入、导出和以电子表格的形式输出默认设置。

图 1-20 "查找默认设置"对话框

图 1-21 "管理当前设置"对话框

第 2 章 基 本 操 作

内容简介

本章主要介绍 UG NX 应用中的一些基本操作及经常使用的工具，帮助用户一步步认识、熟悉 UG NX 的建模环境。对于建模中常用的工具或命令，想要熟练地掌握，还是要多练、多用才行；但对于 UG NX 所提供的建模环境有一个初步的整体性了解也十分必要。只有了解了全局，才会知道同一模型可以有多种建模思路，这样对建立更为复杂或特殊的模型才能做到游刃有余。

内容要点

- ➥ 文件操作
- ➥ 对象操作
- ➥ 坐标系操作
- ➥ 视图与布局
- ➥ 图层操作

2.1 文 件 操 作

本节将介绍有关文件的操作，包括新建文件、打开/关闭文件、导入/导出文件等。各种文件操作可以通过如图 2-1 所示的"文件"菜单命令来完成。

2.1.1 新建文件

要新建一个文件（后缀名为.prt），可以选择"文件"→"新建"命令，或单击"主页"选项卡"标准"组中的"新建"按钮，或按 Ctrl+N 组合键，打开如图 2-2 所示的"新建"对话框。

在"模板"栏中选择适当的模板，然后在"新文件名"栏中的"文件夹"文本框中确定新建文件的保存路径，在"名称"文本框中输入文件名，最后单击"确定"按钮即可。

📢 提示：

> UG NX 已经支持中文路径及中文文件名，因此用户可以在文件路径及文件名中使用中文，以方便文件的分类和查找。

新建(N)...	Ctrl+N
打开(O)...	Ctrl+O
打开用于 CAM 的 Solid Edge 文件...	
关闭(C)	▶
首选项(P)	▶
导入(M)	▶
导出(E)	▶
互操作(R)	▶
实用工具(U)	▶
执行(T)	▶
帮助(H)	▶
退出(X)	

图 2-1　"文件"菜单命令

图 2-2　"新建"对话框

2.1.2　打开/关闭文件

选择"文件"→"打开"命令，或单击"主页"选项卡"标准"组中的"打开"按钮，或按 Ctrl+O 组合键，打开如图 2-3 所示的"打开"对话框。该对话框中会列出当前目录下的所有有效文件以供选择，这里所指的有效文件是根据用户在"文件类型"下拉列表框中的设置决定的。从中选择所需文件，然后单击"确定"按钮，即可将其打开。

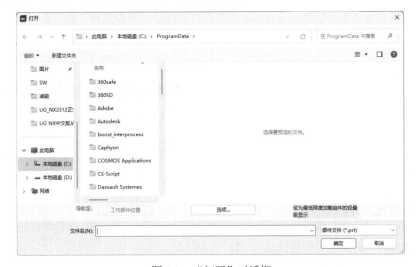

图 2-3　"打开"对话框

另外，如果是最近打开过的文件，可以选择"文件"→"最近打开的部件"命令，从列表中选择该文件打开。

要关闭文件，可以通过选择"文件"→"关闭"子菜单中的相应命令完成，如图2-4所示。

下面介绍其中的"选定的部件"命令。

选择该命令，打开如图2-5所示的"关闭部件"对话框，从中选取要关闭的文件，然后单击"确定"按钮即可。"关闭部件"对话框中的主要选项介绍如下。

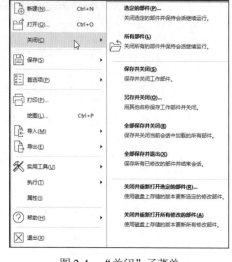

图2-4 "关闭"子菜单

➢ 顶层装配部件：用于在文件列表中只列出顶层装配文件，而不列出装配中包含的组件。

➢ 会话中的所有部件：用于在文件列表中列出当前进程中所有载入的文件。

➢ 仅部件：仅关闭所选择的文件。

➢ 部件和组件：如果所选择的文件是装配文件，则会一同关闭所有属于该装配文件的组件文件。

➢ 关闭所有打开的部件：单击该按钮，可以关闭所有文件，但会弹出警告对话框（图2-6），提示用户是否在关闭之前对所做的更改进行保存。

其他的命令与"选定的部件"命令功能相似，此处不再赘述。

图2-5 "关闭部件"对话框

图2-6 "关闭所有文件"对话框

扫一扫，看视频

2.1.3 导入/导出文件

1. 导入文件

选择"文件"→"导入"命令，在其子菜单（图2-7）中提供了"部件"命令，以及 UG NX 与其他应用程序文件格式的接口，其中常用的有 CGM（Computer Graphics Metafile，计算机图形元文件）、AutoCAD DXF/DWG 等。

该子菜单中部分命令介绍如下。

（1）部件：在 UG NX 中，可以将已存在的零件文件导入到当前打开的零件文件或新文件中；此外，还可以导入 CAM 对象。

选择"文件"→"导入"→"部件"命令，打开"导入部件"对话框，如图 2-8 所示。

图 2-7 "导入"子菜单

图 2-8 "导入部件"对话框

①比例：该文本框用于设置导入零件的大小比例。如果导入的零件含有自由曲面，系统将限制比例值为 1。

②创建命名的组：勾选该复选框，系统会将导入的零件中的所有对象建立群组，该群组的名称即是该零件文件的原始名称，并且该零件文件的属性将被转换为导入的所有对象的属性。

③导入视图和摄像机：勾选该复选框后，导入的零件中若包含用户自定义布局和查看方式，则系统会将其相关参数和对象一同导入。

④导入 CAM 对象：勾选该复选框后，若零件中含有 CAM 对象，则将一同导入。

⑤工作的：选中该单选按钮，导入零件的所有对象将属于当前的工作图层。

⑥原始的：选中该单选按钮，导入零件的所有对象还是属于原来的图层。

⑦工作坐标系：选中该单选按钮，在导入对象时以工作坐标系作为定位基准。

⑧指定：选中该单选按钮，系统将在导入对象后显示坐标子菜单，采用用户自定义的定位基准（定义之后，系统将以该坐标系作为导入对象的定位基准）。

（2）Parasolid：选择该命令，在弹出的对话框中可以导入*.x_t 格式文件。系统允许用户导入含有适当文字格式文件的实体（Parasolid），该文字格式文件含有可用于说明该实体的数据。导入的实体密度保持不变，表面属性（颜色、反射参数等）除透明度外，保持不变。

（3）CGM：选择该命令，可以导入 CGM 文件，即标准的 ANSI 格式的计算机图形元文件。

（4）AutoCAD DXF/DWG：选择该命令，可将其他从 CAD/CAM 应用程序导出的 DXF/DWG 文件导入 UG NX，操作与 IGES 相同。

（5）IGES：选择该命令，可以导入 IGES（Initial Graphics Exchange Specification，初始图形交换规范）格式文件。IGES 是可在一般 CAD/CAM 应用程序间转换的常用格式，可供各 CAD/CAM 应用程序转换点、线、曲面等对象。

2．导出文件

选择"文件"→"导出"命令，可以将 UG 文件导出为除自身外的多种文件格式，包括图片、数据文件和其他各种应用程序文件格式。

扫一扫，看视频

2.1.4 文件操作参数设置

1．载入选项

选择"菜单"→"文件"→"选项"→"装配加载选项"命令，打开如图 2-9 所示的"装配加载选项"对话框。

该对话框中部分参数介绍如下。

（1）加载（"部件版本"栏）：用于设置加载的方式。其中含有 3 个选项，分别介绍如下。

①按照保存的：用于指定载入的零件目录与保存零件的目录相同。

②从文件夹：指定加载零件的文件夹与主要组件相同。

③从搜索文件夹：利用此对话框下方的"显示会话文件夹"按钮进行搜索。

（2）加载（"范围"栏）：用于设置零件的载入方式，有 5 种可供选择。

图 2-9 "装配加载选项"对话框

（3）选项：选择"完全加载"时，系统会将所有组件文件一并载入；选择"部分加载"时，系统仅允许用户打开部分组件文件。

（4）允许替换：勾选该复选框，当组件文件载入零件时，即使该零件不属于该组件文件，系统也允许用户打开该零件。

（5）失败时取消加载：用于控制当系统载入发生错误时，是否中止载入组件文件。

2. 保存选项

选择"菜单"→"文件"→"选项"→"保存选项"命令,打开如图 2-10 所示的"保存选项"对话框,从中可以进行相关参数设置。

该对话框中部分参数介绍如下。

(1)保存时压缩部件:勾选该复选框后,保存时系统会自动压缩零件文件。文件压缩需要花费较长时间,所以一般用于大型组件文件或复杂文件。

(2)生成质量数据:用于更新并保存元件的质量及质量特性,并将其信息与元件一同保存。

(3)保存图样数据:该选项组用于设置保存零件文件时,是否保存图样数据。

①否:表示不保存。

②仅图样数据:表示仅保存图样数据,而不保存着色数据。

③图样和着色数据:表示全部保存。

图 2-10 "保存选项"对话框

2.2 对 象 操 作

UG NX 建模过程中的点、线、面、图层、实体等被称为对象,三维实体的创建、编辑操作过程实质上也可以看作对对象的操作过程。本节将介绍对象的操作过程。

2.2.1 观察对象

对对象进行观察,一般有以下几种途径。

1. 通过快捷菜单

在工作区中右击,弹出如图 2-11 所示的快捷菜单,其中部分命令功能介绍如下。

(1)刷新:用于更新窗口显示,包括更新 WCS 显示、更新由线段逼近的曲线和边缘显示;更新草图和相对定位尺寸/自由度指示符、基准平面和平面显示。

(2)适合窗口:用于拟合视图,即调整视图中心和比例,使整合部件拟合在视图的边界内。该命令可以通过 Ctrl+F 组合键实现。

(3)缩放:用于实时缩放视图。该命令可以通过按下鼠标滚轮(对于 3 键鼠标而言)不放,拖动鼠标来实现;将光标置于图形界面中,滚动鼠标滚轮即可对视图进行缩放;或者在按下鼠标滚轮的同时按 Ctrl 键,然后上下移动鼠标,也可以对视图进行缩放。

(4)平移:用于移动视图。该命令可以通过同时按下鼠标右键和滚轮(对于 3 键鼠标而言)不放,拖动鼠标来实现;或者在按下鼠标滚轮的同时按 Shift 键,然后向各个方向移动鼠标,也可以对视图进行移动。

扫一扫,看视频

图 2-11 快捷菜单

（5）旋转：用于旋转视图。该命令可以通过按下鼠标滚轮（对于3键鼠标而言）不放，拖动鼠标来实现。

（6）显示样式：用于更换视图的显示样式，其子菜单中包含着色、线框和艺术外观3种对象的显示样式。

（7）着色类型：用于更换视图的着色类型，其子菜单中包含完全着色、局部着色和面分析3种着色类型。

（8）定向视图：用于改变对象观察点的位置，其子菜单中包含用户自定义视角等9个视图命令。

（9）设置旋转参考：该命令可以实现用鼠标在工作区中选择合适的旋转点，再通过旋转命令观察对象。

2. 通过"视图"选项卡

"视图"选项卡如图2-12所示，其中每个命令按钮的功能与对应的快捷菜单命令相同。

图2-12　"视图"选项卡

3. 通过"视图"子菜单

选择"菜单"→"视图"命令，弹出如图2-13所示的子菜单，其中许多功能可以从不同的角度观察对象模型。

扫一扫，看视频

2.2.2 选择对象

在UG NX的建模过程中，可以通过多种方式来选择对象，以方便、快速地选择目标体。选择"菜单"→"编辑"→"选择"命令，弹出如图2-14所示的子菜单。

该子菜单中部分命令功能介绍如下。

➢ 最高选择优先级-特征：其选择范围特定，仅允许特征被选择，一般的线、面不允许选择。

➢ 最高选择优先级-组件：该命令多用于在装配环境下对各组件的选择。

➢ 全选：系统释放所有已经选择的对象。

当绘图工作区中有大量可视化对象可供选择时，系统会调出如图2-15所示的"快速选取"对话框来依次遍历可选择对象。数字表示遍历对象的顺序，各框中的数字与工作区中的对象一一对应，当数字框中的数字高亮显示时，对应的对象也会在工作区中高亮显示。下面介

图2-13　"视图"子菜单

绍两种常用的选择方法。

（1）通过键盘：通过键盘上的"→"键等移动高亮显示区来选择对象，确定之后按 Enter 键或单击确认即可。

（2）移动鼠标：在"快速选取"对话框中移动光标，高亮显示也会随之改变，确定对象后单击确认即可。

如果要放弃选择，单击对话框中的"关闭"按钮或按 Esc 键即可。

图 2-14　"选择"子菜单

图 2-15　"快速选取"对话框

扫一扫，看视频

2.2.3　改变对象的显示方式

本小节将介绍如何改变对象的显示方式。首先进入建模模块，选择"菜单"→"编辑"→"对象显示"命令或按 Ctrl+J 组合键，打开如图 2-16 所示的"类选择"对话框。通过该对话框选择要改变的对象后，打开如图 2-17 所示的"编辑对象显示"对话框。在该对话框中，可以编辑所选对象的"图层""颜色""线型""宽度""透明度"等参数。最后单击"确定"按钮，即可完成编辑并退出该对话框；单击"应用"按钮，则不退出该对话框，接着进行其他操作。

1．"类选择"对话框

"类选择"对话框中的相关参数功能介绍如下。

（1）对象：有"选择对象""全选"和"反选"3 种方式。

①选择对象：用于选取对象。

②全选：用于选取所有的对象。

③反选：用于选取绘图工作区中未被用户选中的对象。

（2）其他选择方法：有"按名称选择""选择链"和"向上一级"3 种方式。

①按名称选择：用于输入欲选取对象的名称，可使用通配符"？"或"*"。

②选择链：用于选择首尾相接的多个对象。选择方法是首先单击对象链中的第一个对象，然后单击最后一个对象，使所选对象高亮显示，最后单击确定，结束选择对象的操作。

③向上一级：用于选取上一级的对象。当选取了含有群组的对象时，该按钮才被激活。单击该按

钮，系统自动选取群组中当前对象的上一级对象。

（3）过滤器：用于限制要选择对象的范围，有"类型过滤器""图层过滤器""颜色过滤器""属性过滤器"和"重置过滤器"5种方式。

①类型过滤器 ：单击此按钮，打开如图 2-18 所示的"按类型选择"对话框。在该对话框中，可以设置在选择对象时需要包括或排除的对象类型。当选择"坐标系""实体""曲线""面"等对象类型时，单击"细节过滤"按钮，还可以作进一步的限制，如图 2-19 所示。

图2-16　"类选择"对话框

图2-17　"编辑对象显示"对话框

图2-18　"按类型选择"对话框

②图层过滤器 ：单击此按钮，打开如图 2-20 所示的"按图层选择"对话框。在该对话框中，可以设置在选择对象时需要包括或排除的对象所在的图层。

③颜色过滤器 ：单击此按钮，打开如图 2-21 所示的"对象颜色"对话框。在该对话框中，可以通过指定的颜色来限制选择对象的范围。

图2-19　"面"对话框

图2-20　"按图层选择"对话框

图2-21　"对象颜色"对话框

④属性过滤器：单击此按钮，打开如图 2-22 所示的"按属性选择"对话框。在该对话框中，可按对象线型、线宽或其他自定义属性进行过滤。

⑤重置过滤器：单击此按钮，可以恢复默认的过滤方式。

图 2-22 "按属性选择"对话框

2. "编辑对象显示"对话框

"编辑对象显示"对话框中的部分相关参数功能介绍如下。

（1）"图层"：用于指定所选对象放置的图层。系统规定的图层为 1~256 层。

（2）"颜色"：用于改变所选对象的颜色。可以调出如图 2-21 所示的"对象颜色"对话框。

（3）"线型"：用于修改所选对象的线型（不包括文本）。

（4）"宽度"：用于修改所选对象的线宽。

（5）"继承"：打开对话框，要求选择需要从哪个对象上继承设置，并应用到之后所选的对象上。

（6）"重新高亮显示对象"：重新高亮显示所选对象。

2.2.4 隐藏对象

扫一扫，看视频

当工作区中图形太多，不便于操作时，可将暂时不需要的对象隐藏，如模型中的草图、基准面、曲线、尺寸、坐标、平面等。选择"菜单"→"编辑"→"显示和隐藏"命令，在弹出的子菜单中提供了显示、隐藏，以及反转显示和隐藏等功能命令，如图 2-23 所示。

其中部分命令功能介绍如下。

（1）显示和隐藏：选择该命令，打开如图 2-24 所示的"显示和隐藏"对话框，可以选择要显示或隐藏的对象。

（2）隐藏：选择该命令或按 Ctrl+B 组合键，打开"类选择"对话框，可以通过类型选择需要隐藏的对象或直接选择。

（3）显示：将所选的隐藏对象重新显示出来。选择该命令，打开"类选择"对话框，此时工作区中将显示所有已经隐藏的对象，用户在其中选择需要重新显示的对象即可。

（4）显示所有此类型对象：将重新显示某类型的所有隐藏对象。选择该命令，打开"选择方法"对话框（图 2-25），其中提供了"类型""图层""其他""重置"和"颜色"5 种过滤方法来确定对象类型。

图 2-23 "显示和隐藏"子菜单

（5）全部显示：选择该命令或按 Shift+Ctrl+U 组合键，将重新显示所有在可选图层上的隐藏对象。

（6）反转显示和隐藏：该命令用于反转当前所有对象的显示或隐藏状态，即显示的全部对象将会隐藏，而隐藏的对象将会全部显示。

图 2-24　"显示和隐藏"对话框

图 2-25　"选择方法"对话框

扫一扫，看视频

2.2.5　对象变换

选择"菜单"→"编辑"→"变换"命令，打开如图 2-26 所示的"变换"对话框。选择对象后单击"确定"按钮，弹出如图 2-27 所示的"变换"对话框。可被变换的对象包括直线、曲线、面、实体等。该对话框在操作变换对象时经常会用到。在执行"变换"命令的最后操作时，都会打开如图 2-28 所示的"变换"结果对话框。

图 2-26　"变换"对话框（1）

图 2-27　"变换"对话框（2）

图 2-28　"变换"结果对话框

接下来，对图 2-27 所示的"变换"对话框中的部分功能进行介绍。

（1）比例：用于将选取的对象相对于指定参考点成比例地缩放尺寸，选取的对象在参考点处不移动。单击该按钮，在系统打开的"点"对话框中选择一参考点后，会打开如图 2-29 所示的"变换"比例对话

图 2-29　"变换"比例对话框

框。

①比例：该文本框用于设置均匀缩放，如图 2-30 所示。

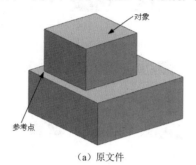

（a）原文件　　　　　　　　　　　　（b）"比例"为 0.5

图 2-30　均匀比例示意图

②非均匀比例：单击该按钮，在弹出的如图 2-31 所示的对话框中设置"XC-比例""YC-比例""ZC-比例"方向上的缩放比例。非均匀比例示意图如图 2-32 所示。

（2）通过一直线镜像：用于将选取的对象相对于指定的参考直线进行镜像，即在参考线的相反侧建立源对象的一个镜像。

图 2-31　"变换"非均匀比例对话框

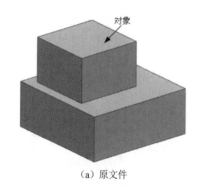

（a）原文件

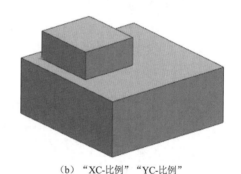

（b）"XC-比例""YC-比例"
"ZC-比例"分别为 0.8、0.7、0.5

图 2-32　非均匀比例示意图

单击该按钮，在弹出的如图 2-33 所示的对话框中提供了 3 种选择。

①两点：用于指定两点，两点的连线即为参考线。

②现有的直线：选择一条已有的直线（或实体边缘线）作为参考线。

③点和矢量：用"点"对话框指定一点，然后在"矢量"对话框中指定一个矢量，通过指定点的矢量即作为参考直线。

（3）矩形阵列：用于将选取的对象从指定的阵列原点开始，沿

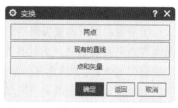

图 2-33　"变换"通过一直线镜像
对话框

坐标系 XC 和 YC 方向（或指定的方位）建立一个等间距的矩形阵列。系统先将源对象从指定的参考点移动或复制到目标点（阵列原点），然后沿 XC、YC 方向建立阵列，如图 2-34 所示。

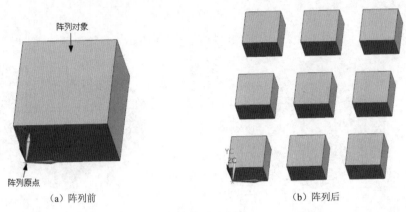

（a）阵列前 　　　　　　　　　　　　（b）阵列后

图 2-34　矩形阵列示意图

单击该按钮，打开如图 2-35 所示的对话框。

①DXC：表示 XC 方向的间距。

②DYC：表示 YC 方向的间距。

③阵列角度：指定阵列角度。

④列：指定阵列列数。

⑤行：指定阵列行数。

（4）圆形阵列：用于将选取的对象从指定的阵列原点开始，绕目标点（阵列中心）建立一个等角间距的圆形阵列，如图 2-36 所示。

图 2-35　"变换"矩形阵列对话框

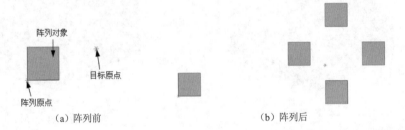

（a）阵列前 　　　　　　　　　　　　（b）阵列后

图 2-36　圆形阵列示意图

单击该按钮，打开如图 2-37 所示的对话框。

①半径：用于设置圆形阵列的半径值，该值也等于目标对象上参考点到目标点之间的距离。

②起始角：定位圆形阵列的起始角（与 XC 正向平行时为 0）。

③角度增量：指定阵列元素之间的角度。

④数量：指定要创建的阵列元素数。

（5）通过一平面镜像：用于将选取的对象相对于指定参考平面进行镜像，即在参考平面的相反侧建立源对象的一个镜像，如图 2-38 所示。

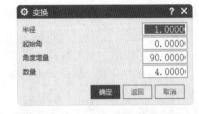

图 2-37　"变换"圆形阵列对话框

单击该按钮，打开如图 2-39 所示的"平面"对话框，用于选择或创建一参考平面，之后选取源对象完成镜像操作。

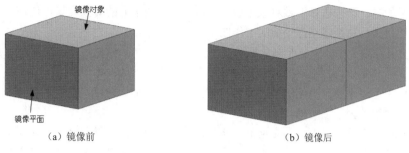

（a）镜像前 （b）镜像后

图 2-38 通过一平面镜像示意图

（6）点拟合：用于将选取的对象从指定的参考点集缩放、重定位或修剪到目标点集上。单击该按钮，打开如图 2-40 所示的对话框。

图 2-39 "平面"对话框

图 2-40 "变换"点拟合对话框

①3-点拟合：允许用户通过 3 个参考点和 3 个目标点来缩放和重定位对象。

②4-点拟合：允许用户通过 4 个参考点和 4 个目标点来缩放和重定位对象。

下面对图 2-28 所示的"变换"结果对话框中的部分功能进行介绍。

（1）重新选择对象：用于重新选择对象。通过类选择器对话框来选择新的变换对象，而保持原变换方法不变。

（2）变换类型-M Scale：用于修改变换方法。即在不重新选择变换对象的情况下，修改变换方法。当前选择的变换方法以简写的形式显示在"-"符号后面。

（3）目标图层-原始的：用于指定目标图层。即在变换完成后，指定新建立的对象所在的图层。单击该按钮后，出现以下 3 种选项供用户选择。

①工作的：变换后的对象放在当前的工作图层中。

②原先的：变换后的对象保持在源对象所在的图层中。

③指定：变换后的对象被移动到指定的图层中。

（4）追踪状态-关：这是一个开关按钮，用于设置跟踪变换过程。当其设置为"开"时，则在源对象与变换后的对象之间画连接线。该按钮可以和"平移""旋转""比例""镜像"或"重定位"等变换方法一起使用，以建立一个封闭的形状。

需要注意的是，该按钮对于源对象类型为实体、片体或边界的对象变换操作是不可用的。跟踪曲线独立于图层设置，总是建立在当前的工作图层中。

（5）细分-1：用于等分变换距离。即将变换距离（或角度）分割成几个相等的部分，实际变换距离（或角度）是其等分值。指定的值称为"等分因子"。

该按钮可用于"平移""比例""旋转"等变换操作，如"平移"变换，实际变换的距离是指原指定距离除以"等分因子"的商。

（6）移动：用于移动对象。即变换后，将源对象从其原来的位置移动到由变换参数所指定的新位置。如果所选取的对象和其他对象间有父子依存关系（即依赖于其他父对象而建立），则只有选取了全部的父对象一起进行变换后，才能执行"移动"命令。

（7）复制：用于复制对象。即变换后，将源对象从其原来的位置复制到由变换参数所指定的新位置。对于依赖于其他父对象而建立的对象，复制后的新对象中的数据关联信息将会丢失（即它不再依赖于任何对象而独立存在）。

（8）多个副本-可用：用于复制多个对象。按指定的变换参数和复制个数在新位置复制源对象的多个副本，相当于一次执行了多次"复制"命令。

（9）撤销上一个-不可用：用于撤销最近一次的变换操作，但源对象依旧处于选中状态。

📢 提示：

> 对象的几何变换只能用于变换几何对象，不能用于变换视图、布局、图纸等。另外，变换过程中可以多次使用"移动"或"复制"命令，但每使用一次都建立一个新对象，所建立的新对象都是以上一个操作的结果作为源对象，并以同样的变换参数变换后得到的。

2.2.6 移动对象

选择"菜单"→"编辑"→"移动对象"命令，打开如图 2-41 所示的"移动对象"对话框。

该对话框中部分选项介绍如下。

（1）Motion：包括距离、角度、点之间的距离、径向距离、点到点、根据三点旋转、将轴与矢量对齐、坐标系到坐标系和动态等多个选项。

①距离：将所选对象由原来的位置移动到新的位置。

②点到点：用户可以选择参考点和目标点，则这两个点之间的距离和由参考点指向目标点的方向将决定对象的平移距离和方向。

③根据三点旋转：提供三个位于同一个平面内且垂直于矢量轴的参考点，让对象围绕旋转中心，按照这三个点同旋转中心连线形成的角度逆时针旋转。

④将轴与矢量对齐：将对象绕参考点从一个轴向另外一个轴旋转一定的角度。选择起始轴，然后确定终止轴，这两个轴决定了旋转角度的方向。此时用户可以清楚地看到两个矢量的箭头，而且这两个箭头首先出现在选择轴上，当单击"确定"按钮后，箭头就平移到参考点。

图 2-41 "移动对象"对话框

⑤动态：用于将选取的对象相对于参考坐标系中的位置和方位移动（或复制）到目标坐标系中，使建立的新对象的位置和方位相对于目标坐标系保持不变。

（2）移动原先的：用于移动对象。即变换后，将源对象从其原来的位置移动到由变换参数所指定的新位置。

（3）复制原先的：用于复制对象。即变换后，将源对象从其原来的位置复制到由变换参数所指定的新位置。对于依赖于其他父对象而建立的对象，复制后的新对象中的数据关联信息将会丢失，即它不再依赖于任何对象而独立存在。

（4）非关联副本数：用于复制多个对象。按指定的变换参数和复制个数在新位置复制源对象的多个副本。

2.3　坐标系操作

UG NX 系统中共包括三种坐标系统，分别是绝对坐标系（Absolute Coordinate System，ACS）、工作坐标系（Work Coordinate System，WCS）和机械坐标系（Machine Coordinate System，MCS），它们都是符合右手法则的。

➢ ACS：系统默认的坐标系，其原点位置永远不变，在用户新建文件时就产生了。

➢ WCS：UG NX 系统提供给用户的坐标系，用户可以根据需要任意移动其位置，也可以设置属于自己的 WCS 坐标系。

➢ MCS：该坐标系一般用于模具设计、加工、配线等向导操作中。

UG NX 中关于坐标系统的操作功能集中在如图 2-42 所示的 WCS 子菜单中。

在一个 UG NX 文件中可以存在多个坐标系，但其中只能有一个工作坐标系。还可以利用 WCS 子菜单中的"保存"命令来保存坐标系，从而记录下每次操作时的坐标系位置，之后再利用"原点"命令移动到相应的位置。

扫一扫，看视频

2.3.1　坐标系的变换

选择"菜单"→"格式"→WCS 命令，弹出如图 2-42 所示的子菜单，可利用其中的命令对坐标系进行变换。

（1）动态：该命令能通过步进的方式移动或旋转当前的 WCS，用户可以在绘图工作区中移动坐标系到指定位置，也可以设置步进参数，使坐标系逐步移动到指定的距离，如图 2-43 所示。

（2）原点：该命令通过定义当前 WCS 的原点来移动坐标系的位置，但该命令仅移动坐标系的位置，而不会改变坐标轴的方向。

（3）旋转：选择该命令，打开如图 2-44 所示的"旋转 WCS 绕"对话框，可以通过当前的 WCS 绕其某一坐标轴旋转一定角度，来定义一个新的 WCS。

通过该对话框，可以选择坐标系绕哪个轴旋转，同时指定从一个轴转向另一个轴；在"角度"文本框中可以输入需要旋转的角度，

图 2-42　WCS 子菜单

角度可以为负值。

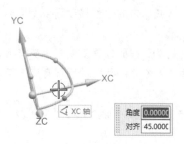

图 2-43　动态移动示意图

图 2-44　"旋转 WCS 绕"对话框

📢 提示：

> 直接双击坐标系将坐标系激活，使之处于可移动状态，然后用鼠标拖动原点处的方块，可以沿 X、Y、Z 轴方向任意移动，也可以绕任意坐标轴旋转。

（4）更改 XC 方向/更改 YC 方向：用于改变坐标轴方向。选择"菜单"→"格式"→WCS→"更改 XC 方向"/"更改 YC 方向"命令，在弹出的"点"对话框中选择点，系统以原坐标系的原点和该点在 XC-YC 平面上的投影点的连线方向作为新坐标系的 XC 方向或 YC 方向，而原坐标系的 ZC 方向不变。

2.3.2　坐标系的定义

扫一扫，看视频

选择"菜单"→"格式"→WCS→"定向"命令，打开如图 2-45 所示的"坐标系"对话框。该对话框用于定义一个新的坐标系。其中部分功能介绍如下。

（1） 自动判断：通过选择的对象或输入 X、Y、Z 坐标轴方向的偏置值来定义一个坐标系。

（2） 原点，X 点，Y 点：利用点创建功能先后指定三个点来定义一个坐标系。这三个点分别是原点、X 轴上的点和 Y 轴上的点，第一点为原点，第一点和第二点连线的方向为 X 轴的正向，第一点与第三点连线的方向为 Y 轴正向，再由 X 到 Y 的方向按右手法则来确定 Z 轴正向。

（3） X 轴，Y 轴：利用矢量创建功能选择或定义两个矢量，定义坐标系。

图 2-45　"坐标系"对话框

（4） X 轴，Y 轴，原点：先利用点创建功能指定一个点为原点，然后利用矢量创建功能创建两个矢量坐标，从而定义坐标系。

（5）　Z 轴，X 点：先利用矢量创建功能选择或定义一个矢量，再利用点创建功能指定一个点，来定义一个坐标系。其中，X 轴正向为沿点和定义矢量的垂线指向定义点的方向，Y 轴正向则由 Z 到 X 的方向依据右手法则确定。

（6）　对象的坐标系：通过选择的平面曲线、平面或实体的坐标系来定义一个新的坐标系，XOY 平面为选择对象所在的平面。

（7）　点，垂直于曲线：利用所选曲线的切线和一个指定点的方法创建一个坐标系。曲线的切线方向即为 Z 轴矢量，X 轴正向为沿点到切线的垂线指向点的方向，Y 轴正向由自 Z 轴至 X 轴矢量按右手法则来确定，切点即为原点。

（8）　平面和矢量：通过先后选择一个平面和一个矢量来定义一个坐标系。其中 X 轴为平面的法矢，Y 轴为指定矢量在平面上的投影，原点为指定矢量与平面的交点。

（9）　三平面：通过先后选择三个平面来定义一个坐标系。三个平面的交点为原点，第一个平面的法向为 X 轴，Y、Z 以此类推。

（10）　绝对坐标系：在绝对坐标系的(0,0,0)点处定义一个新的坐标系。

（11）　当前视图的坐标系：用当前视图定义一个新的坐标系。XOY 平面为当前视图所在平面。

（12）　偏置坐标系：通过输入 X、Y、Z 坐标轴方向相对于所选坐标系的偏距来定义一个新的坐标系。

2.3.3　坐标系的保存、显示和隐藏

选择"菜单"→"格式"→WCS→"保存"命令，系统会保存当前设置的工作坐标系，以便在以后的工作中调用。

选择"菜单"→"格式"→WCS→"显示"命令，系统会显示或隐藏当前的工作坐标按钮。

2.4　视图与布局

本节将介绍视图与布局，包括视图的定义与操作，布局的新建与打开、删除、保存等内容。

2.4.1　视图

在 UG NX 建模模块中，沿着某个方向去观察模型，得到一幅平行投影的平面图，称为视图。不同的视图用于显示在不同方位和观察方向上的图像。

视图的观察方向只与绝对坐标系有关，与工作坐标系无关。每个视图都有一个名称，称为视图名，在工作区的左下角显示该名称。UG NX 系统默认定义好了的视图称为标准视图。

若要对视图进行操作，则可以通过选择"菜单"→"视图"→"操作"命令，在弹出的子菜单中选择相应的命令（图 2-46）；或者在绘图工作区中右击，在弹出的快捷菜单中选择相应的命令（图 2-47）完成。

图 2-46 "操作"子菜单

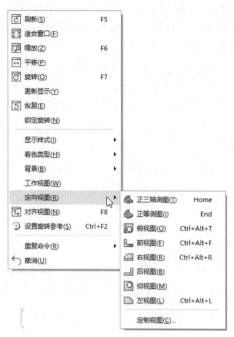

图 2-47 "视图"操作快捷菜单

2.4.2 布局

在绘图工作区中，将多个视图按一定排列规则显示出来，就成为一个布局。每个布局也有一个名称。UG NX 预先定义了 6 种布局，称为标准布局，如图 2-48 所示。

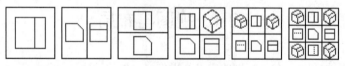

图 2-48 系统标准布局

同一布局中，只有一个视图是工作视图，其他视图都是非工作视图。各种操作默认针对的是工作视图，用户可以随意改变工作视图。

布局的主要作用是在绘图工作区中同时显示多个视角的视图，便于用户更好地观察和操作模型。用户可以定义系统默认的布局，也可以生成自定义的布局。

选择"菜单"→"视图"→"布局"命令，弹出如图 2-49 所示的子菜单，可利用其中的命令控制布局的状态和各种视图角度的显示。

其中命令功能介绍如下。

（1）新建：选择该命令，打开如图 2-50 所示的"新建布局"对话框，用户可以在其中设置视图布局的形式和各视图的视角。

建议用户在自定义布局时，输入自己的布局名称。默认情况下，UG NX 会按照先后顺序给每个布局命名为 LAY1、LAY2……

（2）打开：选择该命令，打开如图 2-51 所示的"打开布局"对话框。在当前文件的布局名称列表框中选择要打开的某个布局，系统就会按照该布局的方式来显示图形。勾选"适合所有视图"复选框，系统会自动调整布局中的所有视图加以拟合。

图 2-49　"布局"子菜单

图 2-50　"新建布局"
对话框

图 2-51　"打开布局"
对话框

（3）适合所有视图：用于调整当前布局中所有视图的中心和比例，使实体模型最大程度地拟合在每个视图边界内。

（4）更新显示：当对实体进行修改后，选择该命令会对所有视图的模型进行实时更新显示。

（5）重新生成：用于重新生成布局中的每个视图。

（6）替换视图：选择该命令，打开如图 2-52 所示的"视图替换为"对话框，可替换布局中的某个视图。

（7）删除：选择该命令，打开如图 2-53 所示的"删除布局"对话框。从列表框中选择要删除的视图布局，然后单击"确定"按钮，系统就会删除该视图布局。

（8）保存：选择该命令，系统会用当前的视图布局名称保存修改后的布局。

（9）另存为：选择该命令，打开如图 2-54 所示的"另存布局"对话框。在列表框中选择要更换名称进行保存的布局，在"名称"文本框中输入一个新的布局名称，单击"确定"按钮，则系统会用新的名称保存修改后的布局。

图 2-52　"视图替换为"对话框

图 2-53　"删除布局"对话框

图 2-54　"另存布局"对话框

2.5　图层操作

所谓的图层，就是在空间中使用不同的层次来放置几何体。UG NX 中的图层功能类似于设计工程师在透明覆盖层上建立模型的方法，一个图层类似于一个透明的覆盖层。图层的主要功能是在复杂建模时可以控制对象的显示、编辑和状态。

一个 UG NX 文件中最多可以有 256 个图层，每个图层上可以含有任意数量的对象。因此，一个图层可以含有部件上的所有对象，一个对象上的部件也可以分布在很多图层上。但需要注意的是，只有一个图层是当前工作图层，所有的操作只能在工作图层上进行，其他图层可以通过可见性、可选择性等设置进行辅助性工作。选择"菜单"→"格式"命令（图 2-55），可以调用有关图层的所有命令。

扫一扫，看视频

2.5.1　图层的分类

对相应图层进行分类管理，可以很方便地通过图层类别实现对其中各层的操作，提高操作效率。例如，可以设置 model、draft、sketch 等图层种类，model 包括 1~10 层，draft 包括 11~20 层，sketch 包括 21~30 层等。用户可以根据自身需要来设置图层的类别。

选择"菜单"→"格式"→"图层类别"命令，打开如图 2-56 所示的"图层类别"对话框，可以对图层进行分类设置。

其中选项功能介绍如下。

（1）过滤：用于输入已存在的图层类别的名称进行筛选，当输入"*"时则会显示所有的图层类别。用户可以直接在下面的列表框中选取需要编辑的图层类别。

（2）图层类别列表框：用于显示满足过滤条件的所有图层类别条目。

（3）类别：用于输入图层类别的名称来新建图层，或者对已存在的图层类别进行编辑。

（4）创建/编辑：用于创建和编辑图层。若"类别"文本框中输入的名称已存在，则进行编辑；若不存在，则进行创建。

（5）删除/重命名：用于对选中的图层类别进行删除或重命名操作。

（6）描述：用于输入某类图层相应的描述文字，解释该图层类别的含义。当输入的描述文字超出规定长度时，系统会自动进行长度匹配。

（7）加入描述：新建图层类别时，若在"描述"文本框中输入了该图层类别的描述信息，则需单击该按钮才能使描述信息有效。

图 2-55　"格式"菜单命令

图 2-56　"图层类别"对话框

2.5.2 图层的设置

用户可以在任何一个或一组图层中设置该图层是否显示和是否变换工作图层等。选择"菜单"→"格式"→"图层设置"命令，打开如图 2-57 所示的"图层设置"对话框。利用该对话框可以对组件中所有图层或任意一个图层进行工作层、可选性、可见性等设置，也可以查询图层的信息，还可以对图层所属类别进行编辑。

其中部分选项功能介绍如下。

（1）工作层：用于输入需要设置为当前工作图层的图层号。当输入图层号后，系统会自动将其设置为工作图层。

（2）按范围/类别选择图层：用于输入范围或图层类别的名称进行筛选操作。在该文本框中输入类别名称并确定后，系统会自动选取所有属于该类别的图层，并改变其状态。

（3）类别过滤器：在其中输入"*"，表示接受所有图层类别。

（4）名称：该列表框中显示了此零件文件中的所有图层和所属种类的相关信息，如图层编号、状态、种类、对象数目等。可以利用 Ctrl+Shift 组合键进行多项选择。此外，在列表框中双击需要更改状态的图层，系统会自动切换其显示状态。

（5）仅可见：用于将指定的图层设置为仅可见状态。当图层处于仅可见状态时，该图层的所有对象仅可见，不能被选取和编辑。

（6）显示：用于控制图层状态列表框中图层的显示情况。该下拉列表框中包含"所有图层""含有对象的图层""所有可选图层"和"所有可见图层"4 个选项。

（7）显示前全部适合：用于在更新显示前吻合所有的视图，使对象充满显示区域。在工作区中按 Ctrl+F 组合键，也可实现该功能。

图 2-57 "图层设置"对话框

2.5.3 图层的其他操作

1. 图层的可见性设置

选择"菜单"→"格式"→"视图中可见图层"命令，打开如图 2-58 所示的"视图中可见图层"对话框。

在图 2-58（a）所示的对话框中选择要操作的视图，之后在打开的图 2-58（b）所示的对话框的"图层"列表框中选择可见性图层，然后设置其可见/不可见属性。

2. 图层中对象的移动

选择"菜单"→"格式"→"移动至图层"命令，选择要移动的对象后，打开如图 2-59 所示的"图层移动"对话框。

在"图层"列表框中直接选中目标图层，系统就会将所选对象放置在目标图层中。

（a）

（b）

图 2-58　"视图中可见图层"对话框

3．图层中对象的复制

选择"菜单"→"格式"→"复制至图层"命令，选择要复制的对象后，打开如图 2-60 所示的"图层复制"对话框。接下来的操作过程与图层中对象的移动操作过程基本相同，此处不再赘述。

图 2-59　"图层移动"对话框

图 2-60　"图层复制"对话框

第 3 章　建　模　基　础

内容简介

在建模过程中，不同的设计者会有不同的绘图习惯，如图层的颜色、线框设置、基准平面的建立等。在 UG NX 中，设计者可以修改相关的系统参数来改变工作环境，通过各种方式建立基准平面、基准点、基准轴等。

内容要点

- ➥ UG NX 参数设置
- ➥ 基准建模
- ➥ 表达式
- ➥ 布尔运算

3.1　UG NX 参数设置

在 UG NX 中进行参数设置，可以通过选择"菜单"→"首选项"命令，在弹出的子菜单中选择相应的命令来实现。另外，也可以通过修改 UG NX 安装目录下 UGII 文件夹中的 ugii_env.dat 或相关模块的 def 文件来修改 UG NX 的默认设置。

3.1.1　对象首选项

选择"菜单"→"首选项"→"对象"命令，打开如图 3-1 所示的"对象首选项"对话框。该对话框主要用于设置对象的属性，如"线型""宽度""颜色"等。

下面对其中部分选项进行说明。

（1）工作层：用于设置新对象的存储图层。在文本框中输入图层号后，系统会自动将新建对象存储在该图层中。

（2）"类型""颜色""线型""宽度"：在相应的下拉列表框中分别设置的多种选项，如有 7 种线型选项和 3 种线宽选项等。

（3）面分析：用于确定是否在面上显示该面的分析效果。

扫一扫，看视频

图 3-1　"对象首选项"对话框

（4）透明度：用于使对象显示处于透明状态，用户可以通过滑块来改变透明度。

（5）继承🗙：用于继承某个对象的属性设置并以此来设置新建对象的预设置。单击此按钮，选择要继承的对象，这样以后新建的对象就会和刚选取的对象具有同样的属性。

（6）信息ⓘ：单击该按钮，在弹出的对话框中将列出对象属性设置信息。

扫一扫，看视频

3.1.2　用户界面首选项

选择"菜单"→"首选项"→"用户界面"命令，打开如图 3-2 所示的"用户界面首选项"对话框。此对话框中包含"布局""主题""资源条""触控/语音""角色""选项"和"工具"7 个选项卡，下面分别介绍。

1. 布局

该选项卡主要用于设置用户界面、功能区选项、提示行/状态行的位置等，如图 3-2 所示。

2. 主题

该选项卡主要用于设置 UG NX 界面的主题，其中包括浅色（推荐）、浅灰色、深色、经典 4 种主题，如图 3-3 所示。

图 3-2　"布局"选项卡

图 3-3　"主题"选项卡

3. 资源条

该选项卡主要用于设置 UG NX 工作区左侧资源条的状态，包括资源条主页、停靠位置、自动飞出与否等，如图 3-4 所示。

4. 触控/语音

在"触控/语音"选项卡中，可以针对触摸或语音操作进行优化，还可以调节数字触控板和圆盘触控板的显示，如图 3-5 所示。

图 3-4　"资源条"选项卡

图 3-5　"触控/语音"选项卡

5．角色

在"角色"选项卡中，可以新建和加载角色，也可以重置当前应用模块的布局，如图 3-6 所示。

6．对话框和精度

在"对话框和精度"选项卡中，用于设置对话框内容显示的多少、文本框中数据的小数位数，如图 3-7 所示。

图 3-6　"角色"选项卡

图 3-7　"对话框和精度"选项卡

7．选项

在"选项"选项卡中，主要用于设置用户的反馈信息和缓存等，如图 3-8 所示。

8．工具

（1）"操作记录"子选项卡：在该子选项卡中可以设置操作记录语言和操作记录文件的格式，如图 3-9 所示。

（2）"宏"子选项卡：该子选项卡主要用于对宏的录制和回放进行设置，如图 3-10 所示。宏是一个存储一系列描述用户键盘和鼠标在 UG NX 交互过程中操作语句的文件（扩展名为.macro）。任意一串交互输入操作都可以记录到宏文件中，然后通过简单的播放功能来重放记录的操作。宏对于执行重复的、复杂的或较长时间的任务十分有用，而且还可以使用户工作环境个性化。

图 3-8   "选项"选项卡   图 3-9   "操作记录"子选项卡

对于宏记录的内容，用户可以以"记事本"的形式打开保存的宏文件，查看系统记录的全过程。

①录制所有的变换：用于设置在记录宏时，是否记录所有的动作。勾选该复选框时，系统会记录所有的操作，所以文件会较大；取消勾选该复选框时，系统仅记录动作结果，因此宏文件较小。

②回放时显示对话框：用于设置在回放时是否显示设置对话框。

③无限期暂停：用于设置记录宏时如果用户执行了暂停命令，则在播放宏时，系统会在指定的暂停时刻显示对话框并停止播放宏，提示用户单击 OK 按钮后方可继续播放。

④暂停时间：用于设置暂停时间，单位为 s。

（3）"用户工具"子选项卡：该子选项卡用于装载用户自定义的工具文件、显示或隐藏用户定义的工具，如图 3-11 所示。其列表框中已装载了用户定义的工具文件。单击"用户工具"按钮即可装载用户自定义的工具文件（扩展名为.utd）。用户自定义的工具文件可以以对话框的形式显示，也可以以工具图标的形式显示。

图 3-10   "宏"子选项卡   图 3-11   "用户工具"子选项卡

3.1.3   资源板

扫一扫，看视频

该功能主要用于控制整个窗口最右边的资源条的显示。模板资源用于处理大量重复性的工作，把用户从重复性工作中解脱出来。选择"菜单"→"首选项"→"资源板"命令，打开如图 3-12 所示的

"资源板"对话框。其中部分选项功能介绍如下。

图 3-12　"资源板"对话框

（1）新建资源板：用户可以设置一个自己的加工、制图、环境设置的模板，用于完成以后的重复性工作。

（2）打开资源板：用于打开一些系统已完成的模板文件。系统会提示选择扩展名为*.pax 的模板文件。

（3）打开目录作为资源板：可以选择一个文件夹作为模板。

（4）打开目录作为模板资源板：可以选择一个文件路径作为模板。

（5）打开目录作为角色资源板：用于打开一些角色作为模板。

3.1.4　选择首选项

选择"菜单"→"首选项"→"选择"命令，打开如图 3-13 所示的"选择首选项"对话框。

其中部分选项功能介绍如下。

（1）鼠标手势：用于设置选择方式，包括"矩形""套索""圆"3 个选项。

（2）选择规则：用于设置选择规则，包括"内侧""外侧""跨边界""边界内/跨边界""边界/跨边界"5 个选项。

（3）着色视图：用于设置系统着色时对象的显示方式，包括"高亮显示面"和"高亮显示边"2 个选项。

（4）面分析视图：用于设置面分析时的视图显示方式，包括"高亮显示面"和"高亮显示边"2 个选项。

（5）延迟时快速选取：启用快速选取，它在光标下方提供了所有可选择对象的列表，以便用户轻松地从多个可选对象中选择一个对象。如果未选择该选项，则禁用"快速选取"功能。

（6）选择半径：用于设置选择球的大小，包括"小""中""大"3 个选项。

扫一扫，看视频

图 3-13　"选择首选项"对话框

（7）公差：用于设置连接曲线时，彼此相邻的曲线端点间允许的最大间隙。连接公差值设置得越小，连接选取就越精确；值越大，就越不精确。

（8）方法：包括"简单"、"工作坐标系"、"WCS 左侧""WCS 右侧"4 种。

①简单：用于选择彼此首尾相连的曲线串。

②工作坐标系：用于在当前 XC-YC 坐标平面上选择彼此首尾相连的曲线串。

③WCS 左侧：用于在当前 XC-YC 坐标平面上，从连接开始点至结束点沿左侧路线选择彼此首尾相连的曲线串。

④WCS 右侧：用于在当前 XC-YC 坐标平面上，从连接开始点至结束点沿右侧路线选择彼此首尾相连的曲线串。

其中"简单"方法由系统自动识别，最为常用。当需要连接的对象含有两条连接路径时，一般选用后两种方法，用于指定是沿左侧连接还是沿右侧连接。

扫一扫，看视频

3.1.5　装配首选项

选择"菜单"→"首选项"→"装配"命令，打开如图 3-14 所示的"装配首选项"对话框。该对话框用于设置装配的相关参数。

其中部分选项功能介绍如下。

（1）显示使用的"整个部件"引用集：勾选该复选框，当更改工作部件时，系统会临时将新工作部件的引用集改为整个部件引用集。如果系统操作引起工作部件发生变化，则引用集不发生变化。

（2）通知自动更改：当工作部件被自动更改时显示通知。

（3）选择组件成员：用于设置是否首先选择组件。勾选该复选框，则在选择属于某个子装配的组件时，首先选择的是子装配中的组件，而不是子装配。

（4）描述性部件名样式：用于设置部件名称的显示类型，包括"文件名""描述""指定的属性"3 种方式。

（a）"关联"选项卡　　　　　　　　（b）"组件"选项卡

图 3-14　"装配首选项"对话框

（c）"位置"选项卡　　　　　　　　　　（d）"杂项"选项卡

图 3-14（续）

3.1.6　草图首选项

选择"菜单"→"首选项"→"草图"命令，打开如图 3-15 所示的"草图首选项"对话框。

扫一扫，看视频

（a）"草图设置"选项卡　　　　　　　　（b）"会话设置"选项卡

图 3-15　"草图首选项"对话框

（c）"部件设置"选项卡

图 3-15（续）

其中部分选项功能介绍如下。

（1）尺寸标签：用于控制如何显示草图尺寸中的表达式。

①表达式：显示整个表达式，如 P2=P3*4。

②名称：仅显示表达式的名称，如 P2。

③值：显示表达式的数值。

（2）文本高度：用于指定在尺寸中显示的文本大小（默认值为 0.125）。

（3）对齐角：用于为竖直和水平直线指定默认的捕捉角公差值。如果有一条用端点指定的直线，它相对于水平参考或竖直参考的夹角小于或等于捕捉角的值，那么这条直线会自动地捕捉至水平或竖直的位置。

对齐角的默认值是 3°，可以指定的最大值是 20°。如果不想让直线自动捕捉至水平或竖直的位置，可将捕捉角设定为 0°。

（4）动态草图显示：用于控制约束是否动态显示。

（5）显示持久关系：用于设置持久关系的初始显示状态。

（6）评估草图：用于设置是否在部件导航器中显示"草图状态"。勾选该复选框，状态行中将显示"完全定义"的消息。

（7）更改视图方向：如果取消勾选该复选框，则当草图被激活时，显示激活草图的视图就不会返回其原先的方向。如果勾选该复选框，则当草图被激活时，视图方向将会改变。

（8）保持图层状态：当激活草图时，草图所在的图层自动变为工作图层。当勾选该复选框并且使草图不激活时，草图所在的图层将返回其先前的状态（即它不再是工作图层），草图激活之前的工作图层将重新变为工作图层。如果取消勾选该复选框（默认设置），则当使草图不激活时，此草图所在的图层保持为工作图层。

3.1.7 PMI 首选项

选择"菜单"→"首选项"→"PMI…"命令，打开如图 3-16 所示的"PMI 首选项"对话框。该对话框中包含 5 个选项卡，其中几个主要选项卡的选项功能介绍如下。

1. 公共

（1）"文字"子选项卡：设置文字的相关参数时，先选择文字对齐位置和文字对正方式，再设置文本颜色和宽度，最后在"高度""NX 字体间隙因子""文本宽高比"和"行间距因子"等文本框中输入相应参数值。此时用户可在预览窗口中看到文字的显示效果。

（2）"直线/箭头"子选项卡：该子选项卡下又包含"箭头""箭头线""延伸线"3 个子选项卡，如图 3-17 所示。

图 3-16 "PMI 首选项"对话框

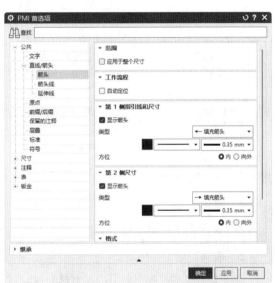

图 3-17 "直线/箭头"子选项卡

①箭头：用于设置剖视图中指引线箭头的相关参数，如箭头的大小、长度和角度。

②箭头线：用于设置截面的延长线的相关参数。用户可以修改剖面延长线长度及图形框之间的距离。

2. 尺寸

设置尺寸的相关参数时，根据标注尺寸的需要，用户可以利用该选项卡上部的尺寸和直线/箭头工具条进行设置。在尺寸设置中主要有以下几个设置选项。

（1）尺寸线：根据标注尺寸的需要，勾选箭头之间是否有线，或者修剪尺寸线。

（2）方向和位置：在"方位"下拉列表框中可以选择 5 种尺寸的放置位置，如图 3-18 所示。

（3）公差：可以设置最高 6 位的精度和 11 种类型的公差，如图 3-19 所示。

（4）倒斜角：系统提供了 4 种类型的倒斜角样式，可以设置分割线样式和间隔，也可以设置指引线的格式。

3. 注释

该选项卡用于设置各种注释的颜色、线型和线宽。

其中的"剖面线/区域填充"子选项卡，可以用于设置剖面线/区域填充的图样、角度、比例、颜色和宽度等，如图3-20所示。

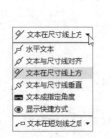

图3-18 尺寸的放置位置　　图3-19 11种公差　　　图3-20 "剖面线/区域填充"子选项卡

4. 符号

该选项卡用于设置符号的颜色、线型和线宽等参数。

5. 表

该选项卡用于设置二维工程图表格的格式、文字标注等参数。

（1）PMI表：用于锁定表的格式、内容以及自动更新表中的零件属性、零件编号、关联自定义符号等。

（2）单元格：用于控制表格中每个单元格的格式、内容和边界线设置等。

扫一扫，看视频

3.1.8　建模首选项

选择"菜单"→"首选项"→"建模"命令，打开如图3-21所示的"建模首选项"对话框。其中部分选项卡的选项功能介绍如下。

1. 常规

在"建模首选项"对话框中选择"常规"选项卡，显示相应的参数设置内容。

（1）体类型：用于控制在利用曲线创建三维特征时，是生成实体还是片体。

（2）密度：用于设置实体的密度，该密度值只对以后创建的实体起作用。其下方的"密度单位"

下拉列表框用于设置密度的默认单位。

（3）新面：用于设置新的面显示属性是继承体还是部件默认。

（4）布尔修改的面：用于设置在布尔运算中生成的面显示属性是继承自目标体还是工具体。

（5）U 形网格线/V 形网格线：用于设置实体或片体表面在 U 和 V 方向上栅格线的数目。如果其下方 U 向计数和 V 向计数的参数值大于 0，则当创建表面时，表面上就会显示网格曲线。网格曲线只是一个显示特征，其显示数目并不影响实际表面的精度。

2．编辑

在"建模首选项"对话框中选择"编辑"选项卡，显示相应的参数设置内容，如图 3-22 所示。

图 3-21　"建模首选项"对话框　　　　图 3-22　"编辑"选项卡

（1）特征双击操作：用于设置双击特征时的操作状态，包括"可回滚编辑"和"编辑参数"。

（2）草图双击操作：用于设置双击草图时的操作状态，包括"可回滚编辑"和"编辑"。

3．自由曲面

在"建模首选项"对话框中选择"自由曲面"选项卡，显示相应的参数设置内容，如图 3-23 所示。

（1）曲线拟合方法：用于选择生成曲线时的拟合方式，包括"三次""五次"和"高次"3 种。

（2）平的面类型：用于选择构造自由曲面的结果，包括"平面"和"B 曲面"2 种。

4．分析

在"建模首选项"对话框中选择"分析"选项卡，显示相应的参数设置内容，如图 3-24 所示。

图 3-23 "自由曲面"选项卡

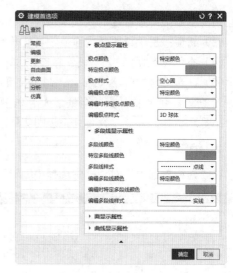

图 3-24 "分析"选项卡

扫一扫，看视频

3.1.9 调色板首选项

选择"菜单"→"首选项"→"调色板"命令，打开如图 3-25 所示的"调色板首选项"对话框。该对话框用于修改视图区背景颜色和当前颜色。

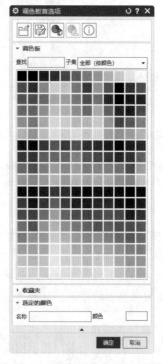

图 3-25 "调色板首选项"对话框

3.1.10　可视化首选项

选择"菜单"→"首选项"→"可视化"命令，打开如图 3-26 所示的"可视化首选项"对话框。其中部分选项卡的选项功能介绍如下。

1．渲染

选择"渲染"选项卡下面的各子选项卡，显示相应的参数设置内容，如图 3-27 所示。该选项卡用于设置实体在视图中的显示特性。

（1）"显示"子选项卡。

①着色：显示具有光顺着色和打光进行渲染的表面。

②线框：使用边几何体显示曲面对象。

③艺术外观：使用指派给对象的材料和纹理特性来显示对象。未指派材料或纹理特性的对象的显示外观类似于着色显示样式。

（2）"图形"子选项卡。

①全景反锯齿：用于设置是否对视图中所有的显示进行处理使其显示更光滑、更真实。

图 3-26　"可视化首选项"对话框

②半透明：用于设置处在着色或部分着色模式中的着色对象是否半透明显示。

③忽略背面：用于设置是否渲染着色视图中的背面曲面。

④线框对照：用于设置是否自动调整线框颜色以实现与背景色的最大对比，从而使模型在图形窗口中清晰可见。

（3）"光顺边"子选项卡。该子选项卡用于设置是否显示光滑面之间的边，还可以设置光顺边的颜色、线型、线宽和角度公差等。

（a）"样式"子选项卡

（b）"图形"子选项卡

图 3-27　"渲染"选项卡

（c）"光顺边"子选项卡

图 3-27（续）

2. 性能

使用"性能"选项卡中的选项可以设置首选项来提高显示性能（通过边或曲面显示的精度等选项，使用小平面缓存设置避免不必要的细化）和提高处理大模型时的性能。其子选项卡如图 3-28 所示。

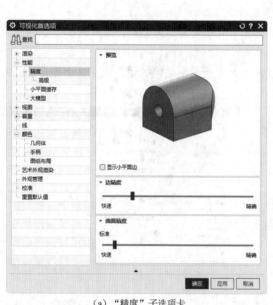

（a）"精度"子选项卡

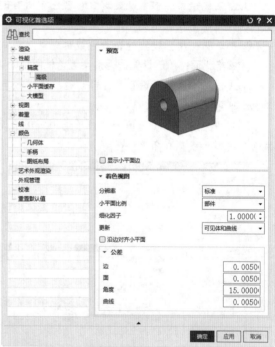

（b）"高级"子选项卡

图 3-28　"性能"选项卡

（c）"小平面缓存"子选项卡

（d）"大模型"子选项卡

图 3-28（续）

（1）"精度"子选项卡。

①显示小平面边：用于设置是否显示着色视图所渲染的三角形小平面的边或轮廓。

②边精度：可以根据需要将该滑块从"快速"移到"精确"以及其他中间设置。当将该滑块从"快速"移到"精确"后，UG NX 可以生成更为精确的边显示，但系统性能会降低。

③曲面精度：当将该滑块从"快速"移到"精确"后，UG NX 可以生成更为精确的曲面显示，但系统性能会降低。

（2）"高级"子选项卡。

①分辨率：用于设置分辨率公差，包括"粗糙""标准""精细""特精细""极精细"和"用户定义"6 种。

②小平面比例：用于调整 UG NX 设置小平面化公差比例的方式，包括"固定""部件""视图"3 种。

（3）"小平面缓存"子选项卡。该子选项卡用于设置是否缓存会话中的小平面并避免不必要的细化。会话中的小平面缓存可提高着色实体的显示操作性能。

（4）"大模型"子选项卡。该子选项卡用于设置首选项以改进大模型的查看特性。这些特性可以应用于任意大小的部件，但是，它们的效果在应用于大模型时更为显著。

3．视图

选择"视图"选项卡下面的各子选项卡，显示相应的参数设置内容，如图 3-29 所示。该选项卡用于设置视图的交互和装饰首选项，如视图边界和名称等。

（1）"交互"子选项卡。

①视图动画速度：用于设置从一个视图过渡到另一个视图时动画的速度。

②适合窗口百分比：用于指定在执行适合窗口的操作后模型在图形窗口中占据的区域。

（a）"交互"子选项卡　　　　　　　　　（b）"装饰"子选项卡

图 3-29　"视图"选项卡

（2）"装饰"子选项卡。

①显示视图三重轴：用于设置是否在图形窗口中显示视图三重轴。

②坐标系显示属性：用于控制坐标系和基准坐标系的显示属性。

③显示对象名称：用于控制是否在视图中显示对象、属性、图样和组的名称。如果显示了其中的任意一个，还可以确定它们显示在哪个视图中。

4．着重

选择"着重"选项卡下面的各子选项卡，显示相应的参数设置内容，如图 3-30 所示。使用这些选项来设置首选项以应用通透的显示效果，从而着重显示重要的几何体。

（1）"几何体"子选项卡。

①混合颜色：用于指定与对象颜色混合的颜色以取消着重显示线框对象。

②通透显示样式：用于指定着色几何体的通透显示颜色、边和半透明效果的常规样式。

③显示边：用于设置是否显示不太重要的阴影几何体的边。

（a）"几何体"子选项卡　　　　　　　　　（b）"优先权"子选项卡

图 3-30　"着重"选项卡

（c）"边"子选项卡

图 3-30（续）

（2）"优先权"子选项卡。

①全部通透显示：用于设置是否将通透显示效果应用于所有次要对象。

②工作部件：用于设置是否着重显示工作部件，并取消着重显示装配的其余部分。

（3）"边"子选项卡。

①线条反锯齿：用于设置是否对直线、曲线和边的显示进行处理，使线条的显示更光滑、更真实。

②着重边：用于设置着色对象是否突出边缘显示。

5. 线

选择"线"选项卡，显示相应的参数设置内容，如图 3-31 所示。该选项卡用于设置线型和线宽首选项。

6. 颜色

选择"颜色"选项卡下面的各子选项卡，显示相应的参数设置内容，如图 3-32 所示。在该选项卡中，可以设置首选项来确定几何体、手柄和图纸布局在选择或预选等不同情况下的显示颜色。

7. 校准

选择"校准"选项卡，显示相应的参数设置内容，如图 3-33 所示。使用这些选项可以校准显示器屏幕的物理尺寸。

8. 重置默认值

选择"重置默认值"选项卡，显示相应的参数设置内容，如图 3-34 所示。使用这些选项可以将一个或多个可视化首选项重置为用户默认设置所定义的值。

图 3-31 "线"选项卡

（a）"几何体"子选项卡

（b）"手柄"子选项卡

（c）"图纸布局"子选项卡

图 3-32　"颜色"选项卡

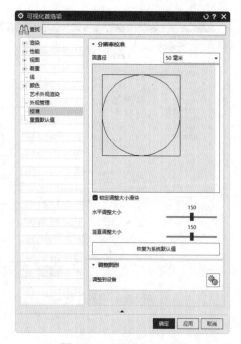

图 3-33　"校准"选项卡

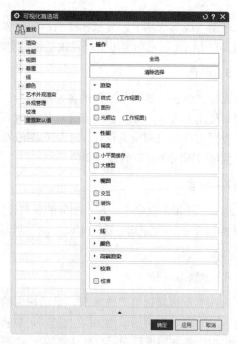

图 3-34　"重置默认值"选项卡

扫一扫，看视频

3.1.11 栅格首选项

选择"菜单"→"首选项"→"栅格"命令，打开如图 3-35 所示的"栅格首选项"对话框。在该对话框中进行相应的参数设置，单击"确定"按钮，可以在工作坐标系的 XC-YC 平面内产生一个方形或圆形的栅格点阵。这些栅格点只是显示上存在。可以用光标捕捉这些栅格点，在建模时用于定位。

（1）矩形均匀：栅格的间距是均匀的。在"类型"下拉列表框中选择"矩形均匀"，参数设置内容如图 3-35 所示。

①主栅格间隔：用于设置栅格线间的间隔距离。

②主线间的辅线数：用于设置主线间的辅线数。

③辅线间的捕捉点数：用于设置辅线间的捕捉点数。

（2）矩形非均匀：栅格的间距是不均匀的。在"类型"下拉列表框中选择"矩形非均匀"，参数设置内容如图 3-36 所示。

①XC 轴间隔：用于设置栅格的列距离。

②YC 轴间隔：用于设置栅格的行距离。

（3）极坐标系：也就是圆形栅格。在"类型"下拉列表框中选择"极坐标系"，参数设置内容如图 3-37 所示。

①径向间距：用于设置栅格径向间的距离。

②角度间距：用于设置栅格的角度。

图 3-35 "栅格首选项"对话框

图 3-36 选择"矩形非均匀"选项

图 3-37 选择"极坐标系"选项

3.2 基准建模

在建模中，经常需要建立基准点、基准平面、基准轴和基准坐标系。UG NX 2312 提供的基准建模工具位于"菜单"→"插入"→"基准"子菜单中，如图 3-38 所示。

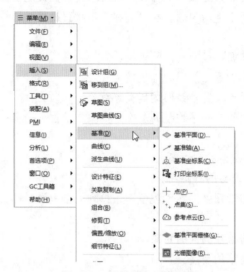

图 3-38 "基准"子菜单

3.2.1 基准平面

扫一扫，看视频

选择"菜单"→"插入"→"基准"→"基准平面"命令或在"主页"选项卡"构造"组中单击"基准"下拉菜单中的"基准平面"按钮◈，打开如图 3-39 所示的"基准平面"对话框。

该对话框中的部分选项说明如下。

（1）◈自动判断：系统根据所选对象创建基准平面。

（2）◈按某一距离：通过相对于已存在的参考平面或基准面进行偏置得到新的基准平面。

（3）◈成一角度：通过与一个平面或基准面成指定角度来创建基准平面。

（4）◈二等分：在两个相互平行的平面或基准平面的对称中心处创建基准平面。

（5）◈曲线和点：通过选择曲线和点来创建基准平面。

（6）◈两直线：选择两条直线，若两条直线在同一平面内，则以这两条直线所在平面为基准平面；若两条直线不在同一平面内，则基准平面通过一条直线且和另一条直线平行。

图 3-39 "基准平面"对话框

（7）相切：通过和一曲面相切，且通过该曲面上点、线或平面来创建基准平面。

（8）通过对象：以对象平面为基准平面。

（9）点和方向：通过选择一个参考点和一个参考矢量来创建基准平面。

（10）曲线上：通过已存在的曲线，创建在该曲线某点处与该曲线垂直的基准平面。

（11）视图平面：创建平行于视图平面并穿过工作坐标系原点的固定基准平面。

此外，系统还提供了 YC-ZC 平面、 XC-ZC 平面、 XC-YC 平面和 按系数等方法，也就是说可以选择 YC-ZC 平面、XC-ZC 平面、XC-YC 平面为基准平面，或选择 选项，自定义基准平面。

3.2.2　基准轴

选择"菜单"→"插入"→"基准"→"基准轴"命令或在"主页"选项卡"构造"组中单击"基准"下拉菜单中的"基准轴"按钮 ，打开如图 3-40 所示的"基准轴"对话框。

该对话框中的部分选项说明如下。

（1）自动判断：根据所选对象确定要使用的最佳基准轴类型。

（2）交点：通过选择两相交对象的交点创建基准轴。

（3）曲线/面轴：通过选择曲面和该曲面上的轴创建基准轴。

（4）曲线上矢量：通过选择曲线和该曲线上的点创建基准轴。

（5）XC 轴：在工作坐标系的 XC 轴上创建基准轴。

（6）YC 轴：在工作坐标系的 YC 轴上创建基准轴。

（7）ZC 轴：在工作坐标系的 ZC 轴上创建基准轴。

（8）点和方向：通过选择一个点和方向矢量创建基准轴。

（9）两点：通过选择两个点创建基准轴。

图 3-40　"基准轴"对话框

3.2.3　基准坐标系

选择"菜单"→"插入"→"基准"→"基准坐标系"命令或在"主页"选项卡"构造"组中单击"基准"下拉菜单中的"基准坐标系"按钮 ，打开如图 3-41 所示的"基准坐标系"对话框。该对话框用于创建基准坐标系。与坐标系不同的是，基准坐标系可一次建立 3 个基准面（XY、YZ 和 ZX 面）和 3 个基准轴（X、Y 和 Z 轴）。

该对话框中的部分选项说明如下。

（1）动态：可以手动将坐标系移到任何想要的位置或方位，或创建一个相对于选定坐标系的关联、动态

图 3-41　"基准坐标系"对话框

偏置坐标系。可以使用手柄操控坐标系。

（2）自动判断：通过选择的对象或输入沿 X、Y 和 Z 轴方向的偏置值来定义一个坐标系。

（3）原点，X 点，Y 点：利用点创建功能先后指定三个点来定义一个坐标系。这三个点应分别是原点、X 轴上的点和 Y 轴上的点。定义的第一个点为原点，第一个点指向第二个点的方向为 X 轴的正向，从第二个点至第三个点按右手法则来确定 Z 轴正向。

（4）X 轴，Y 轴，原点：先利用点创建功能指定一个点作为坐标系原点，再利用矢量创建功能先后选择或定义两个矢量，这样就创建了基准坐标系。坐标系 X 轴的正向平行于第一矢量的方向，XOY 平面平行于第一矢量及第二矢量所在的平面，Z 轴正向由从第一矢量在 XOY 平面上的投影矢量至第二矢量在 XOY 平面上的投影矢量按右手法则确定。

（5）Z 轴，X 轴，原点：根据选择或定义的一个点和两个矢量来定义坐标系。Z 轴和 X 轴是矢量，原点是点。

（6）Z 轴，Y 轴，原点：根据选择或定义的一个点和两个矢量来定义坐标系。Z 轴和 Y 轴是矢量，原点是点。

（7）平面，X 轴，点：基于为 Z 轴选定的平面对象、投影到 X 轴平面的矢量以及投影到原点平面的点来定义坐标系。

（8）平面，Y 轴，点：基于为 Z 轴选定的平面对象、投影到 Y 轴平面的矢量以及投影到原点平面的点来定义坐标系。

（9）三平面：通过先后选择三个平面来定义一个坐标系。三个平面的交点为坐标系的原点，第一个面的法向为 X 轴，第一个面与第二个面的交线方向为 Z 轴。

（10）绝对坐标系：在绝对坐标系的(0,0,0)点处定义一个新的坐标系。

（11）当前视图的坐标系：用当前视图定义一个新的坐标系。XOY 平面为当前视图所在平面。

（12）偏置坐标系：通过输入沿 X、Y 和 Z 轴方向相对于所选坐标系的偏距定义一个新的坐标系。

3.2.4　点

扫一扫，看视频

选择"菜单"→"插入"→"基准"→"点"命令或在"主页"选项卡"构造"组中单击"基准"下拉菜单中的"点"按钮十，打开如图 3-42 所示的"点"对话框。

该对话框中的部分选项说明如下。

（1）自动判断点：根据光标所指的位置指定各种点之中离光标最近的点。

（2）光标位置：直接在单击的位置上建立点。

（3）现有点：根据已经存在的点，在该点位置上再创建一个点。

（4）端点：在现有的直线、圆弧、二次曲线以及其他曲线的端点指定一个点位置。

（5）控制点：在曲线的控制点上构造一个点或

图 3-42　"点"对话框

规定新点的位置。控制点与曲线的类型有关，可以是直线的中点或端点、二次曲线的端点、样条曲线的定义点或控制点等。

（6）交点：在两段曲线的交点、曲线和平面或曲线和曲面的交点上创建一个点或规定新点的位置。

（7）圆弧中心/椭圆中心/球心：在所选圆弧、椭圆或球的中心建立点。

（8）圆弧/椭圆上的角度：在与 X 轴正向成一定角度（沿逆时针方向）的圆弧/椭圆弧上创建一个点或规定新点的位置，在如图 3-43 所示的对话框中输入曲线上的角度。

（9）象限点：即圆弧的四分点，在圆弧或椭圆弧的四分点处创建一个点或规定新点的位置。

（10）曲线/边上的点：在如图 3-44 所示的对话框中选择曲线，设置点在曲线上的位置，即可建立点。

图 3-43　选择"圆弧/椭圆上的角度"选项　　　　图 3-44　选择"曲线/边上的点"选项

（11）面上的点：在如图 3-45 所示的对话框中设置"U 向参数"和"V 向参数"的值，即可在面上建立点。

（12）两点之间：在如图 3-46 所示的对话框中设置"点之间的位置"的值，即可在两点之间建立点。

（13）极点：指定样条或曲面的极点。

（14）样条定义点：指定样条或曲面的定义点。

（15）按表达式：使用 X、Y 和 Z 坐标将点位置指定为点表达式。可以使用选择表达式与坐标组中的选项来定义点位置。

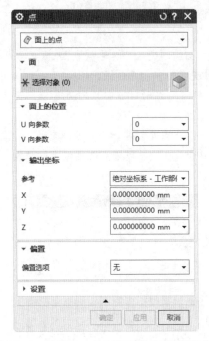

图 3-45　设置"U 向参数"和"V 向参数"

图 3-46　设置点的位置

3.3　表　达　式

表达式（Expression）是 UG NX 中的一种工具，可用在多个模块中。通过算术和条件表达式，用户可以控制部件的特性，如控制部件中特征或对象的尺寸。

3.3.1　表达式综述

表达式是参数化设计的重要工具，通过表达式不但可以控制部件中特征与特征之间、对象与对象之间、特征与对象之间的相互尺寸与位置关系，而且可以控制装配中的部件与部件之间的尺寸与位置关系。

1. 表达式的概念

表达式是用于控制部件特性的算术或条件语句。它可以定义和控制模型的许多尺寸，如特征或草图的尺寸。表达式在参数化设计中十分有意义，可以用于控制同一个零件上不同特征之间的关系或者一个装配中不同的零件关系。例如，如果一个立方体的高度可以用它与长度的关系来表达，那么当立方体的长度发生变化时，其高度也随之自动更新。

表达式是定义关系的语句，包括等式的左侧和右侧两部分（即 a=b+c 的形式）。所有的表达式都有一个赋给表达式左侧变量的值（一个可能有，也可能没有小数部分的数）。要得出该值，系统就计算表达式的右侧（可以是算术语句或条件语句）。表达式的左侧必须是一个单个的变量。

在表达式的左侧，a 是 a=b+c 中的表达式变量。表达式的左侧也是此表达式的名称。在表达式的右侧，b+c 是 a=b+c 中的表达式字符串，如图 3-47 所示。

在创建表达式时必须注意以下几点：

（1）表达式左侧必须是一个单一的变量，右侧是一个算术语句或条件语句。

（2）所有表达式均有一个值（实数或整数），该值被赋给表达式的左侧变量。

（3）表达式等式的右侧可以是含有变量、数字、运算符和符号的组合或常数。

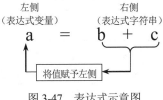

图 3-47　表达式示意图

2．表达式的建立方式

表达式可以自动建立或手动建立。

以下情况将自动建立表达式，系统自动生成以限定符 p（即 p0、p1、p2...）开头的表达式：

（1）创建草图时，用两个表达式定义草图基准 XC 和 YC 坐标。

（2）定义草图尺寸约束时，每个定位尺寸用一个表达式表示。

（3）特征或草图定位时，每个定位尺寸用一个表达式表示。

（4）建立特征时，某些特征参数将用相应的表达式表示。

（5）建立装配配对条件时。

用户可以通过以下任意一种方式手动建立表达式：

（1）从草图生成表达式。

（2）将已有的表达式更名。选择"菜单"→"工具"→"表达式"命令来选择旧的表达式，然后将其更名。

（3）在文本文件中输入表达式，然后将它们导入表达式变量表中。

3.3.2　表达式语言

1．变量名

变量名是字母数字型的字符串，但该字符串必须以一个字母开头。另外，变量名中也可以使用下划线"_"。

📢 注意：

> 表达式是区分大小写的，因此变量名 X1 不同于 x1。
>
> 所有的表达式名（表达式的左侧）也是变量，必须遵循变量名的所有约定。所有变量在用于其他表达式之前，必须以表达式名的形式出现。

2．运算符

在表达式语言中可能会用到几种运算符。UG NX 表达式运算符分为算术运算符、关系运算符及逻辑运算符等，与其他计算机书本中介绍的内容相同。

3. 内置函数

当建立表达式时，可以使用任一 UG NX 的内置函数。表 3-1 和表 3-2 列出了 UG NX 的部分内置函数，其中分为两类，一类是数学函数，另一类是单位转换函数。

表 3-1 数学函数

函 数 名	函 数 表 示	函 数 意 义	备　注
abs	abs(x)=|x|	绝对值函数	结果为弧度
asin	asin(x)	反正弦函数	结果为弧度
acos	acos(x)	反余弦函数	结果为弧度
atan(x)	atan(x)	反正切函数	结果为弧度
atan2	atan2(x,y)	反余切函数	atan(x/y)，结果为弧度
sin	sin(x)	正弦函数	x 为角度度数
cos	cos(x)	余弦函数	x 为角度度数
tan	tan(x)	正切函数	x 为角度度数
sinh	sinh(x)	双曲正弦函数	x 为角度度数
cosh	cosh(x)	双曲余弦函数	x 为角度度数
tanh	tanh(x)	双曲正切函数	x 为角度度数
rad	rad(x)	将弧度转换为角度	
deg	deg(x)	将角度转换为弧度	
Radians	Radians(x)	将角度（deg）的单位由度转换为弧度	
Angle2Vectors		返回两个给定矢量（v1 和 v2）间的角度	
log	log(x)	自然对数	log(x)=ln(x)=loge(x)
log10	log10(x)	常用对数	log10(x)＝lg(x)
exp	exp(x)	指数	e^x
fact	fact(x)	阶乘	x!
sqrt	sqrt(x)	平方根	
hypot	hypot(x,y)	直角三角形斜边	=sqrt(x^2+y^2)
ceiling	ceiling(x)	大于或等于 x 的最小整数	
floor	floor(x)	小于或等于 x 的最大整数	
max	max(x)	返回数字中的最大值	x 为数组
min	min(x)	返回数字中的最小值	x 为数组
trnc	trnc(x)	取整	
pi	pi()	圆周率 π	返回 3.14159265358979
mod	mod(x,y)	返回给定分子除以给定分母后的余数	
Equal	Equal(x,y)	比较两个给定的输入是否相等	
dist		返回两个给定点（p1 和 p2）之间的距离	
round	round(x)	返回最接近给定无单位数字的整数	
ug_excel_read		更新表达式	

表 3-2 单位转换函数

函 数 名	函 数 表 示	函 数 意 义
cm	cm(x)	将厘米转换为部件文件的默认单位
ft	ft(x)	将英尺转换为部件文件的默认单位
grd	grd(x)	将梯度转换为角度度数
In	In(x)	将英寸转换为部件文件的默认单位
km	km(x)	将千米转换为部件文件的默认单位
mc	mc(x)	将微米转换为部件文件的默认单位
min	min(x)	将角度分转换为度数
ml	ml(x)	将千分之一英寸转换为部件文件的默认单位
mm	mm(x)	将毫米转换为部件文件的默认单位
mtr	mtr(x)	将米转换为部件文件的默认单位
sec	sec(x)	将角度秒分转换为度数
yd	yd(x)	将码转换为部件文件的默认单位

4. 条件表达式

表达式可分为三类：数学表达式、条件表达式、几何表达式。数学表达式很简单，就是我们平常用数学的方法，利用前面提到的运算符和内置函数等，对表达式等式左端进行定义。例如，对 p2 进行赋值，其数学表达式可以表达为 p2=p5+p3。

条件表达式可以通过使用以下语法的 if/else 结构生成：

```
VAR = if (expr1) (expr2) else (expr3)
```

表示的含义：如果表达式 expr1 成立，则变量取 expr2 的值；如果表达式 expr1 不成立，则变量取 expr3 的值。例如：

```
width = if (length<10) (5) else (8)
```

表示的含义：如果 length 小于 10，width 将是 5；如果 length 大于或等于 10，width 将是 8。

UG NX 中的几何表达式是一类特殊的表达式，可以引用某些几何特性作为定义特征参数的约束。几何表达式一般用于定义曲线（或实体边）的长度、两点（或两个对象）之间的最小距离或者两条直线（或圆弧）之间的角度。

通常，几何表达式被引用在其他表达式中参与表达式的计算，从而建立其他非几何表达式与被引用的几何表达式之间的相关关系。当几何表达式所代表的长度、距离或角度等发生变化时，引用该几何表达式的非几何表达式的值也会改变。

几何表达式的类型如下。

（1）距离表达式：一个基于两个对象、一个点和一个对象，或两个点间最小距离的表达式。

（2）长度表达式：一个基于曲线或边缘长度的表达式。

（3）角度表达式：一个基于两条直线、一个弧和一条线，或两个圆弧间的角度的表达式。

几何表达式示例：

```
p2=length(20)
p3=distance(22)
```

```
p4=angle(25)
```

5. 表达式中的注释

在注释前使用双斜线"//"表示让系统忽略它后面的内容。注释一直持续到该行的末端。如果注释与表达式在同一行，则需先写表达式的内容。例如：

```
length = 2*width //comment              有效
//comment// width'0 = 5                  无效
```

扫一扫，看视频

3.3.3 "表达式"对话框

要在部件文件中编辑表达式，可以选择"菜单"→"工具"→"实用工具"→"表达式"命令，打开如图3-48所示的"表达式"对话框。该对话框中提供了一个当前部件中表达式的列表、编辑表达式的各种选项和控制与其他部件中表达式链接的选项。

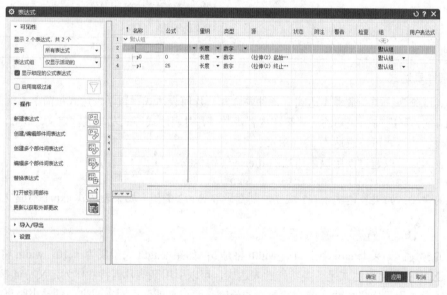

图3-48　"表达式"对话框

1. 显示

该下拉列表框用于确定在"表达式"对话框中显示哪些表达式，如图3-49所示。

（1）用户定义表达式：列出用户通过对话框创建的表达式。

（2）命名的表达式：列出用户创建和那些没有创建只是重命名的表达式，包括系统自动生成的名字，如p0或p5。

（3）未用的表达式：没有被任何特征或其他表达式引用的表达式。

（4）特征表达式：列出在图形窗口或部件导航器中选定的某一特征的表达式。

（5）测量表达式：列出部件文件中的所有测量表达式。

图3-49　"显示"选项

（6）属性表达式：列出部件文件中存在的所有部件和对象属性表达式。

（7）部件间表达式：列出部件文件之间存在的表达式。

（8）所有表达式：列出部件文件中的所有表达式。

2．操作

（1）🖼️新建表达式：新建一个表达式。

（2）🖼️创建/编辑部件间表达式：列出作业中可用的单个部件。一旦选择了部件，便会列出该部件中的所有表达式。

（3）🖼️创建多个部件间表达式：列出作业中可用的多个部件。

（4）🖼️编辑多个部件间表达式：控制从一个部件文件到其他部件中的表达式的外部参考。单击该按钮将显示包含所有部件列表的对话框，这些部件包含工作部件涉及的表达式。

（5）🖼️替换表达式：允许使用另一个字符串替换当前工作部件中某个表达式的公式字符串的所有实例。

（6）🖼️打开被引用部件：单击该按钮，可以打开任何作业中部分载入的部件，常用于进行大规模加工操作。

（7）🖼️更新以获取外部更改：更新可能在外部电子表格中的表达式值。

3．表达式列表框

根据设置的表达式列出方式，显示部件文件中的表达式。

（1）名称：可以给一个新的表达式命名，也可以重新命名一个已经存在的表达式。表达式命名要符合一定的规则。

（2）公式：可以编辑一个在表达式列表框中选中的表达式，也可以给新的表达式输入公式，还可以给部件间的表达式创建引用。

（3）值：显示从公式或测量数据派生的值。

（4）单位：对于选定的量纲，指定相应的单位，如图 3-50 所示。

（5）量纲：可以指定一个新的表达式量纲，但不可以改变已经存在的表达式的量纲，如图 3-51 所示。

图 3-50　单位　　　　　　　　图 3-51　量纲

（6）类型：指定表达式数据类型，包括数字、字符串、布尔运算、整数、点、矢量和列表等类型。

（7）源：对于软件表达式，附加参数文本显示在"源"列中，该列描述关联的特征和参数选项。

（8）附注：如果添加了表达式附注，则会显示该附注。

（9）检查：显示任意检查需求。

（10）组：选择或编辑特定表达式所属的组。

扫一扫，看视频

3.3.4 部件间表达式

1. 部件间表达式设置

部件间表达式用于装配和组件零件中。使用部件间表达式，可以建立组件间的关系，这样一个部件的表达式可以根据另一个部件的表达式进行定义。例如，为配合另一组件的孔而设计的一个组件中的销，可以使用与该孔参数相关联的参数，当编辑孔时，该组件中的销也能自动更新。

要使用部件间表达式，还要进行如下设置。

（1）选择"菜单"→"文件"→"实用工具"→"用户默认设置"命令，打开"用户默认设置"对话框。

（2）在左侧栏中选择"装配"→"常规"，在右侧选择"部件间建模"选项卡，在"允许关联的部件间建模"选项组中选中"是"单选按钮，勾选"允许提升体"复选框，单击"确定"按钮完成设置，如图3-52所示。

图3-52　"用户默认设置"对话框

2. 部件间表达式格式

部件间表达式与普通表达式的区别就是，在部件间表达式变量的前面添加了部件名称。格式如下：

```
部件1_名::表达式名=部件2_名::表达式名
```

例如：

```
hole_dia = pin::diameter+tolerance
```

表示将局部表达式 hole_dia 与部件 pin 中的表达式 diameter 联系起来。

3.4 布尔运算

零件模型通常由单个实体组成，但在建模过程中，实体通常由多个实体或特征组合而成，于是要求将多个实体或特征组合成一个实体，该操作称为布尔运算（或布尔操作）。

布尔运算在实际建模过程中用得比较多，但一般情况下是系统自动完成或自动提示用户选择合适的布尔运算。布尔运算也可独立操作。

3.4.1　合并

选择"菜单"→"插入"→"组合"→"合并"命令或单击"主页"选项卡"基本"组中的"合并"按钮⬡，打开如图 3-53 所示的"合并"对话框。该对话框用于将两个或多个实体的体积组合在一起构成单个实体，其公共部分完全合并到一起，如图 3-54 所示。

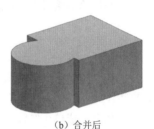

（a）合并前　　　　　　　（b）合并后

图 3-53　"合并"对话框　　　　　　　　　图 3-54　"合并"示意图

该对话框中的部分选项说明如下。

（1）目标：进行布尔"合并"时第一个选择的体对象，运算的结果将加在目标体上，并修改目标体。同一次布尔运算中，目标体只能有一个。布尔运算的结果体的类型与目标体的类型一致。

（2）工具：进行布尔运算时第二个及之后选择的体对象，这些对象将加在目标体上，并构成目标体的一部分。同一次布尔运算中，工具体可以有多个。

需要注意的是，可以将实体和实体进行合并运算，也可以将片体和片体进行合并运算（具有近似公共边缘线），但不能将片体和实体、实体和片体进行合并运算。

3.4.2　减去

选择"菜单"→"插入"→"组合"→"减去"命令或单击"主页"选项卡"基本"组中的"减去"按钮⬡，打开如图 3-55 所示的"减去"对话框。该对话框用于从目标体中减去一个或多个工具体的体积，即将目标体中与工具体公共的部分去掉，如图 3-56 所示。

需要注意的是：

若目标体和工具体不相交或相接，则运算结果保持为目标体不变。

实体与实体、片体与实体、实体与片体之间都可进行减去运算，但片体与片体之间不能进行减去运算。实体与片体的差，其结果为非参数化实体。

图 3-55　"减去"对话框

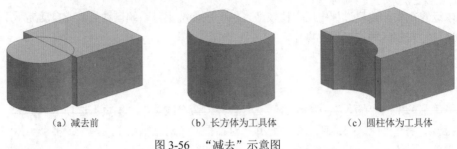

（a）减去前　　　　　　　（b）长方体为工具体　　　　　　（c）圆柱体为工具体

图 3-56　"减去"示意图

执行减去运算时，若目标体进行减去运算后的结果为两个或多个实体，则目标体将丢失数据。另外，也不能将一个片体变成两个或多个片体。

减去运算的结果不允许产生 0 厚度，即不允许目标体和工具体的表面刚好相切。

3.4.3　求交

选择"菜单"→"插入"→"组合"→"求交"命令或在"主页"选项卡"基本"组中单击"组合"下拉菜单中的"求交"按钮，打开如图 3-57 所示的"求交"对话框。该对话框用于将两个或多个实体合并成单个实体，运算结果取其公共部分体积构成单个实体，如图 3-58 所示。

图 3-57　"求交"对话框

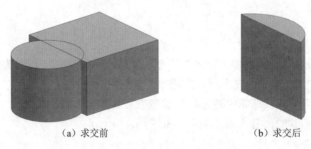

（a）求交前　　　　　　　　　　（b）求交后

图 3-58　"求交"示意图

第4章 草 图 设 计

内容简介

草图（Sketch）是 UG NX 建模中建立参数化模型的一个重要工具。通常情况下，用户的三维设计应该从草图设计开始，通过 UG NX 中提供的草图功能建立各种基本曲线，对曲线进行几何约束和尺寸约束，然后对二维草图进行拉伸、旋转或者扫掠，就可以很方便地生成三维实体。此后模型的编辑修改，在相应的草图中操作即可。

内容要点

- ❯ 草图建立
- ❯ 草图绘制
- ❯ 草图操作
- ❯ 草图约束

4.1 草 图 建 立

草图是位于指定平面上的曲线和点所组成的一个特征，其默认特征名为 SKETCH。草图由草图平面、草图坐标系、草图曲线和草图约束等组成。草图平面是草图曲线所在的平面，草图坐标系的 XY 平面即为草图平面；草图坐标系由用户在建立草图时确定。一个模型中可以包含多个草图，每个草图都有一个名称，系统通过草图名称对草图及其对象进行引用。

4.1.1 进入草图环境

选择"菜单"→"插入"→"草图"命令或单击"主页"选项卡"构造"组中的"草图"按钮 ✐ ，打开如图 4-1 所示的"创建草图"对话框。

在"创建草图"对话框中指定创建草图的方式，有以下几种情况：

（1）基于平面。在对话框中选择"基于平面"类型，在视图区选择一个平面作为草图绘制平面后，可以根据需要反转平面的法向、选择水平参考、反转水平方向和更改

图 4-1 "创建草图"对话框

原点的位置，最后单击对话框中的"确定"按钮。选择的平面将作为草图绘制平面。

（2）基于路径。在对话框中选择"基于路径"类型，在视图区选择一条连续的曲线作为路径，同时系统在所选曲线的路径方向显示草图绘制平面及其坐标方向，以及草图绘制平面和路径相交点在曲线上的弧长文本对话框。在该文本对话框中输入弧长值，可以改变草图绘制平面的位置。

选择"基于平面"类型，单击"确定"按钮，进入草图创建环境，如图 4-2 所示。进入草图创建环境后，"主页"选项卡的"草图"组如图 4-3 所示，系统按照先后顺序给用户的草图取名为 SKETCH_000、SKETCH_001、SKETCH_002…，名称显示在"名称"文本框中。

图 4-2　草图创建环境　　　　　　　　　　　图 4-3　"草图"组

4.1.2　草图的视角

当用户完成草图平面的创建和修改后，系统会自动转换到草图平面视角。如果用户对该视角不满意，可以选择"菜单"→"视图"→"定向视图到模型"命令，使草图视角恢复到原来基本建模的视角。单击"视图"选项卡的"草图显示"组中的"定向到草图"按钮 ，可以再次回到草图平面视角。

4.1.3　草图的重新定位

完成草图的创建如图 4-4 所示，需要更改草图所依附的平面。用户可以通过单击"主页"选项卡的"草图"组中的"重新附着"按钮 ，重新定位草图的依附平面，如图 4-5 所示。

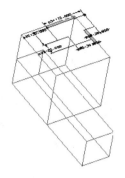
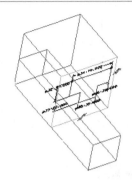

图 4-4　原草图平面　　　　　　　图 4-5　"重新附着"后的草图平面

4.2　草　图　绘　制

进入草图创建环境后，在"主页"选项卡中将显示相关的草图绘制功能（主要集中在"曲线"组中），如图 4-6（a）所示。这些功能也可以通过选择"菜单"→"插入"→"曲线"子菜单中的相应命令来完成，如图 4-6（b）所示。其中一些较为常用的草图绘制功能分别介绍如下。

（a）"主页"选项卡

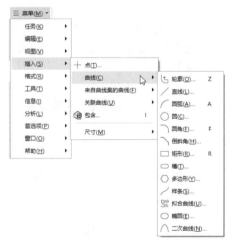

（b）"曲线"子菜单

图 4-6　草图创建环境下的"主页"选项卡和"曲线"子菜单

4.2.1　直线

选择"菜单"→"插入"→"曲线"→"直线"命令或单击"主页"选项卡"曲线"组中的"直

线"按钮 ，打开如图4-7所示的"直线"对话框。

有以下两种不同的输入模式。

（1）坐标模式：单击"坐标模式"按钮 ，在视图区将显示如图4-8所示的XC和YC文本框，在其中输入所需数值，确定绘制点。

（2）参数模式：单击"参数模式"按钮 ，在视图区将显示如图4-9所示的"长度"和"角度"文本框，在其中输入所需数值，然后拖动鼠标，在要放置直线的位置单击，即可绘制直线。它与坐标模式的区别是：在参数文本框中输入数值后，坐标模式是确定的，而参数模式是浮动的。

图4-7 　"直线"对话框　　　　图4-8 　"坐标模式"文本框　　　　图4-9 　"参数模式"文本框

扫一扫，看视频

★重点　动手学——绘制五角星

源文件： 源文件\4\五角星.prt

绘制如图4-10所示的五角星。

操作步骤 视频文件：动画演示\第4章\五角星.mp4

（1）单击"主页"选项卡"标准"组中的"新建"按钮 ，打开"新建"对话框。在"模板"栏中选择"模型"，在"名称"文本框中输入"五角星"，然后单击"确定"按钮，进入建模环境。

（2）单击"主页"选项卡"构造"组中的"草图"按钮 ，打开如图4-11所示的"创建草图"对话框，选择XY平面作为草图绘制平面作为草图绘制平面，单击"确定"按钮，进入草图绘制界面。

（3）选择"菜单"→"插入"→"曲线"→"直线"命令或单击"主页"选项卡"曲线"组中的"直线"按钮 ，打开"直线"对话框，如图4-7所示。单击"坐标模式"按钮 ，在XC和YC文本框中分别输入120和120；接着单击"参数模式"按钮 ，在"长度"和"角度"文本框中分别输入80和252，绘制的直线P1P2如图4-12所示。

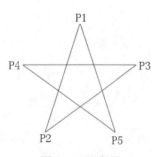

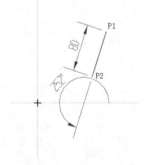

图4-10 　五角星　　　　图4-11 　"创建草图"对话框　　　　图4-12 　绘制直线P1P2

（4）同理，按照XC、YC、"长度"和"角度"文本框的输入顺序，分别绘制直线P2P3（95.279，43.915，79.999，36）、直线P3P4（159.999，90.977，79.977，180）、直线P4P5（80.022，90.870，79.942，324）和直线P5P1（144.721，43.916，79.999，108），最终完成五角星的绘制。

练一练——绘制表面粗糙度符号

绘制如图 4-13 所示的表面粗糙度符号。

✍ **思路点拨：**

> 源文件：源文件\4\表面粗糙度符号.prt
> 利用"直线"命令，绘制三条直线。

图 4-13　表面粗糙度符号

4.2.2　圆

选择"菜单"→"插入"→"曲线"→"圆"命令或单击"主页"选项卡"曲线"组中的"圆"按钮○，打开如图 4-14 所示的"圆"对话框。

有以下两种不同的绘制方法。

（1）圆心和直径定圆：单击"圆心和直径定圆"按钮⊙，以"圆心和直径定圆"方式绘制圆。

（2）三点定圆：单击"三点定圆"按钮○，以"三点定圆"方式绘制圆。

图 4-14　"圆"对话框

★**重点　动手学——绘制法兰草图**

源文件：源文件\4\法兰.prt

绘制如图 4-15 所示的法兰草图。法兰在机械设备中应用广泛，主要用于管道及进出口或其他端口的连接。本实例主要运用"直线"命令和"圆"命令进行绘制。

操作步骤　视频文件：动画演示\第 4 章\法兰.mp4

1. 新建文件

单击"主页"选项卡"标准"组中的"新建"按钮，打开"新建"对话框。在"模板"栏中选择"模型"，在"名称"文本框中输入"法兰草图"，然后单击"确定"按钮，进入建模环境。

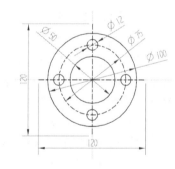

图 4-15　法兰草图

2. 绘制中心线

（1）单击"主页"选项卡"构造"组中的"草图"按钮，打开"创建草图"对话框，选择 XY 平面作为草图绘制平面，单击"确定"按钮，进入草图绘制界面。

（2）选择"菜单"→"插入"→"曲线"→"直线"命令或单击"主页"选项卡"曲线"组中的"直线"按钮，打开"直线"对话框。单击"坐标模式"按钮，在 XC 和 YC 文本框中分别输入 –60 和 0；接着单击"参数模式"按钮，在"长度"和"角度"文本框中分别输入 120 和 0，绘制水平直线。同理，按照 XC、YC、"长度"和"角度"文本框的输入顺序绘制 0、60、120、270 的竖直直线，结果如图 4-16 所示。

（3）选中上一步绘制的两条直线，将光标放置在一条直线上右击，在弹出的快捷菜单中选择"编辑显示"命令，打开"编辑对象显示"对话框，将各选项设置为如图 4-17 所示。单击"确定"按钮，则所选草图对象发生变化，如图 4-18 所示。

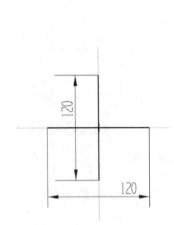

图 4-16　绘制直线

图 4-17　"编辑对象显示"对话框

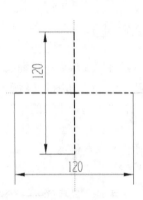

图 4-18　更改直线线型

3．绘制法兰轮廓

（1）选择"菜单"→"插入"→"曲线"→"圆"命令或单击"主页"选项卡"曲线"组中的"圆"按钮○，打开"圆"对话框。单击"圆心和直径定圆"按钮◉，以确定圆心和直径的方式绘制圆。单击上边框条中的"现有点"按钮十，捕捉原点为圆心，绘制直径为 100 的圆；同理，以原点为圆心，绘制直径为 50 和 75 的圆，结果如图 4-19 所示。

（2）选中上一步绘制的直径为 75 的圆，将光标放置在该圆上右击，在弹出的快捷菜单中选择"编辑显示"命令，打开"编辑对象显示"对话框，在"线型"下拉列表框中选择"中心线"。单击"确定"按钮，则所选草图对象发生变化。至此完成法兰轮廓的绘制，结果如图 4-20 所示。

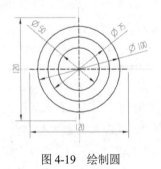

图 4-19　绘制圆

图 4-20　更改线型

4．绘制法兰螺栓孔

选择"菜单"→"插入"→"曲线"→"圆"命令或单击"主页"选项卡"曲线"组中的"圆"

按钮○，打开"圆"对话框。单击"圆心和直径定圆"按钮⊙，以确定圆心和直径的方式绘制圆。单击上边框条中的"象限点"按钮，捕捉直径为75的圆的上象限点为圆心。接着单击"参数模式"按钮，在"直径"文本框中输入12，然后按Enter键，分别捕捉直径为75的圆的其余3个象限点，完成法兰螺栓孔的绘制。至此完成法兰草图的绘制，结果如图4-15所示。

练一练——绘制挡圈

绘制如图4-21所示的挡圈。

📝 **思路点拨：**

> 源文件：源文件\4\挡圈.prt
> （1）利用"直线"命令绘制中心线。
> （2）利用"圆"命令绘制轮廓。

图4-21　挡圈

4.2.3　圆弧

选择"菜单"→"插入"→"曲线"→"圆弧"命令或单击"主页"选项卡"曲线"组中的"圆弧"按钮，打开如图4-22所示的"圆弧"对话框。

有以下两种不同的绘制方法。

图4-22　"圆弧"对话框

（1）三点定圆弧：单击"三点定圆弧"按钮，以"三点定圆弧"方式绘制圆弧。

（2）中心和端点定圆弧：单击"中心和端点定圆弧"按钮，以"中心和端点定圆弧"方式绘制圆弧。

★重点　动手学——绘制梅花造型

源文件：源文件\4\梅花造型.prt
绘制如图4-23所示的梅花造型。

扫一扫，看视频

操作步骤　视频文件：动画演示\第4章\梅花造型.mp4

（1）单击"主页"选项卡"标准"组中的"新建"按钮，打开"新建"对话框。在"模板"栏中选择"模型"，在"名称"文本框中输入"梅花造型"，然后单击"确定"按钮，进入建模环境。

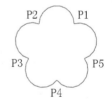

图4-23　梅花造型

（2）单击"主页"选项卡"构造"组中的"草图"按钮，打开"创建草图"对话框，选择XY平面作为草图绘制平面，单击"确定"按钮，进入草图绘制界面。

（3）选择"菜单"→"插入"→"曲线"→"圆弧"命令或单击"主页"选项卡"曲线"组中的"圆弧"按钮，打开"圆弧"对话框。单击"三点定圆弧"按钮，在XC和YC文本框中分别输入140和110；接着单击"参数模式"按钮，在"半径"文本框中输入20；然后单击"坐标模式"按钮，在XC和YC文本框中分别输入100和110，完成圆弧P1P2的绘制，结果如图4-24所示。

图4-24　绘制圆弧P1P2

（4）选择"菜单"→"插入"→"曲线"→"圆弧"命令或单击"主页"选项卡"曲线"组中的"圆弧"按钮，打开"圆弧"对话框。单击"三点定圆弧"按钮，捕捉 P2 点；接着单击"参数模式"按钮，在"半径"文本框中输入 20；然后单击"坐标模式"按钮，在 XC 和 YC 文本框中分别输入 88 和 72，完成圆弧 P2P3 的绘制。

（5）同理，按照步骤（4）的方法绘制圆弧 P3P4、P4P5 和 P5P1，P4 点坐标为(120,48)，P5 点坐标为(152,72)。最终完成梅花造型的绘制，如图 4-23 所示。

扫一扫，看视频

练一练——绘制圆头平键

绘制如图 4-25 所示的圆头平键。

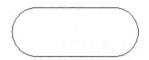

图 4-25 圆头平键

✍ **思路点拨：**

> 源文件：源文件\4\圆头平键.prt
> （1）利用"直线"命令绘制两条水平线。
> （2）利用"圆弧"命令绘制两侧圆弧。

扫一扫，看视频

4.2.4 轮廓

绘制轮廓，就是绘制单一或者连续的直线和圆弧。

选择"菜单"→"插入"→"曲线"→"轮廓"命令或单击"主页"选项卡"曲线"组中的"轮廓"按钮，打开如图 4-26 所示的"轮廓"对话框。该对话框中的各项功能与 4.2.1 和 4.2.3 小节所述类似，此处不再赘述。

图 4-26 "轮廓"对话框

扫一扫，看视频

4.2.5 派生直线

选择一条或几条直线后，系统会自动生成其平行线、中线或角平分线。

选择"菜单"→"插入"→"来自曲线集的曲线"→"派生直线"命令或单击"主页"选项卡"曲线"组"更多"库下"曲线"库中的"派生直线"按钮，以"派生直线"的方式绘制直线。以"派生直线"的方式绘制草图的示意图如图 4-27 所示。

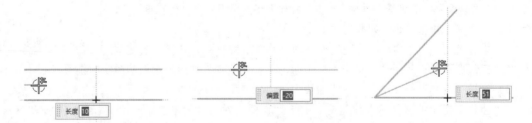

图 4-27 以"派生直线"的方式绘制草图

4.2.6 矩形

选择"菜单"→"插入"→"曲线"→"矩形"命令或单击"主页"选项卡"曲线"组中的"矩形"按钮□，打开如图 4-28 所示的"矩形"对话框。

有以下三种不同的绘制方法。

（1）按 2 点□：根据对角点上的两点创建矩形，如图 4-29 所示。

图 4-28 "矩形"对话框

图 4-29 按 2 点

（2）按 3 点□：根据起点和决定长度、宽度和角度的三点来创建矩形，如图 4-30 所示。

（3）从中心□：从中心点、决定角度和宽度的第二点以及决定高度的第三点来创建矩形，如图 4-31 所示。

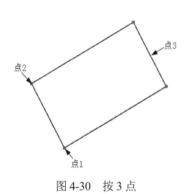

图 4-30 按 3 点

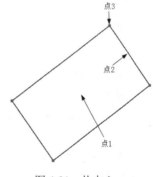

图 4-31 从中心

4.2.7 多边形

选择"菜单"→"插入"→"曲线"→"多边形"命令或单击"主页"选项卡"曲线"组"更多"库下"曲线"库中的"多边形"按钮○，打开如图 4-32 所示的"多边形"对话框。

该对话框中各项说明如下。

（1）中心点：在适当的位置单击或通过"点"对话框确定中心点。

（2）边：输入多边形的边数。

（3）大小。

1）指定点：选择点或通过"点"对话框定义多边形的半径。

2）大小：包括 3 个选项。

图 4-32 "多边形"对话框

①内切圆半径：指定从中心点到多边形中心的距离。

②外接圆半径：指定从中心点到多边形拐角的距离。

③边长：指定多边形的长度。

3）半径：设置多边形内切圆和外接圆半径的大小。

4）旋转：设置从草图水平轴开始测量的旋转角度。

5）长度：设置多边形的边长。

★重点 动手学——绘制螺母

扫一扫，看视频

源文件：源文件\4\螺母.prt

绘制如图 4-33 所示的螺母。

操作步骤 视频文件：动画演示\第 4 章\螺母.mp4

（1）单击"主页"选项卡"标准"组中的"新建"按钮，打开"新建"对话框。在"模板"栏中选择"模型"，在"名称"文本框中输入"螺母"，然后单击"确定"按钮，进入建模环境。

（2）单击"主页"选项卡"构造"组中的"草图"按钮，打开"创建草图"对话框。选择 XY 平面作为草图绘制平面，单击"确定"按钮，进入草图绘制界面。

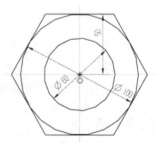

图 4-33 螺母

（3）选择"菜单"→"插入"→"曲线"→"多边形"命令或单击"主页"选项卡"曲线"组中的"多边形"按钮，打开如图 4-34 所示的"多边形"对话框。在"指定点"下拉列表框中选择"现有点"，指定原点为中心点；在"边数"文本框中输入6；在"大小"下拉列表框中选择"内切圆半径"；在"半径"文本框中输入50；在"旋转"文本框中输入90。单击"关闭"按钮，完成六边形的绘制，如图 4-35 所示。

（4）选择"菜单"→"插入"→"曲线"→"圆"命令或单击"主页"选项卡"曲线"组中的"圆"按钮，打开"圆"对话框。单击"圆心和直径定圆"按钮，以原点为圆心，绘制直径为 60 的圆，如图 4-36 所示。同理，绘制以原点为圆心、直径为 100 的圆。最终结果如图 4-33 所示。

图 4-34 "多边形"对话框

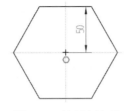

图 4-35 绘制六边形

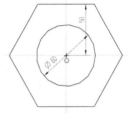

图 4-36 绘制圆

练一练——绘制六角扳手截面草图

绘制如图 4-37 所示的六角扳手截面草图。

扫一扫,看视频

图 4-37 六角扳手截面草图

✍ **思路点拨:**

源文件: 源文件\4\六角扳手.prt

(1)利用"直线"命令绘制中心线。

(2)利用"直线"命令绘制两条水平线。

(3)利用"圆弧"命令绘制两端的圆弧。

(4)利用"圆"命令绘制圆。

(5)利用"多边形"命令绘制两个多边形。

4.2.8 椭圆

选择"菜单"→"插入"→"曲线"→"椭圆"命令或单击"主页"选项卡"曲线"组"更多"库下"曲线"库中的"椭圆"按钮◯,打开如图 4-38 所示的"椭圆"对话框。

该对话框中各项说明如下。

(1)中心:在适当的位置单击或通过"点"对话框确定椭圆中心点。

(2)大半径:直接输入长半轴长度,也可以通过"点"对话框

图 4-38 "椭圆"对话框

来确定长轴长度。

（3）小半径：直接输入短半轴长度，也可以通过"点"对话框来确定短轴长度。

（4）封闭：勾选此复选框，则创建整圆。若取消勾选此复选框，则输入起始角和终止角后将创建椭圆弧。

（5）角度：椭圆的旋转角度是主轴相对于 XC 轴，沿逆时针方向倾斜的角度。

扫一扫，看视频

★重点　动手学——绘制定位销

源文件：源文件\4\定位销.prt
绘制如图 4-39 所示的定位销。

操作步骤　视频文件：动画演示\第 4 章\定位销.mp4

图 4-39　定位销

1. 新建文件

单击"主页"选项卡"标准"组中的"新建"按钮，打开"新建"对话框。在"模板"栏中选择"模型"，在"名称"文本框中输入"定位销"，然后单击"确定"按钮，进入建模环境。

2. 绘制中心线

（1）单击"主页"选项卡"构造"组中的"草图"按钮，打开"创建草图"对话框，选择 XY 平面作为草图绘制平面，单击"确定"按钮，进入草图绘制界面。

（2）选择"菜单"→"插入"→"曲线"→"直线"命令或单击"主页"选项卡"曲线"组中的"直线"按钮，打开"直线"对话框。单击"坐标模式"按钮，在 XC 和 YC 文本框中分别输入 100；接着单击"参数模式"按钮，在"长度"和"角度"文本框中分别输入 38 和 0。选中绘制的直线，将光标放置在直线上右击，在弹出的快捷菜单中选择"编辑显示"命令，打开"编辑对象显示"对话框，将各选项设置为如图 4-40 所示。单击"确定"按钮，则所选直线对象发生变化。此时绘制的中心线如图 4-41 所示。

图 4-40　"编辑对象显示"对话框

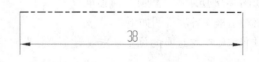

图 4-41　绘制中心线

3．绘制定位销侧面斜线

（1）选择"菜单"→"插入"→"曲线"→"直线"命令或单击"主页"选项卡"曲线"组中的"直线"按钮／，打开"直线"对话框。单击"坐标模式"按钮 XY，在 XC 和 YC 文本框中分别输入104 和 104；接着单击"参数模式"按钮，在"长度"和"角度"文本框中分别输入 30 和 1.146。

（2）同理，按照 XC、YC、"长度"和"角度"文本框的输入顺序，绘制定位销的另一条侧面线（104，96，30，358.854），结果如图 4-42 所示。

（3）选择"菜单"→"插入"→"曲线"→"直线"命令或单击"主页"选项卡"曲线"组中的"直线"按钮／，打开"直线"对话框，分别连接两条斜线的两个端点，结果如图 4-43 所示。

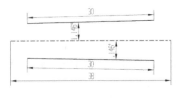

图 4-42　绘制斜线

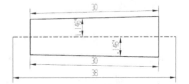

图 4-43　连接端点

4．绘制圆顶

（1）选择"菜单"→"插入"→"曲线"→"椭圆"命令或单击"主页"选项卡"曲线"组"更多"库下"曲线"库中的"椭圆"按钮○，打开"椭圆"对话框。在"指定点"下拉列表框中选择"交点"，捕捉水平中心线与左侧竖直直线的交点为中心，其余各选项设置如图 4-44 所示。单击"确定"按钮，完成左侧圆顶的绘制，结果如图 4-45 所示。

（2）选择"菜单"→"插入"→"曲线"→"椭圆"命令或单击"主页"选项卡"曲线"组"更多"库下"曲线"库中的"椭圆"按钮○，打开"椭圆"对话框。在"指定点"下拉列表框中选择"交点"，捕捉水平中心线与右侧竖直直线的交点为中心，其余各选项设置如图 4-46 所示。单击"确定"按钮，完成右侧圆顶的绘制，结果如图 4-39 所示。

图 4-44　"椭圆"对话框

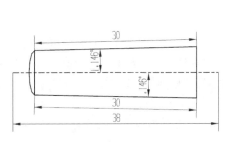

图 4-45　绘制左侧圆顶

图 4-46　"椭圆"对话框

练一练——绘制洗脸盆草图

绘制如图 4-47 所示的洗脸盆草图。

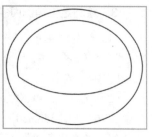

图 4-47　洗脸盆草图

✍ **思路点拨：**

> 源文件：源文件\4\洗脸盆.prt
> （1）利用"椭圆"命令绘制椭圆和椭圆弧。
> （2）利用"圆弧"命令绘制圆弧。

4.2.9　二次曲线

选择"菜单"→"插入"→"曲线"→"二次曲线"命令或单击"主页"选项卡"曲线"组"更多"库下"曲线"库中的"二次曲线"按钮⋀，打开如图 4-48 所示的"二次曲线"对话框。定义三个点，输入用户所需的 Rho 值，单击"确定"按钮，即可创建二次曲线。

图 4-48　"二次曲线"对话框

4.3　草　图　操　作

建立草图之后，可以对草图进行很多操作，包括镜像、拖动等，下面分别介绍。

4.3.1　修剪曲线

该命令可以将曲线修剪至任何方向最近的实际交点或虚拟交点。

选择"菜单"→"编辑"→"曲线"→"修剪"命令或单击"主页"选项卡"编辑"组中的"修剪"按钮╳，打开如图 4-49 所示的"修剪"对话框。

修剪草图中不需要的线素有以下三种方式。

（1）修剪单一对象：直接选择不需要的线素，将修剪边界指定为离对象最近的曲线，如图 4-50 所示。

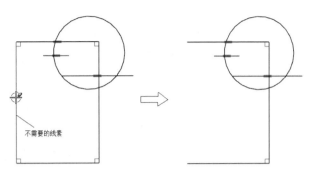

图 4-49　"修剪"对话框　　　　　　　　　图 4-50　修剪单一对象

（2）修剪多个对象：按住鼠标左键拖动，此时光标变成画笔形状，与画笔画出的曲线相交的线素都会被修剪掉，如图 4-51 所示。

（3）修剪至边界：用光标选择剪切边界，然后单击多余的线素，被选中的线素即以边界线为边界被修剪掉，如图 4-52 所示。

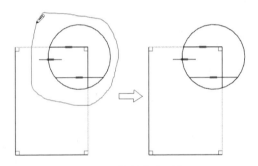

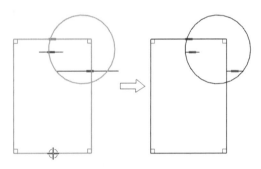

图 4-51　修剪多个对象　　　　　　　　　图 4-52　修剪至边界

4.3.2　延伸曲线

该命令可以将曲线延伸至其与另一条曲线的实际交点或虚拟交点。

选择"菜单"→"编辑"→"曲线"→"延伸"命令或单击"主页"选项卡"编辑"组中的"延伸"按钮，打开如图 4-53 所示的"延伸"对话框。

图 4-53　"延伸"对话框

延伸指定的线素有以下三种方式。

（1）延伸单一对象：直接选择要延伸的线素并单击确定，线素将自动延伸到下一个边界，如图 4-54 所示。

（2）延伸多个对象：按住鼠标左键拖动，此时光标变成画笔形状，与画笔画出的曲线相交的线素都会被延伸，如图 4-55 所示。

（3）延伸至边界：用光标选择延伸的边界线，然后单击要延伸的对象，被选中的对象将延伸至边界线，如图 4-56 所示。

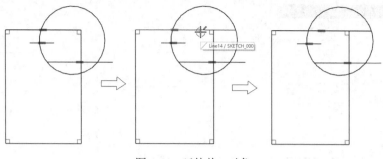

图 4-54　延伸单一对象

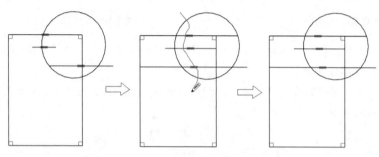

图 4-55　延伸多个对象

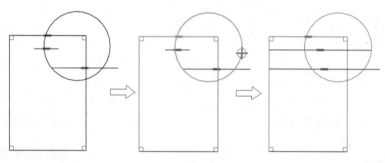

图 4-56　延伸至边界

扫一扫，看视频

★重点　动手学——绘制轴承草图

源文件：源文件\4\轴承.prt

绘制如图 4-57 所示的轴承草图。

操作步骤　视频文件：动画演示\第 4 章\轴承.mp4

1．新建文件

单击"主页"选项卡"标准"组中"新建"按钮，打开"新建"对话框。在"模板"栏中选择"模型"，在"名称"文本框中输入"轴承"，然后单击"确定"按钮，进入建模环境。

2．创建点

（1）单击"主页"选项卡"构造"组中的"草图"按钮，打开"创建草图"对话框，选择 XY

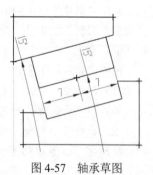

图 4-57　轴承草图

平面作为草图绘制平面,单击"确定"按钮,进入草图绘制界面。

(2) 选择"菜单"→"插入"→"基准/点"→"点"命令或单击"主页"选项卡"曲线"组中的"点"按钮十,打开"草图点"对话框,如图 4-58 所示。

(3) 在"草图点"对话框中单击"点对话框"按钮 ,打开"点"对话框,如图 4-59 所示。

(4) 在"点"对话框中输入要创建的点的坐标。此处共创建 7 个点,其坐标分别为点 1(0,50,0)、点 2(18,50,0)、点 3(0,42.05,0)、点 4(1.75,33.125,0)、点 5(22.75,38.75,0)、点 6(1.75,27.5,0)、点 7(22.75,27.5,0),如图 4-60 所示。

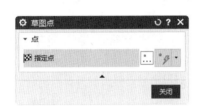

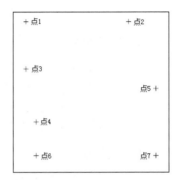

图 4-58　"草图点"对话框　　　　图 4-59　"点"对话框　　　　图 4-60　创建的 7 个点

3. 创建直线

(1) 选择"菜单"→"插入"→"曲线"→"直线"命令或单击"主页"选项卡"曲线"组中的"直线"按钮 ,打开"直线"对话框。

(2) 分别连接点 1 和点 2、点 1 和点 3、点 4 和点 5、点 6 和点 7、点 7 和点 5,结果如图 4-61 所示。

(3) 选择点 2 作为起点,绘制一条与 X 轴成 15°的直线 1(长度只要超过连接点 1 和点 2 生成的直线即可),结果如图 4-62 所示。

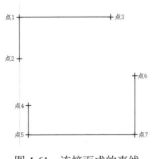

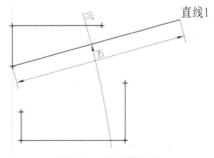

图 4-61　连接而成的直线　　　　　　图 4-62　创建的直线

4. 创建派生线

(1) 选择"菜单"→"插入"→"来自曲线集的曲线"→"派生直线"命令,选择刚创建的直线为参考直线,并设置偏置值为 5.625,生成派生直线(直线 4),如图 4-63 所示。

（2）再创建一条派生直线（直线3），偏置值也是5.625，如图4-64所示。

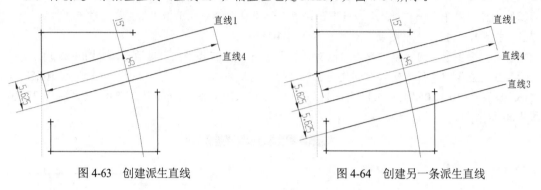

图4-63　创建派生直线　　　　　　　图4-64　创建另一条派生直线

5. 创建直线

（1）选择"菜单"→"插入"→"曲线"→"直线"命令或单击"主页"选项卡"曲线"组中的"直线"按钮／，打开"直线"对话框。

（2）创建一条直线，该直线平行于Y轴，并且距Y轴的距离为11.375，长度能穿过刚刚新建的第一条派生直线（直线2）即可，如图4-65所示。

6. 创建点

（1）选择"菜单"→"插入"→"基准/点"→"点"命令或单击"主页"选项卡"曲线"组中的"点"按钮十，打开"草图点"对话框。在"草图点"对话框中单击"点对话框"按钮 ，打开"点"对话框。

（2）在"点"对话框中选择"交点"↑类型，然后选择直线2和直线4，求出它们的交点。

7. 修剪直线

（1）选择"菜单"→"编辑"→"曲线"→"修剪"命令或单击"主页"选项卡"编辑"组中的"修剪"按钮╳，打开"修剪"对话框。

（2）将图4-65所示的直线2和直线4修剪掉，如图4-66所示（图中的点为刚创建的直线2和直线4的交点）。

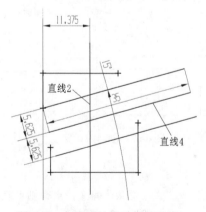

图4-65　创建平行于Y轴的直线

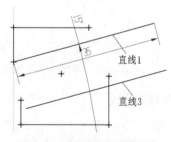

图4-66　修剪直线1和直线2

8．创建直线

（1）选择"菜单"→"插入"→"曲线"→"直线"命令或单击"主页"选项卡"曲线"组中的"直线"按钮╱，打开"直线"对话框。

（2）选择直线 2 和直线 4 的交点为起点，移动光标，当系统出现如图 4-67（a）所示的情形时，表示该直线与图 4-66 所示的直线 1 平行。设定该直线长度为 7，并按 Enter 键。

（3）在另外一个方向也创建一条与直线 3 平行、长度为 7 的直线，如图 4-67（b）所示。

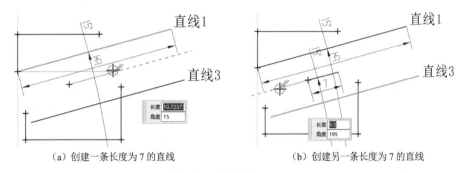

（a）创建一条长度为 7 的直线　　　　（b）创建另一条长度为 7 的直线

图 4-67　创建直线

（4）以刚创建的直线的端点为起点，创建两条与直线 1 垂直的直线（长度能穿过直线 1 即可），如图 4-68 所示。

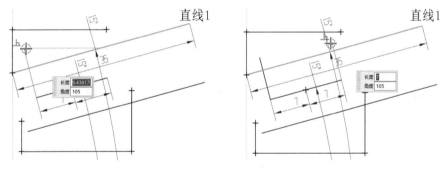

图 4-68　创建垂直直线

9．延伸直线

（1）选择"菜单"→"编辑"→"曲线"→"延伸"命令或单击"主页"选项卡"编辑"组中的"延伸"按钮╱，打开"延伸"对话框。

（2）将上一步创建的两条直线延伸至直线 3，如图 4-69 所示。

10．创建直线

（1）选择"菜单"→"插入"→"曲线"→"直线"命令或单击"主页"选项卡"曲线"组中的"直线"按钮╱，打开"直线"对话框。

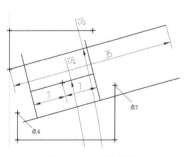

图 4-69　延伸直线

（2）以图 4-69 中的点 4 为起点，创建一条与 X 轴平行的直线，长度能穿过刚刚通过延伸得到的直线即可，如图 4-70（a）所示。

（3）以图 4-69 中的点 5 为起点，再创建一条与 X 轴平行的直线，长度也是能穿过刚刚通过延伸得到的直线即可，如图 4-70（b）所示。

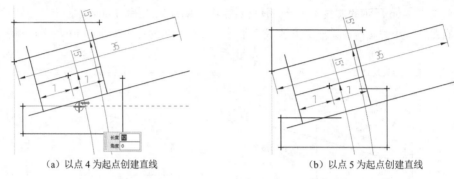

（a）以点 4 为起点创建直线　　　　　　　　（b）以点 5 为起点创建直线

图 4-70　创建平行直线

11. 修剪直线

（1）选择"菜单"→"编辑"→"曲线"→"修剪"命令或单击"主页"选项卡"编辑"组中的"修剪"按钮✕，打开"修剪"对话框。

（2）对草图进行修剪，结果如图 4-71 所示。

12. 创建直线

（1）选择"菜单"→"插入"→"曲线"→"直线"命令或单击"主页"选项卡"曲线"组中的"直线"按钮✎，打开"直线"对话框。

（2）以图 4-70（a）中的点 2 为起点，创建一条与 X 轴垂直的直线，长度能穿过直线 1 即可，如图 4-72 所示。

13. 修剪草图

选择"菜单"→"编辑"→"曲线"→"修剪"命令或单击"主页"选项卡"编辑"组中的"修剪"按钮✕，对草图进行修剪，结果如图 4-73 所示。

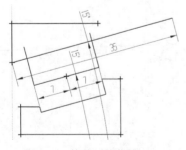

图 4-71　修剪后的草图（1）

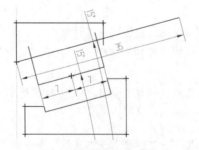

图 4-72　创建垂直直线

图 4-73　修剪后的草图（2）

练一练——绘制锁紧箍草图

绘制如图 4-74 所示的锁紧箍草图。

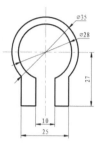

✍ **思路点拨：**

> 源文件：源文件\4\锁紧箍.prt
> （1）利用"直线"命令绘制中心线。
> （2）利用"圆"命令绘制两个圆。
> （3）利用"直线"和"偏置曲线"命令绘制直线。
> （4）利用"修剪"命令修剪草图。

图 4-74　锁紧箍草图

4.3.3　阵列曲线

利用此命令可对草图曲线进行阵列。

选择"菜单"→"插入"→"来自曲线集的曲线"→"阵列曲线"命令或单击"主页"选项卡"曲线"组中的"阵列"按钮，打开如图 4-75 所示的"阵列曲线"对话框。

该对话框中部分选项功能说明如下。

（1）线性：使用一个或两个方向定义布局。

（2）圆形：使用旋转点和可选径向间距参数定义布局。

（3）常规：使用一个或多个目标点或坐标系定义的位置来定义布局。

★**重点　动手学——绘制槽轮草图**

源文件： 源文件\4\槽轮.prt

绘制如图 4-76 所示的槽轮草图。

操作步骤 视频文件：动画演示\第 4 章\槽轮.mp4

（1）单击"主页"选项卡"标准"组中的"新建"按钮，打开"新建"对话框。在"模板"栏中选择"模型"，在"名称"文本框中输入"槽轮"，然后单击"确定"按钮，进入建模环境。

图 4-75　"阵列曲线"对话框

（2）选择"菜单"→"首选项"→"草图"命令，打开如图 4-77 所示的"草图首选项"对话框。在"尺寸标签"下拉列表框中选择"值"，勾选"屏幕上固定文本高度"复选框，单击"确定"按钮。

（3）单击"主页"选项卡"构造"组中的"草图"按钮，打开"创建草图"对话框，选择 XY 平面作为草图绘制平面，单击"确定"按钮，进入草图绘制界面。

（4）选择"菜单"→"插入"→"曲线"→"圆"命令或单击"主页"选项卡"曲线"组中的"圆"按钮，打开"圆"对话框。单击"圆心和直径定圆"按钮捕捉坐标原点为圆心，在如图 4-78 所示的参数对话框中设置直径为 55，按 Enter 键确认，绘制圆 1。重复上述步骤，分别在坐标(15,0)处绘制直径为 7 的圆 2、在坐标(0,32.5)处绘制直径为 18 的圆 3，结果如图 4-79 所示。

（5）选择"菜单"→"插入"→"曲线"→"直线"命令或单击"主页"选项卡"曲线"组中的"直线"按钮，打开"直线"对话框，分别捕捉圆 2 的象限点为起点，绘制两条水平直线，如图 4-80 所示。

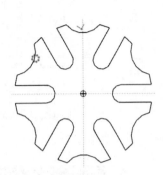

图 4-76　槽轮草图

图 4-77　"草图首选项"对话框

图 4-78　参数对话框

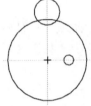

图 4-79　绘制圆

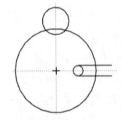

图 4-80　绘制水平直线

　　（6）选择"菜单"→"插入"→"来自曲线集的曲线"→"阵列曲线"命令或单击"主页"选项卡"曲线"组中的"阵列"按钮，打开如图 4-81 所示的"阵列曲线"对话框。选择圆 2、圆 3 和直线为阵列对象，在"布局"下拉列表框中选择"圆形"，指定坐标原点为旋转点，设置"数量"和"间隔角"分别为 6 和 60。单击"确定"按钮，完成阵列，如图 4-82 所示。

　　（7）选择"菜单"→"编辑"→"曲线"→"修剪"命令或单击"主页"选项卡"编辑"组中的"修剪"按钮，修剪多余线段，结果如图 4-76 所示。

图 4-81　"阵列曲线"对话框

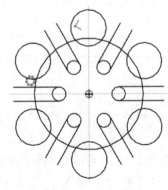

图 4-82　阵列图形

练一练——绘制汽缸截面草图

绘制如图 4-83 所示的汽缸截面草图。

✏ **思路点拨：**

> 源文件：源文件\4\汽缸.prt
>
> （1）利用"直线""圆弧""圆"和"修剪"命令绘制中心线和气缸截面的外轮廓草图。
>
> （2）利用"圆"命令绘制直径为 10 的圆。
>
> （2）利用"阵列曲线"命令阵列直径为 10 的圆。

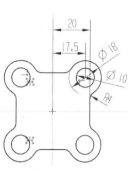

图 4-83　汽缸截面草图

4.3.4　拖动

当用户在草图中选择了尺寸或曲线时，待光标变成 ✛ 形状后，即可在图形区域中拖动它们来更改草图。在欠约束的草图中，可以拖动尺寸和欠约束对象；在完全约束的草图中，可以拖动尺寸，但不能拖动对象。用户可以一次选中并拖动多个对象，但必须单独选中每个尺寸并加以拖动。

在进行拖动操作时，与顶点相连的对象是不被分开的。

4.3.5　镜像曲线

该命令通过草图中现有的任一条直线来镜像草图几何体。镜像曲线示意图如图 4-84 所示。

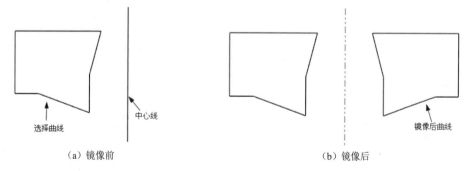

（a）镜像前　　　　　　　　　　　　　　　（b）镜像后

图 4-84　镜像曲线示意图

选择"菜单"→"插入"→"来自曲线集的曲线"→"镜像曲线"命令或单击"主页"选项卡"曲线"组中的"镜像"按钮 ⚒，打开如图 4-85 所示的"镜像曲线"对话框。

其中部分选项功能介绍如下。

（1）要镜像的曲线：用于选择将被镜像的曲线。

（2）中心线：用于选择一条已有直线作为镜像操作的中心线（在镜像操作过程中，该直线将作为参考直线）。

图 4-85　"镜像曲线"对话框

4.3.6　偏置曲线

该命令可以在草图中关联性地偏置抽取的曲线，生成偏置约束。所谓关联性地偏置抽取的曲线是指，如果修改原先的曲线，将会相应地更新抽取的曲线和偏置曲线。偏置曲线示意图如图 4-86 所示。

选择"菜单"→"插入"→"来自曲线集的曲线"→"偏置曲线"命令或单击"主页"选项卡"曲线"组中的"偏置"按钮，打开如图 4-87 所示的"偏置曲线"对话框。

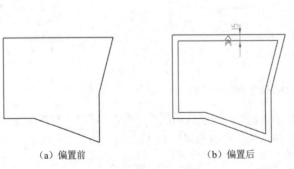

（a）偏置前　　　　　（b）偏置后

图 4-86　偏置曲线示意图

图 4-87　"偏置曲线"对话框

扫一扫，看视频

★重点　动手学——绘制切刀草图

源文件：源文件\4\切刀.prt

绘制如图 4-88 所示的切刀草图。

操作步骤　*视频文件：动画演示\第 4 章\切刀.mp4*

1. 新建文件

单击"主页"选项卡"标准"组中的"新建"按钮，打开"新建"对话框。在"模板"栏中选择"模型"，在"名称"文本框中输入"切刀"，然后单击"确定"按钮，进入建模环境。

2. 绘制中心线

（1）单击"主页"选项卡"构造"组中的"草图"按钮，打开"创建草图"对话框，选择 XY 平面作为草图绘制平面，单击"确定"按钮，进入草图绘制界面。

（2）选择"菜单"→"插入"→"曲线"→"直线"命令或单击"主页"选项卡"曲线"组中的"直线"按钮，打开"直线"对话框。单击"坐标模式"按钮，在 XC 和 YC 文本框中分别输入 0 和 0；接着单击"参数模式"按钮，在"长度"和"角度"文本框中分别输入 108 和 0。

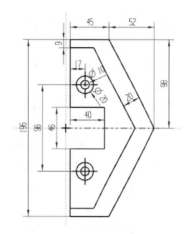

图 4-88　切刀草图

（3）同理，按照 XC、YC、"长度"和"角度"文本框的输入顺序，分别绘制连接孔的水平中心线（7，48，30，0）和竖直中心线（22，33，30，90）。

（4）选中上一步绘制的直线，将光标放置在一条直线上右击，在弹出的快捷菜单中选择"编辑显示"命令，打开"编辑对象显示"对话框，各选项设置如图 4-89 所示。单击"确定"按钮，则所选草图对象发生变化，结果如图 4-90 所示。

图 4-89　"编辑对象显示"对话框

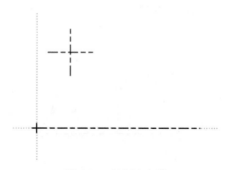

图 4-90　绘制中心线

3. 绘制轮廓线

（1）选择"菜单"→"插入"→"曲线"→"轮廓"命令或单击"主页"选项卡"曲线"组中的"轮廓"按钮⌐，打开"轮廓"对话框。在"对象类型"栏中单击"直线"按钮✎，在 XC 和 YC 文本框中分别输入 45 和 0；接着单击"参数模式"按钮⊞，在"长度"和"角度"文本框中分别输入 23 和 90；继续在"长度"和"角度"文本框中分别输入 40 和 180、75 和 90、45 和 0、111 和 298，绘制的图形如图 4-91 所示。

（2）选择"菜单"→"插入"→"来自曲线集的曲线"→"偏置曲线"命令或单击"主页"选项卡"曲线"组中的"偏置"按钮⌐，打开如图 4-92 所示的"偏置曲线"对话框。选择直线 1 作为要偏置的曲线，在"距离"文本框中输入 9，单击"应用"按钮；选择直线 2 作为要偏置的曲线，在"距离"文本框中输入 20，单击"确定"按钮，完成曲线的偏置，结果如图 4-93 所示。

（3）选择"菜单"→"编辑"→"曲线"→"延伸"命令或单击"主页"选项卡"编辑"组中的"延伸"按钮╱，打开"延伸"对话框。选择直线 4 为边界曲线，直线 3 为要延伸的曲线，单击"关闭"按钮，完成直线的延伸。

（4）选择"菜单"→"编辑"→"曲线"→"修剪"命令或单击"主页"选项卡"编辑"组中的"修剪"按钮✕，打开"修剪"对话框，对图形进行修剪，结果如图 4-94 所示。

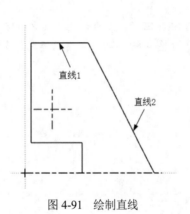

图 4-91　绘制直线

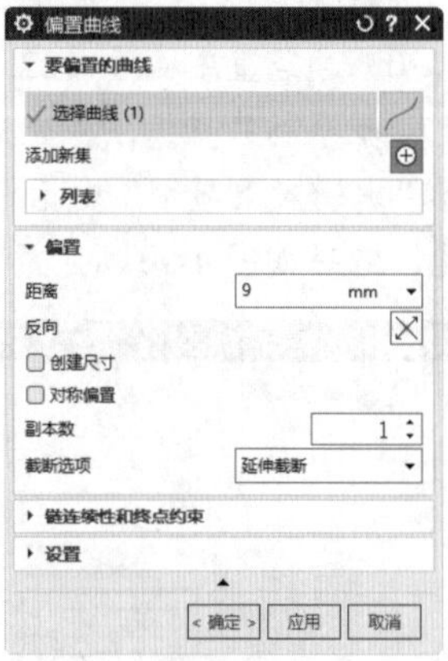

图 4-92　"偏置曲线"对话框

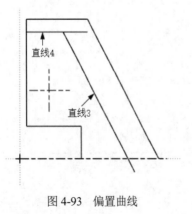

图 4-93　偏置曲线

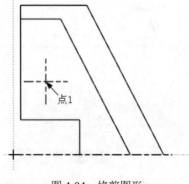

图 4-94　修剪图形

（5）选择"菜单"→"插入"→"曲线"→"圆"命令或单击"主页"选项卡"曲线"组中的"圆"按钮○，打开"圆"对话框。以点 1 为圆心，绘制直径为 10 和 20 的圆，完成连接孔的绘制，结果如图 4-95 所示。

（6）选择"菜单"→"插入"→"来自曲线集的曲线"→"镜像曲线"命令或单击"主页"选项卡"曲线"组中的"镜像"按钮，打开"镜像曲线"对话框。选择如图 4-96 所示的图形为要镜像的曲线，以最下边的水平中心线为镜像中心线，单击"确定"按钮，完成曲线的镜像。最终结果如图 4-88 所示。

图 4-95　绘制连接孔 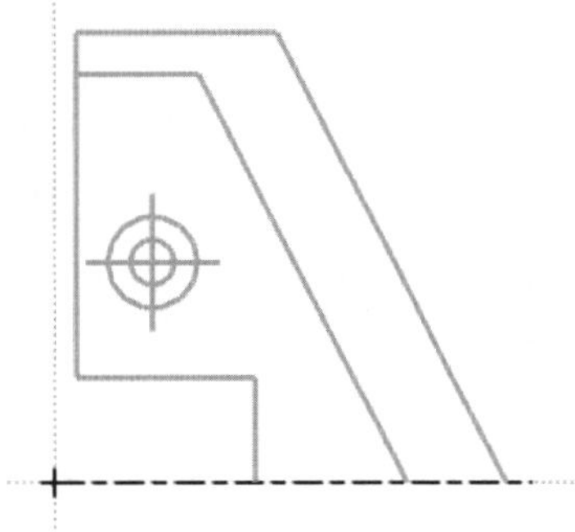　　　　　　　图 4-96　要镜像的曲线

4.3.7　圆角

使用此命令可以在 2 条或 3 条曲线之间创建一个圆角。

选择"菜单"→"插入"→"曲线"→"圆角"命令或单击"主页"选项卡"曲线"组中的"圆角"按钮，打开如图 4-97 所示的"圆角"对话框。

图 4-97　"圆角"对话框

1．圆角方法

（1）修剪：修剪输入曲线。

（2）取消修剪：使输入曲线保持取消修剪状态。

2．选项

（1）删除第三条曲线：删除选定的第三条曲线。

（2）创建备选圆角：预览互补的圆角。

★重点　动手学——绘制槽钢截面图

源文件：源文件\4\槽钢截面.prt

绘制如图 4-98 所示的槽钢截面图。

操作步骤　视频文件：动画演示\第 4 章\槽钢截面图.mp4

（1）单击"主页"选项卡"标准"组中的"新建"按钮，打开"新建"对话框。在"模板"栏中选择"模型"，在"名称"文本框中输入"槽钢截面"，然后单击"确定"按钮，进入建模环境。

扫一扫，看视频

图 4-98　槽钢截面图

（2）单击"主页"选项卡"构造"组中的"草图"按钮 ✏，打开"创建草图"对话框，选择XY平面作为草图绘制平面，单击"确定"按钮，进入草图绘制界面。

（3）选择"菜单"→"插入"→"曲线"→"轮廓"命令或单击"主页"选项卡"曲线"组中的"轮廓"按钮 ⬡，打开"轮廓"对话框。在"对象类型"栏中单击"直线"按钮 ╱，在 XC 和 YC 文本框中分别输入 0 和 0；接着单击"参数模式"按钮 ⊡，在"长度"和"角度"文本框中分别输入 140 和 90、60 和 0，结果如图 4-99 所示。

（4）选择"菜单"→"插入"→"来自曲线集的曲线"→"偏置曲线"命令或单击"主页"选项卡"曲线"组中的"偏置"按钮 ⬡，打开"偏置曲线"对话框。选择水平直线作为要偏置的曲线，在"距离"文本框中输入 7，单击"应用"按钮；同理，将水平直线向下偏置 12、128、133 和 140，将竖直直线向右偏置 8，最后单击"确定"按钮，完成曲线的偏置，结果如图 4-100 所示。

（5）选择"菜单"→"插入"→"曲线"→"直线"命令或单击"主页"选项卡"曲线"组中的"直线"按钮 ╱，打开"直线"对话框，连接直线 ab、bc、de 和 ef，结果如图 4-101 所示。

（6）选择"菜单"→"编辑"→"曲线"→"修剪"命令或单击"主页"选项卡"编辑"组中的"修剪"按钮 ╳，打开"修剪"对话框，将图形进行修剪，结果如图 4-102 所示。

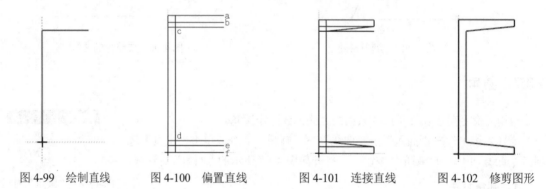

图 4-99　绘制直线　　　图 4-100　偏置直线　　　图 4-101　连接直线　　　图 4-102　修剪图形

（7）选择"菜单"→"插入"→"曲线"→"圆角"命令或单击"主页"选项卡"曲线"组中的"圆角"按钮 ⌐，打开"半径"文本框和"圆角"对话框。在"圆角方法"栏中单击"修剪"按钮 ⌐，在"半径"文本框中输入 10，对槽钢轮廓线进行倒圆角处理。同理，绘制槽钢半径为 5 的圆角，结果如图 4-98 所示。

4.3.8　倒斜角

使用此命令可斜接两条草图线之间的尖角。

选择"菜单"→"插入"→"曲线"→"倒斜角"命令或单击"主页"选项卡"曲线"组中的"倒斜角"按钮 ⌐，打开如图 4-103 所示的"倒斜角"对话框。

1. 要倒斜角的曲线

（1）选择直线：通过在相交直线上方拖动鼠标来选择多条直线，或按照一次选择一条直线的方法选择多条

图 4-103　"倒斜角"对话框

直线。

（2）修剪输入曲线：勾选此复选框，修剪要倒斜角的曲线。

2．偏置

（1）倒斜角：其中包括 3 个选项。

①对称：指定倒斜角与交点有一定的距离，且垂直于等分线。

②非对称：指定沿选定的两条直线分别测量的距离值。

③偏置和角度：指定倒斜角的角度和距离值。

（2）距离：指定从交点到第一条直线倒斜角的距离。

（3）距离 1/距离 2：设置从交点到第一条/第二条直线倒斜角的距离。

（4）角度：设置从第一条直线到倒斜角的角度。

3．倒斜角位置

指定点：指定倒斜角的位置。

扫一扫，看视频

★重点　动手学——绘制卡槽草图

源文件：源文件\4\卡槽.prt

绘制如图 4-104 所示的卡槽草图。

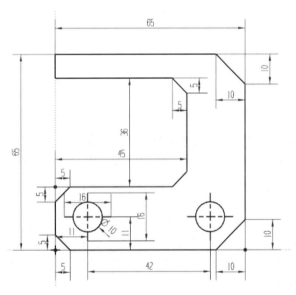

图 4-104　卡槽草图

操作步骤　视频文件：动画演示\第 4 章\卡槽.mp4

（1）单击"主页"选项卡"标准"组中的"新建"按钮，打开"新建"对话框。在"模板"栏中选择"模型"，在"名称"文本框中输入"卡槽"，然后单击"确定"按钮，进入建模环境。

（2）单击"主页"选项卡"构造"组中的"草图"按钮，打开"创建草图"对话框，选择 XY 平面作为草图绘制平面，单击"确定"按钮，进入草图绘制界面。

（3）选择"菜单"→"插入"→"曲线"→"直线"命令或单击"主页"选项卡"曲线"组中的"直线"按钮╱，打开"直线"对话框。单击"坐标模式"按钮 xy，在 XC 和 YC 文本框中分别输入 3 和 11；接着单击"参数模式"按钮，在"长度"和"角度"文本框中分别输入 16 和 0，绘制水平直线。同理，按照 XC、YC、"长度"和"角度"文本框的输入顺序绘制 11、3、16、90 的竖直直线。选中绘制的两条直线，将光标放置在一条直线上右击，在弹出的快捷菜单中选择"编辑显示"命令，打开"编辑对象显示"对话框，各选项设置如图 4-105 所示。单击"确定"按钮，则所选草图对象发生变化。至此完成中心线的绘制，结果如图 4-106 所示。

图 4-105　"编辑对象显示"对话框

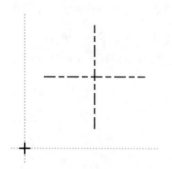

图 4-106　绘制中心线

（4）选择"菜单"→"插入"→"曲线"→"圆"命令或单击"主页"选项卡"曲线"组中的"圆"按钮○，打开"圆"对话框。单击"圆心和直径定圆"按钮⊙，以确定圆心和直径的方式绘制以原点为圆心、半径为 5 的圆，结果如图 4-107 所示。

（5）选择"菜单"→"插入"→"曲线"→"矩形"命令或单击"主页"选项卡"曲线"组中的"矩形"按钮▭，打开"矩形"对话框。在"矩形方法"栏中单击"按 2 点"按钮▭，在 XC 和 YC 文本框中分别输入 0 和 0；单击"参数模式"按钮，在"宽度"和"高度"文本框中分别输入 65 和 65，指定矩形的方向。同理，按照 XC、YC、"宽度"和"高度"文本框的输入顺序绘制 0、21、45、36 的矩形，结果如图 4-108 所示。

（6）选择"菜单"→"编辑"→"曲线"→"修剪"命令或单击"主页"选项卡"编辑"组中的"修剪"按钮╳，打开"修剪"对话框，将图形进行修剪，结果如图 4-109 所示。

（7）选择"菜单"→"插入"→"曲线"→"倒斜角"命令或单击"主页"选项卡"曲线"组中的"倒斜角"按钮╲，打开如图 4-110 所示的"倒斜角"对话框。在"倒斜角"下拉列表框中选择"对称"，在"距离"文本框中输入 10，对卡槽的角点进行倒角处理，如图 4-111 所示。同理，设置倒角距离为 5，对卡槽的其他角点进行倒角处理，完善图形。单击"关闭"按钮，结果如图 4-112 所示。

（8）选择"菜单"→"插入"→"来自曲线集的曲线"→"阵列曲线"命令或单击"主页"选项卡"曲线"组中的"阵列"按钮 ，打开如图 4-113 所示的"阵列曲线"对话框。选择两条中心线和圆为要阵列的曲线，选择最下边的水平直线为线性对象，在"布局"下拉列表框中选择"线性"，在"间距"下拉列表框中选择"数量和间隔"，在"数量"文本框中输入 2，在"间隔"文本框中输入 42，单击"确定"按钮，完成曲线的阵列。将阵列后的两条直线线型修改为"中心线"，结果如图 4-104 所示。

图 4-107　绘制圆

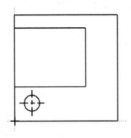

图 4-108　绘制矩形

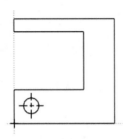

图 4-109　修剪图形

图 4-110　"倒斜角"对话框

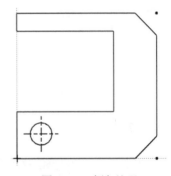

图 4-111　倒角处理

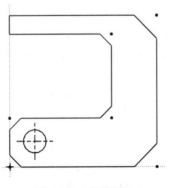

图 4-112　完善图形

图 4-113　"阵列曲线"对话框

扫一扫，看视频

练一练——绘制内六角螺钉截面

绘制如图 4-114 所示的内六角螺钉截面。

✒ **思路点拨：**

> 源文件：源文件\4\内六角螺钉.prt
> （1）利用"直线"命令绘制中心线、螺帽、螺杆和螺纹。
> （2）利用"圆角"命令绘制圆角。
> （3）利用"倒斜角"命令绘制倒角。

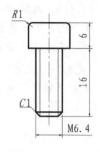

图 4-114　内六角螺钉截面

4.3.9　添加现有曲线

扫一扫，看视频

选择"菜单"→"插入"→"来自曲线集的曲线"→"曲线加入草图"命令或单击"主页"选项卡"包含"组"更多"库下"包含"库中的"添加曲线"按钮，可以将绝大多数已有的曲线和点，以及椭圆、抛物线和双曲线等二次曲线添加到当前草图。该命令只是简单地将曲线添加到草图，而不会将约束应用于添加的曲线，几何体之间的间隙没有闭合。要使系统应用某些几何约束，可使用"自动约束"功能。

📢 **提示：**

> 不能将已被拉伸的曲线添加到拉伸后生成的草图中。

4.3.10　投影曲线

扫一扫，看视频

该命令用于将选中的对象沿草图平面的法向投影到草图的平面上。通过选择草图外部的对象，可以生成抽取的曲线或线串。能够抽取的对象包括曲线（关联或非关联的）、边、面、其他草图或草图内的曲线和点。

由关联曲线抽取的线串将维持与原先几何体的关联性连接。如果修改了原先的曲线，草图中抽取的线串也将更新；如果原先的曲线被抑制，抽取的线串还是会在草图中保持可见状态。如果选中了面，则它的边会自动被选中，以便进行抽取。如果更改了面及其边的拓扑结构，抽取的线串也将更新。对边的数目的增加或减少，也会反映在抽取的线串中。

选择"菜单"→"插入"→"关联曲线"→"投影曲线"命令或单击"主页"选项卡"包含"组"更多"库下"包含"库中的"投影曲线"按钮，打开如图 4-115 所示的"投影曲线"对话框。

图 4-115　"投影曲线"对话框

4.3.11　草图更新

选择"菜单"→"工具"→"更新"→"从草图更新模型"命令，可以更新模型，以反映对草图所做的更改。如果没有要进行的更新，则此命令是不可用的。如果存在要进行的更新，则用户退出草图环境后，系统会自动更新模型。

扫一扫，看视频

4.3.12 删除与抑制草图

在 UG NX 中，草图是实体造型的特征。

删除草图的方法：选择"菜单"→"编辑"→"删除"命令，或者在部件导航器中右击，在弹出的快捷菜单中选择"删除"命令（使用此方法删除草图时，如果草图在部件导航器特征树中有子特征，则只会删除与其相关的特征，不会删除草图）。

抑制草图的方法：选择"菜单"→"编辑"→"特征"→"抑制"命令，或者在部件导航器中选中草图后右击，在弹出的快捷菜单中选择"抑制"命令，此方法只是不显示该草图，而不会删除草图。

4.4 草 图 约 束

约束能够精确地控制草图中的对象。草图约束有两种类型：尺寸约束（也称为草图尺寸）和几何约束。

尺寸约束建立起草图对象的大小（如直线的长度、圆弧的半径等）或两个对象之间的关系（如两点之间的距离）。尺寸约束看上去更像是图纸上的尺寸。

几何约束建立起草图对象的几何特性（如要求某一直线具有固定长度）、两个或更多草图对象之间的关系（如要求两条直线垂直或平行，或者几个弧具有相同的半径）。在图形区无法看到几何约束，但是可以使用"显示/删除约束"命令显示有关信息，并显示代表这些约束的直观标记。

扫一扫，看视频

4.4.1 建立尺寸约束

建立草图尺寸约束是指限制草图几何对象的大小和形状，也就是在草图上标注草图尺寸，并设置尺寸标注线，同时建立相应的表达式，以便在后续的编辑工作中实现尺寸的参数化驱动。进入草图工作环境后，可以在"菜单"→"插入"→"尺寸"子菜单中找到相关命令，如图 4-116 所示。这些命令也可以在"主页"选项卡"求解"组中的"尺寸"下拉菜单中找到。

（1）在生成尺寸约束时，用户可以选择草图曲线、边、基准平面或基准轴上的点，以生成水平、竖直、平行、垂直和角度尺寸。

（2）生成尺寸约束时，系统会生成一个表达式，其名称和值显示在打开的参数对话框中，如图 4-117 所示，用户可以接着编辑该表达式的名称和值。

（3）生成尺寸约束时，只要选中了几何体，其尺寸及其延伸线和箭头就会全部显示出来。完成尺寸约束后，用户还可以随时更改尺寸约束。只需在图形区选中该值后双击，然后可以使用生成过程所采用的同一方式，编辑其名称、值或位置。同时用户还可以使用"动画模拟"功能，在一个指定的范围内，显示动态地改变表达式值的效果。

下面对主要尺寸约束功能进行介绍。

（1）快速尺寸。可用单个命令和一组基本选择项通过一组常规、好用的尺寸类型快速创建不同的尺寸。以下为快速尺寸对话框中的各种测量方法：

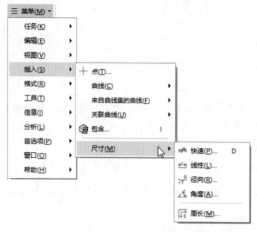

图4-116　"尺寸"子菜单　　　　　　　　图4-117　尺寸约束编辑示意图

①⚙自动判断：单击该按钮，在选择几何体后，由系统自动根据所选择的对象搜寻合适的尺寸类型进行匹配。

②⚙水平：用于指定与约束两点间距离的与 X 轴平行的尺寸（也就是草图的水平参考），示意图如图 4-118 所示。

③⚙竖直：用于指定与约束两点间距离的与 Y 轴平行的尺寸（也就是草图的竖直参考），示意图如图 4-119 所示。

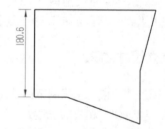

图4-118　水平标注示意图　　　　　　　图4-119　竖直标注示意图

④⚙点到点：用于指定平行于两个端点的尺寸，平行尺寸限制两点之间的最短距离。点到点标注示意图如图 4-120 所示。

⑤⚙垂直：用于指定直线和所选草图对象端点之间的垂直尺寸，测量到该直线的垂直距离。垂直标注示意图如图 4-121 所示。

⑥⚙圆柱式：选择该方式时，系统创建一个等于两个对象或点之间的线性距离的圆柱尺寸，直径符号会自动附加至该尺寸。

⑦⚙斜角：用于指定两条线之间的角度尺寸。相对于工作坐标系，按照逆时针方向测量角度。斜角标注示意图 4-122 所示。

⑧⚙直径：用于为草图的弧/圆指定直径尺寸。直径标注示意图 4-123 所示。

⑨⚙径向：用于为草图的弧/圆指定半径尺寸。径向标注示意图如图 4-124 所示。

（2）⚙周长尺寸：用于将所选的草图轮廓曲线的总长度限制为一个需要的值。可以选择周长约束的曲线是直线和弧。单击该按钮，打开如图 4-125 所示的"周长尺寸"对话框，选择曲线后，该曲线的尺寸将显示在"距离"文本框中。

图 4-120　点到点标注示意图

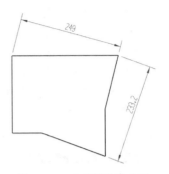

图 4-121　垂直标注示意图

图 4-122　斜角标注示意图

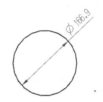

图 4-123　直径标注示意图

图 4-124　径向标注示意图

图 4-125　"周长尺寸"对话框

扫一扫，看视频

4.4.2　草图关系

当用户在编辑草图时，草图求解器将查找几何关系，如水平、竖直、相切和其他几何关系。默认情况下，这些关系符号在编辑草图之前始终隐藏。UG NX 2312 中提供了两种类型的关系：找到的关系和持久关系。找到的关系只会在编辑期间需要时找到；持久关系随草图一起创建并存储。使用草图关系，可以指定草图对象必须遵守的条件或草图对象之间必须维持的关系。通过工作区窗口顶部的"Sketch Scene Bar"中的功能按钮可创建草图关系，"Sketch Scene Bar"如图 4-126 所示。

图 4-126　Sketch Scene Bar

"Sketch Scene Bar"中的各功能按钮介绍如下。

（1）设为重合：移动所选对象以与上一个所选对象成"重合""同心"或"点在曲线上"关系。

（2）设为共线：移动所选对象以与上一个所选对象共线。

（3）设为水平：移动所选对象以与上一个所选对象水平或水平对齐。

（4）设为竖直：移动所选对象以与上一个所选对象竖直对齐。

（5）设为相切：移动所选对象以与上一个所选对象相切。

（6）设为平行：移动选定的直线以与上一个所选直线平行。

（7）设为垂直：移动所选曲线以与上一所选曲线成"垂直"关系。单击该按钮后，会弹出"设为垂直"对话框。其应用示例如图4-127所示。

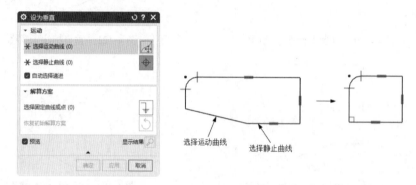

图4-127　"设为垂直"应用示例图

（8）设为相等：移动所选曲线以与上一个所选曲线成"等半径"或"等长"关系。

（9）设为对称：移动所选对象以通过对称线与第二个对象成"对称"关系。

（10）设为中点对齐：将点移至与直线中点对齐的位置。此功能会创建持久关系。

单击"Sketch Scene Bar"右侧的"场景条选项"按钮，在下拉菜单中单击勾选"创建持久关系"，可以将"创建持久关系"按钮显示在"Sketch Scene Bar"中。当用户单击该按钮时，就会开启创建持久关系功能，"Sketch Scene Bar"改变为如图4-128所示的样式。

图4-128　开启"创建持久关系"功能的"Sketch Scene Bar"

当开启"创建持久关系"功能时，以下四个功能按钮可以使用。

（1）设为点在线串上：移动选定的点，使其与配方曲线重合，并创建持久关系。

（2）设为与线串相切：移动选定的曲线，使其与配方曲线相切，并创建持久关系。

（3）设为垂直于线串：移动选定的曲线，使其垂直于配方曲线，并创建持久关系。

（4）设为均匀比例：使样条均匀缩放，并创建持久关系。

4.4.3　转换至/自参考对象

扫一扫，看视频

在给草图添加草图关系和尺寸约束的过程中，有时会引起约束冲突。删除多余的草图关系和尺寸约束是解决约束冲突的一种方法，另一种方法则是将草图几何对象或尺寸对象转换为参考对象。

"转换至/自参考对象"命令能够将草图曲线（但不是点）或草图尺寸由激活状态转换为参考状态，或由参考状态转换回激活状态。参考尺寸显示在用户的草图中，虽然其值被更新，但是它不能控制草图几何体。显示参考曲线，但它的显示已变灰，并且采用双点画线线型。在拉伸或回转草图时，没有用到它的参考曲线。

选择"菜单"→"工具"→"草图"→"转换至/自参考对象"命令，打开如图 4-129 所示的"转换至/自参考对象"对话框。相关选项功能说明如下。

（1）参考曲线或尺寸：用于将激活对象转换为参考状态。

（2）活动曲线或尺寸：用于将参考对象转换为激活状态。

图 4-129 "转换至/自参考对象"对话框

4.4.4 松弛尺寸与松弛关系

当忽略草图关系以使尺寸约束比草图关系更为重要时，需要单击"主页"选项卡"求解"组中的"松弛关系"按钮⋈，便可以通过拖动以更改草图。当忽略尺寸约束以使草图关系比尺寸约束更为重要时，需要单击"主页"选项卡"求解"组中的"松弛尺寸"按钮。

图 4-130 演示了当一个圆的圆心在 X 轴上时，执行"松弛关系"与"松弛尺寸"命令时拖动草图产生的不同效果。

（a）原图形

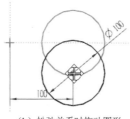

（b）松弛关系时拖动图形

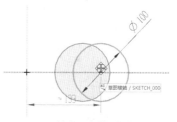

（c）松弛尺寸时拖动图形

图 4-130 松弛关系与松弛尺寸的区别示意图

★重点 动手学——绘制垫片草图

源文件：源文件\4\垫片.prt

绘制如图 4-131 所示的垫片草图。

操作步骤 视频文件：动画演示\第 4 章\垫片.mp4

（1）单击"主页"选项卡"标准"组中的"新建"按钮，打开"新建"对话框。在"模板"栏中选择"模型"，在"名称"文本框中输入"垫片"，然后单击"确定"按钮，进入建模环境。

（2）选择"菜单"→"首选项"→"草图"命令，打开"草图首选项"对话框。在"尺寸标签"下拉列表框中选择"值"，勾选"屏幕上固定文本高度"复选框，单击"确定"按钮。

扫一扫，看视频

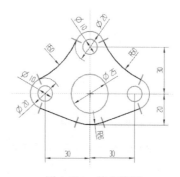

图 4-131 垫片草图

（3）单击"主页"选项卡"构造"组中的"草图"按钮✍️，选择XY平面作为草图绘制平面，单击"确定"按钮，进入草图绘制界面。

（4）选择"菜单"→"插入"→"曲线"→"圆"命令或单击"主页"选项卡"曲线"组中的"圆"按钮○，打开"圆"对话框。捕捉坐标原点为圆心，设置直径为25，按Enter键确认，绘制一个圆。重复上述步骤，分别在坐标(30,0)处绘制直径为10和20的圆，在坐标(0,30)处绘制直径为10和20的圆，在坐标(-30,0)处绘制直径为10和20的圆，在坐标(0,6)处绘制直径为52的圆，结果如图4-132所示。

（5）选择"菜单"→"插入"→"曲线"→"直线"命令或单击"主页"选项卡"曲线"组中的"直线"按钮╱，在圆下方任意位置绘制两条直线，如图4-133所示。

（6）选择"菜单"→"插入"→"曲线"→"圆弧"命令或单击"主页"选项卡"曲线"组中的"圆弧"按钮╱，在圆的左上角和右上角任意位置绘制半径为50的圆弧（扫掠角度尽量大些），如图4-134所示。

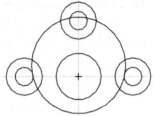

图4-132 绘制圆

（7）单击"Sketch Scene Bar"中的"设为相切"按钮⚭，打开如图4-135所示的"设为相切"对话框，勾选"自动选择递进"复选框，先选择左上角的圆弧，再选择上边直径为20的圆，单击"应用"按钮；接着选择左上角的圆弧，然后选择左边直径为20的圆，单击"应用"按钮；对右上角的圆弧和圆下方的两条直线的操作方法同上，结果如图4-136所示。

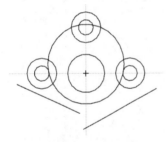

图4-133 绘制直线

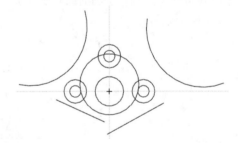

图4-134 绘制圆弧

图4-135 "设为相切"对话框

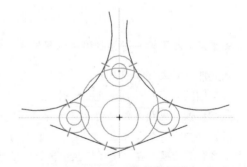

图4-136 添加草图关系

（8）选择"菜单"→"编辑"→"曲线"→"修剪"命令或单击"主页"选项卡"编辑"组中的"修剪"按钮✕，修剪多余线段，结果如图4-137所示。

（9）选择"菜单"→"插入"→"尺寸"→"快速"命令或单击"主页"选项卡"求解"组中"尺

寸"下拉菜单中的"快速尺寸"按钮 📐，打开如图 4-138 所示的"快速尺寸"对话框，选择"方法"为"自动判断"（也可选择其他方法），选择标注对象，在表达式中修改尺寸，标注结果如图 4-131 所示。

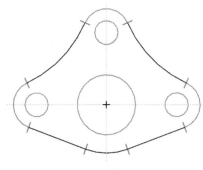

图 4-137　修剪多余线段

图 4-138　"快速尺寸"对话框

练一练——绘制拨叉草图

绘制如图 4-139 所示的拨叉草图。

扫一扫，看视频

✍ **思路点拨：**

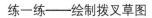
源文件：源文件\4\拨叉.prt
（1）利用"直线""圆""圆弧"等命令绘制草图。
（2）利用"Sketch Scene Bar"添加草图关系。
（3）利用"尺寸约束"命令对图形进行尺寸标注。

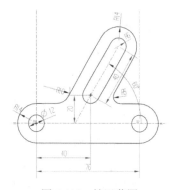

图 4-139　拨叉草图

4.5　综合实例——绘制曲柄草图

源文件：源文件\4\曲柄.prt
本实例绘制曲柄草图，如图 4-140 所示。

扫一扫，看视频

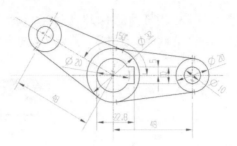

图 4-140　曲柄草图

操作步骤　视频文件：动画演示\第 4 章\曲柄.mp4

1. 新建文件

单击"主页"选项卡"标准"组中的"新建"按钮，打开"新建"对话框。在"模型"栏中选择适当的模板，在"名称"文本框中输入"曲柄"，然后单击"确定"按钮，进入建模环境。

2. 进入草图环境

单击"主页"选项卡"构造"组中的"草图"按钮，打开"创建草图"对话框，选择 XY 平面作为草图绘制平面，单击"确定"按钮，进入草图绘制界面。

3. 设置草图首选项

选择"菜单"→"首选项"→"草图"命令，打开如图 4-141 所示的"草图首选项"对话框。在"尺寸标签"下拉列表框中选择"值"，单击"确定"按钮，完成草图设置。

图 4-141　"草图首选项"对话框

4. 绘制中心线

（1）选择"菜单"→"插入"→"曲线"→"直线"命令或单击"主页"选项卡"曲线"组中的"直线"按钮，打开"直线"对话框，在视图中绘制如图 4-142 所示的图形。

（2）单击"Sketch Scene Bar"中的"设为共线"按钮，弹出"设为共线"对话框，选择图中水平线，然后选择图中的草图横轴，单击"应用"按钮，使它们具有共线关系。

（3）继续选择图中垂直线，然后选择图中的草图纵轴，单击"确定"按钮，使它们具有共线关系。

（4）单击"Sketch Scene Bar"中的"设为平行"按钮，依次选择图中的两条垂直线，使它们具有平行关系。

（5）选择"菜单"→"插入"→"曲线"→"直线"命令或单击"主页"选项卡"曲线"组中的"直线"按钮，打开"直线"对话框，在视图中绘制如图 4-143 所示的图形，使绘制的两条直线相互垂直。

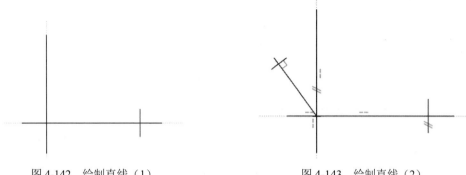

图 4-142　绘制直线（1）　　　　　　　图 4-143　绘制直线（2）

5. 标注中心线尺寸

（1）选择"菜单"→"插入"→"尺寸"→"快速"命令或单击"主页"选项卡"求解"组"尺寸"下拉菜单中的"快速尺寸"按钮，打开"快速尺寸"对话框。在"方法"下拉列表框中选择"水平"，选择两条竖直直线，系统自动标注水平尺寸。单击确定尺寸的位置后，在文本框中输入 48，然后按 Enter 键，结果如图 4-144 所示。

（2）选择"菜单"→"插入"→"尺寸"→"快速"命令或单击"主页"选项卡"求解"组"尺寸"下拉菜单中的"快速尺寸"按钮，打开"快速尺寸"对话框。在"方法"下拉列表框中选择"斜角"，选择斜直线和水平直线，系统自动标注角度尺寸。单击确定尺寸的位置后，在文本框中输入 150，然后按 Enter 键，结果如图 4-145 所示。

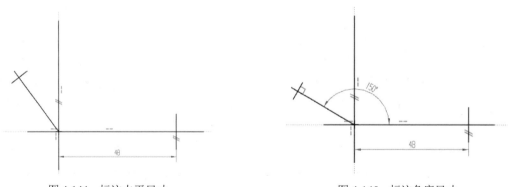

图 4-144　标注水平尺寸　　　　　　　图 4-145　标注角度尺寸

（3）选择"菜单"→"插入"→"尺寸"→"快速"命令或单击"主页"选项卡"求解"组"尺寸"下拉菜单中的"快速尺寸"按钮，打开"快速尺寸"对话框。在"方法"下拉列表框中选择"垂直"，选择直线 1 和直线 2 的起点，系统自动标注垂直尺寸。单击确定尺寸的位置后，在文本框中输入 48，然后按 Enter 键，结果如图 4-146 所示。

（4）选择"菜单"→"工具"→"草图"→"转换至/自参考对象"命令，打开"转换至/自参考对象"对话框，在视图中拾取所有图元，单击"确定"按钮，所有的图元都被转换为中心线，如图 4-147 所示。

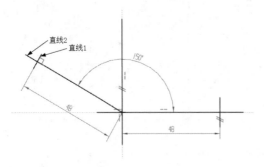

图 4-146　标注垂直尺寸

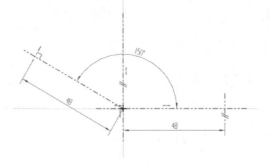

图 4-147　转换对象

6. 绘制曲柄轮廓

（1）选择"菜单"→"插入"→"曲线"→"直线"命令或单击"主页"选项卡"曲线"组中的"直线"按钮╱；选择"菜单"→"插入"→"曲线"→"圆"命令或单击"主页"选项卡"曲线"组中的"圆"按钮○，在视图中绘制如图 4-148 所示的图形。

（2）单击"Sketch Scene Bar"中的"设为相等"按钮══，分别选择图中左右两边的圆，使它们具有等半径关系。

（3）单击"Sketch Scene Bar"中的"设为相切"按钮⌒，分别选择图中的圆和直线，使它们具有相切关系，结果如图 4-149 所示。

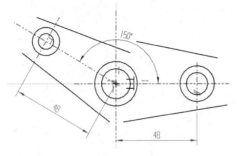

图 4-148　绘制草图

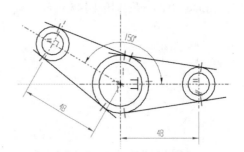

图 4-149　添加草图关系

（4）选择"菜单"→"编辑"→"曲线"→"修剪"命令或单击"主页"选项卡"编辑"组中的"修剪"按钮✕，打开"修剪"对话框，修剪图中多余的线段，结果如图 4-150 所示。

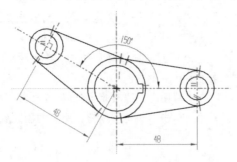

图 4-150　修剪草图

7. 标注轮廓尺寸

选择"菜单"→"插入"→"尺寸"→"快速"命令或单击"主页"选项卡"求解"组"尺寸"下拉菜单中的"快速尺寸"按钮 ⚡，打开"快速尺寸"对话框，标注水平尺寸和直径尺寸，结果如图 4-140 所示。

练一练——绘制连杆草图

绘制如图 4-151 所示的连杆草图。

扫一扫，看视频

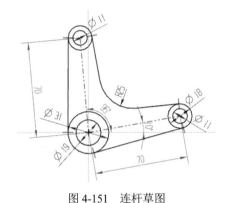

图 4-151　连杆草图

✍ **思路点拨：**

> 源文件：源文件\4\连杆.prt
> （1）利用"圆"命令在圆心处绘制两个同心圆。
> （2）利用"圆"和"直线"命令绘制连杆的上半部分。
> （3）利用"镜像曲线"命令镜像连杆的上半部分，得到右侧图形。
> （4）利用"圆弧"命令绘制圆弧，最终完成连杆草图的绘制。

第 5 章　曲　线　功　能

内容简介

本章主要介绍曲线的建立、操作以及编辑的方法。UG NX 2312 重新改进了曲线的各种操作功能，之前版本中一些复杂难用的操作方式被抛弃了，代之以全新的方式。本章将对此进行详细的介绍。

内容要点

- ➷　曲线
- ➷　派生曲线
- ➷　曲线编辑

5.1　曲　　线

在所有的三维建模中，曲线是构建模型的基础。只有构造的曲线质量良好，才能保证之后生成的面或实体的质量良好。曲线功能主要包括曲线的生成、编辑和操作方法。

5.1.1　直线

选择"菜单"→"插入"→"曲线"→"直线"命令或单击"曲线"选项卡"曲线"组中的"直线"按钮／，打开如图 5-1 所示"直线"对话框。

"直线"对话框中部分选项功能介绍如下。

（1）起点/终点选项。

①自动判断：根据选择的对象来确定要使用的起点和终点选项。

②点：通过一个或多个点来创建直线。

③相切：用于创建与弯曲对象相切的直线。

（2）平面选项。

①自动平面：根据指定的起点和终点来自动判断临时平面。

②锁定平面：选择此选项，如果更改起点或终点，自

图 5-1　"直线"对话框

动平面不可移动。锁定的平面以基准平面对象的颜色显示。

③选择平面：通过指定平面下拉列表或"平面"对话框来创建平面。

（3）起始/终止限制。

①值：用于为直线的起始或终止限制指定数值。

②在点上：通过"捕捉点"选项为直线的起始或终止限制指定点。

③直至选定：用于在所选对象的限制处开始或结束直线。

5.1.2　圆和圆弧

选择"菜单"→"插入"→"曲线"→"圆弧/圆"命令或单击"曲线"选项卡"曲线"组中的"圆弧/圆"按钮 ，打开如图 5-2 所示"圆弧/圆"对话框。该选项用于创建关联的圆弧和圆曲线。

"圆弧/圆"对话框中部分选项功能介绍如下。

（1）类型。

①三点画圆弧：通过指定的三个点或指定两个点和半径来创建圆弧。

②从中心开始的圆弧/圆：通过圆弧中心及第二点或半径来创建圆弧。

（2）起点/端点/中点选项。

①自动判断：根据选择的对象来确定要使用的起点/端点/中点选项。

②点：用于指定圆弧的起点/端点/中点。

③相切：用于选择曲线对象，以从其派生与所选对象相切的起点/端点/中点。

（3）平面选项。

①自动平面：根据圆弧或圆的起点和终点来自动判断临时平面。

②锁定平面：选择此选项，如果更改起点或终点，自动平面不可移动。可以双击解锁或锁定自动平面。

③选择平面：用于选择现有平面或新建平面。

（4）限制。

1）起始/终止限制

①值：用于为圆弧的起始或终止限制指定数值。

②在点上：通过"捕捉点"选项为圆弧的起始或终止限制指定点。

③直至选定：用于在所选对象的限制处开始或结束圆弧。

2）整圆：用于将圆弧指定为完整的圆。

3）补弧：用于创建圆弧的补弧。

图 5-2　"圆弧/圆"对话框

扫一扫，看视频

★重点 动手学——绘制轴轮廓曲线

源文件： 源文件\5\轴轮廓.prt

绘制如图 5-3 所示的轴轮廓曲线。

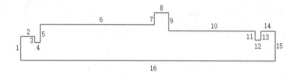

图 5-3 轴轮廓曲线

操作步骤 视频文件：动画演示\第 5 章\轴轮廓曲线.mp4

（1）单击"主页"选项卡"标准"组中的"新建"按钮，打开"新建"对话框，在"名称"文本框中输入"轴轮廓"，在"单位"下拉列表框中选择"毫米"，单击"确定"按钮，进入建模环境。

（2）选择"菜单"→"插入"→"曲线"→"直线"命令或单击"曲线"选项卡"曲线"组中的"直线"按钮，打开如图 5-4 所示的"直线"对话框。单击"开始"选项中的"点对话框"按钮，打开如图 5-5 所示的"点"对话框，输入坐标值(0,0,0)，单击"确定"按钮，返回到"直线"对话框，单击"结束"选项中的"点对话框"按钮，打开"点"对话框，输入坐标值(0,8,0)，单击"确定"按钮，返回到"直线"对话框，单击"应用"按钮，生成如图 5-6 所示的线段 1。

图 5-4 "直线"对话框

图 5-5 "点"对话框

图 5-6 绘制线段 1

（3）捕捉线段 1 的上端点为起点，在"终点选项"下拉列表中选择"xc 沿 XC"，在"限制"选项"终止距离"文本框中输入 5，如图 5-7 所示，单击"应用"按钮，生成如图 5-8 所示的线段 2。同理绘制剩余的线段，线段的长度依次为 2，2，6，40，4，5，6，30，3，2，3，5，10，89，最终结果如图 5-3 所示。

图 5-7　"直线"对话框

图 5-8　绘制线段 2

5.1.3　抛物线

选择"菜单"→"插入"→"曲线"→"抛物线"命令，在打开的"点"对话框中输入抛物线顶点，单击"确定"按钮，打开如图 5-9 所示的"抛物线"对话框。在该对话框中输入所需的数值，单击"确定"按钮，即可创建抛物线。其示意图如图 5-10 所示。

图 5-9　"抛物线"对话框

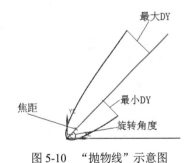

图 5-10　"抛物线"示意图

5.1.4　双曲线

选择"菜单"→"插入"→"曲线"→"双曲线"命令，在打开的"点"对话框中输入双曲线中心点，单击"确定"按钮，打开如图 5-11 所示的"双曲线"对话框。在该对话框中输入所需的数值，单击"确定"按钮，即可创建双曲线。其示意图如图 5-12 所示。

图 5-11 "双曲线"对话框

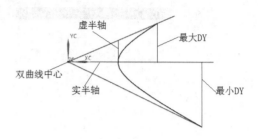

图 5-12 "双曲线"示意图

5.1.5 艺术样条

选择"菜单"→"插入"→"曲线"→"艺术样条"命令或单击"曲线"选项卡"基本"组中的"艺术样条"按钮，打开如图 5-13 所示对话框。

UG 中生成的所有样条都是非均匀有理 B 样条。系统提供了 2 种生成方式生成 B 样条，以下作一介绍：

（1）类型：系统提供了"根据极点"和"通过点"两种方法来创建艺术样条曲线。

①根据极点：该选项中所给定的数据点称为曲线的极点或控制点。样条曲线靠近它的各个极点，但通常不通过任何极点（端点除外）。使用极点可以对曲线的总体形状和特征进行更好的控制。该选项还有助于避免曲线中多余的波动（曲率反向），如图 5-13 所示。

②通过点：该选项生成的样条将通过一组数据点，如图 5-14 所示。

图 5-13 "艺术样条"对话框

图 5-14 "通过点"对话框

（2）点/极点位置：定义样条点或极点位置。

（3）参数设置：该项可调节曲线类型和次数以改变样条。

①单段：样条可以生成为"单段"，每段限制为 25 个点。"单段"样条为 Bezier 曲线；

②封闭：通常，样条是非闭合的，它们开始于一点，而结束于另一点。通过选择"封闭"选项可以生成开始和结束于同一点的封闭样条。该选项仅可用于多段样条。当生成封闭样条时，不必将第一个点指定为最后一个点，样条会自动封闭。

③次数：这是一个代表定义曲线的多项式次数的数学概念。次数通常比样条线段中的点数小 1。因此，样条的点数不得少于次数。UG 样条的次数必须介于 1 和 24 之间。但是建议用户在生成样条时使用三次曲线（次数为 3）。

（4）绘图平面：该项可以选择和创建艺术样条所在平面，可以绘制指定平面的艺术样条。

（5）移动：在指定的方向上或沿指定的平面移动样条点和极点。

①工作坐标系：在工作坐标系的指定 X、Y 或 Z 方向上或沿 WCS 的一个主平面移动点或极点。

②视图：相对于视图平面移动极点或点。

③矢量：用于定义所选极点或多段线的移动方向。

④平面：选择一个基准平面、基准 CSYS 或使用指定平面来定义一个平面，以在其中移动选定的极点或多段线段。

⑤法向：沿曲线的法向移动点或极点。

⑥多边形：当"类型"设置为"根据极点"时可用。沿着多段线段拖动选定的箭头。

（6）延伸。

1）对称：勾选此复选框，在所选样条的指定开始和结束位置上展开对称延伸。

2）起点/终点。

①无：不创建延伸。

②按值：用于指定延伸的值。

③按点：用于定义延伸的延展位置。

（7）设置。

1）自动判断的类型。

①等参数：将约束限制为曲面的 U 和 V 向。

②截面：允许约束同任何方向对齐。

③法向：根据曲线或曲面的正常法向自动判断约束。

④垂直于曲线或边：从点附着对象的父级自动判断 G1、G2 或 G3 约束。

2）固定相切方位：勾选此复选框，与邻近点相对的约束点的移动就不会影响方位，并且方向保留为静态。

5.1.6　规律曲线

选择"菜单"→"插入"→"曲线"→"规律曲线"命令或单击"曲线"选项卡"高级"组"更多"下拉菜单中的"规律曲线"按钮 ，打开如图 5-15 所示的"规律曲线"对话框。

图 5-15　"规律曲线"对话框

该对话框中各选项功能说明如下。

（1）恒定：该选项能够给整个规律功能定义一个常数值。系统提示用户只输入一个规律值（即该常数）。

（2）线性：该选项能够定义从起始点到终止点的线性变化率。

（3）三次：该选项能够定义从起始点到终止点的三次变化率。

（4）沿脊线的线性：该选项能够使用两个或多个沿着脊线的点定义线性规律功能。选择一条脊线曲线后，可以沿该曲线指出多个点。系统会提示用户在每个点处输入一个值。

（5）沿脊线的三次：该选项能够使用两个或多个沿着脊线的点定义三次规律功能。选择一条脊线曲线后，可以沿该脊线指出多个点。系统会提示用户在每个点处输入一个值。

（6）根据方程：该选项可以用表达式和"参数表达式变量"来定义规律。必须事先定义所有变量（可以使用"菜单"→"工具"→"表达式"来定义变量），并且公式必须使用参数表达式变量 t。

（7）根据规律曲线：该选项利用已存在的规律曲线来控制坐标或参数的变化。选择该选项后，按照系统在提示行给出的提示，先选择一条存在的规律曲线，再选择一条基线来辅助选定曲线的方向。如果没有定义基准线，默认的基准线方向就是绝对坐标系的 X 轴方向。

扫一扫，看视频

★重点　动手学——绘制抛物线

源文件：源文件\5\抛物线.prt

绘制如图 5-16 所示的抛物线。

例如，在标准数学表格中考虑下面的抛物线公式：

$$Y=5-0.25x^2$$

可以在表达式编辑器中使用 t、xt、yt 和 zt 来确定这个公式的参数：

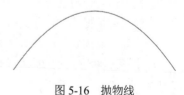

图 5-16　抛物线

```
t=0
xt = -sqrt(8)*(1-t)+sqrt(8)*t
yt = 5-0.25*xt^2
zt = 0
```

之所以使用 t、xt、yt 和 zt，是因为在"根据方程"选项中使用了默认变量名。

操作步骤 视频文件：动画演示\第 5 章\抛物线.mp4

1. 创建表达式

选择"菜单"→"工具"→"实用工具"→"表达式"命令，打开如图 5-17 所示的"表达式"对话框，输入每个确定了参数值的表达式。使用上面的例子：

```
t=0
xt = -sqrt(8)*(1-t)+sqrt(8)*t
yt = 5-0.25*xt^2
zt = 0
```

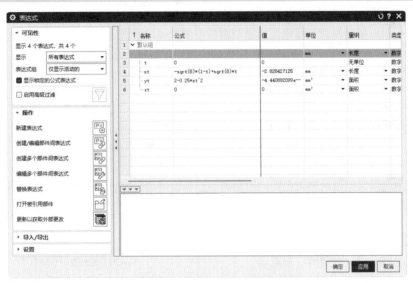

图 5-17 "表达式"对话框

输入第一个表达式 t=0，然后单击"应用"按钮。继续输入余下表达式，直到将它们全部输入为止。最后单击"确定"按钮。

2. 绘制抛物线

选择"菜单"→"插入"→"曲线"→"规律曲线"命令，打开如图 5-18 所示的"规律曲线"对话框，设置 X、Y、Z 规律类型均为"根据方程"，其他采用默认设置，单击"确定"按钮，系统即使用工作坐标系方向来创建曲线，结果如图 5-16 所示。

◀》提示：

> 规律曲线是根据"建模首选项"对话框中的距离公差和角度公差的设置而近似生成的。另外，可以使用"信息"→"对象"命令来显示关于规律样条的非参数信息或特征信息。
>
> 任何大于 360° 的规律曲线都必须使用"螺旋"命令或根据公式规律子功能来构建。

图 5-18 "规律曲线"对话框

5.1.7　螺旋线

选择"菜单"→"插入"→"曲线"→"螺旋"命令，打开如图 5-19 所示的"螺旋"对话框，从中定义方位、大小、步距、长度和旋转方向等，可以生成螺旋线。其结果是一个样条，如图 5-20 所示。

图 5-19　"螺旋"对话框

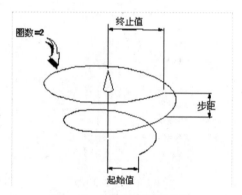

图 5-20　螺旋线创建示意图

"螺旋"对话框中各项功能介绍如下。

（1）方位：用于指定坐标系选项以定向螺旋（螺旋的方向与指定坐标系的 Z 轴平行）和设置螺旋的起始角。

（2）大小：用于选定通过直径或半径来定义螺旋大小。通过"规律类型"并输入"起始值"和"终止值"来控制螺旋线的直径或半径的值的变化。

（3）螺距：用于指定步距的规律类型和控制步距值的变化。

（4）长度：可以选择按照圈数或起始/终止限制来指定螺旋长度。其中圈数必须大于 0，可以接受小于 1 的值（如 0.5 可生成半圈螺旋线）。

（5）设置。

①旋转方向：用于控制旋转的方向，如图 5-21 所示。右手是指螺旋线起始于基点向右卷曲（逆时针方向）；左手是指螺旋线起始于基点向左卷曲（顺时针方向）。

②距离/角度公差：用于控制螺旋与真正理论螺旋（无偏差）的偏差。

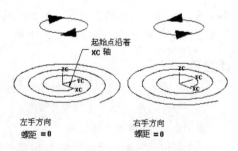

图 5-21　"旋转方向"示意图

★重点 动手学——绘制螺旋线

源文件：源文件\5\螺旋线.prt

绘制如图 5-22 所示的螺旋线。

操作步骤 视频文件：动画演示\第 5 章\螺旋线.mp4

（1）单击"主页"选项卡"标准"组中的"新建"按钮，打开"新建"对话框。在"名称"文本框中输入"螺旋线"，在"单位"下拉列表框中选择"毫米"，单击"确定"按钮，进入建模环境。

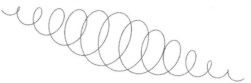

图 5-22 螺旋线

（2）创建螺旋线引导直线。选择"菜单"→"插入"→"曲线"→"直线"命令或单击"曲线"选项卡"曲线"组中的"直线"按钮，打开如图 5-23 所示"直线"对话框。单击"开始"选项中的"点对话框"按钮，打开如图 5-24 所示的"点"对话框，输入坐标值(0,0,0)，单击"确定"按钮，返回到"直线"对话框，单击"结束"选项中的"点对话框"按钮，打开"点"对话框，输入坐标值(0,100,0)，单击"确定"按钮，生成一条长度为 100 的直线，如图 5-25 所示。

图 5-23 "直线"对话框

图 5-24 "点"对话框

图 5-25 直线

（3）创建等分点。选择"菜单"→"插入"→"基准"→"点集"命令或单击"曲线"选项卡"基本"组"点"下拉菜单中的"点集"按钮，打开如图 5-26 所示的"点集"对话框。选择"曲线点"类型，在"曲线点产生方法"下拉列表框中选择"等弧长"选项，在"点数""起始百分比"和"终止百分比"文本框中分别输入 10、0 和 100，在屏幕中选择上一步创建的直线，单击"确定"按钮，在直线上创建 10 个等分点。

（4）创建螺旋线。选择"菜单"→"插入"→"曲线"→"螺旋"命令，打开如图 5-27 所示的"螺旋"对话框。在"螺距"栏的"规律类型"下拉列表框中选择"恒定"，在"值"文本框中输入 8；在"长度"栏的"方法"下拉列表框中选择"圈数"，在"圈数"文本框中输入 12.5；在"大小"栏选中"半径"单选按钮；在"规律类型"下拉列表框中选择"沿脊线的三次"，选择步骤（2）绘制的直线为脊线；在"指定新的位置"下拉列表框中选择"现有点"，依次选择直线点集中的点并分别赋予规律值为 1、3、5、7、9、8、6、4、2、1。单击"确定"按钮，生成半径按上述定义的规律变化的螺旋曲线，如图 5-28 所示。

（5）隐藏直线和点。选择"菜单"→"编辑"→"显示和隐藏"→"隐藏"命令，打开如图5-29所示的"类选择"对话框，用鼠标在屏幕中拖拉出一矩形框，将需要隐藏的直线和各点包括其中，单击"确定"按钮，完成隐藏操作，结果如图5-22所示。

图 5-26　"点集"对话框

图 5-27　"螺旋"对话框

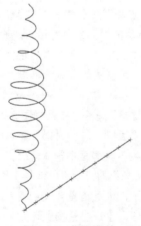

图 5-28　曲线模型

图 5-29　"类选择"对话框

5.1.8　文本

选择"菜单"→"插入"→"曲线"→"文本"命令或单击"曲线"选项卡"基本"组中的"文本"按钮 **A**，打开如图 5-30 所示的"文本"对话框。该对话框用于给指定几何体创建文本，图 5-31 所示为给圆弧创建文本。

图 5-30　"文本"对话框　　　　　　　　　　图 5-31　给圆弧创建文本

5.1.9　点

选择"菜单"→"插入"→"基准"→"点"命令或单击"曲线"选项卡"基本"组"点"下拉菜单中的"点"按钮 **十**，打开如图 5-32 所示的"点"对话框。利用该对话框，可以在绘图窗口中创建相关点和非相关点。

图 5-32　"点"对话框

5.1.10　点集

选择"菜单"→"插入"→"基准"→"点集"命令或单击"曲线"选项卡"基本"组"点"下拉菜单中的"点集"按钮$^+_+$，打开如图 5-33 所示的"点集"对话框。该对话框中主要参数的含义介绍如下。

1.　曲线点

在"类型"下拉列表框中选择"曲线点"，可以在曲线上创建点集。

（1）曲线点产生方法：该下拉列表框用于选择曲线上点的创建方法，包含"等弧长""等参数""几何级数""弦公差""增量弧长""投影点"和"曲线百分比"7 种方法。

①等弧长：用于在点集的起始点和结束点之间按点间等弧长的方法来创建指定数目的点集。例如，在绘图窗口中选择要创建点集的曲线，分别在如图 5-33 所示的对话框的"点数""起始百分比"和"终止百分比"文本框中输入 8、0 和 100，以"等弧长"方式创建的点集如图 5-34 所示。

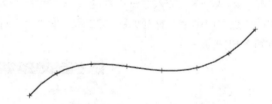

图 5-33　"点集"对话框　　　　　　图 5-34　以"等弧长"方式创建的点集

②等参数：用于以曲线曲率的大小来确定点集的位置。曲率越大，产生的点的距离越大，反之则越小。例如，在如图 5-33 所示的对话框的"曲线点产生方法"下拉列表框中选择"等参数"，分别在"点数""起始百分比"和"终止百分比"文本框中输入 8、0 和 100，以"等参数"方式创建的点集如图 5-35 所示。

③几何级数：在如图 5-33 所示的对话框的"曲线点产生方法"下拉列表框中选择"几何级数"，则在该对话框中会多出一个"比率"文本框。在设置完其他参数后，还需要指定一个比率值，用于确定点集中彼此相邻的后两点之间的距离与前两点之间的距离的比率。例如，分别在"点数""起始百分比""终止百分比"和"比率"文本框中输入 8、0、100 和 2，以"几何级数"方式创建的点集如图 5-36 所示。

图 5-35　以"等参数"方式创建的点集

图 5-36　以"几何级数"方式创建的点集

④弦公差：在如图 5-33 所示的对话框的"曲线点产生方法"下拉列表框中选择"弦公差"，根据所给弦公差的大小来确定点集的位置。弦公差值越小，产生的点数越多，反之则越少。例如，当弦公差值为 1 时，以"弦公差"方式创建的点集如图 5-37 所示。

⑤增量弧长：在如图 5-33 所示的对话框的"曲线点产生方法"下拉列表框中选择"增量弧长"，根据弧长的大小确定点集的位置，而点数的多少则取决于曲线总长及两点间的弧长，按照顺时针方向生成各点。例如，当弧长值为 1 时，以"增量弧长"方式创建的点集如图 5-38 所示。

图 5-37　以"弦公差"方式创建的点集

图 5-38　以"增量弧长"方式创建的点集

⑥投影点：通过指定点来确定点集。

⑦曲线百分比：通过曲线上的百分比位置来确定一个点。

（2）点数：用于设置要添加点的数量。

（3）起始百分比：用于设置所要创建的点集在曲线上的起始位置。

（4）终止百分比：用于设置所要创建的点集在曲线上的终止位置。

（5）选择曲线或边：单击该按钮，可以选择新的曲线来创建点集。

2. 样条点

在"类型"下拉列表框中选择"样条点"，可以在样条上创建点集。

（1）样条点类型：该下拉列表框中包含"定义点""结点"和"极点"3 种样条点类型。

①定义点：利用绘制样条曲线时的定义点来创建点集。

②结点：利用绘制样条曲线时的结点来创建点集。

③极点：利用绘制样条曲线时的极点来创建点集。

（2）选择样条：单击该按钮，可以选择新的样条曲线来创建点集。

3. 面的点

在"类型"下拉列表框中选择"面的点"，可以在曲面上创建点集。

（1）面点产生方法：该下拉列表框中包含"阵列""面百分比"和"B 曲面极点"3 种点的生成方法。

①阵列：用于设置点集的边界。其中，"对角点"单选按钮用于以对角点的方式限制点集的分布范围。选中该单选按钮，系统会提示用户在绘图区中选择一点，完成后再选择另一点，这样就以这两点为对角点设置了点集的边界；"百分比"单选按钮用于以曲面参数百分比的形式限制点集的分布范围。

②面百分比：通过在选定曲面 U、V 方向上的百分比位置来创建该曲面上的一个点。

扫一扫，看视频

③B 曲面极点：用于以 B 曲面极点的方式创建点集。

（2）选择面：单击该按钮，可以选择新的面来创建点集。

★**重点　动手学——绘制五角星**

源文件：源文件\5\五角星.prt

绘制如图 5-39 所示的五角星。

**操作步骤　**视频文件：动画演示\第 5 章\五角星.mp4

1．新建文件

单击"主页"选项卡"标准"组中的"新建"按钮 ，打开"新建"对话框。在"模板"栏中选择"模型"，在"名称"文本框中输入"五角星"，单击"确定"按钮，进入建模环境。

图 5-39　五角星

2．绘制五边形

（1）单击"主页"选项卡"构造"组中的"草图"按钮，打开"创建草图"对话框，选择 XY 平面作为草图绘制平面，单击"确定"按钮，进入草图绘制界面。

（2）选择"菜单"→"插入"→"曲线"→"多边形"命令或单击"主页"选项卡"曲线"组中的"多边形"按钮，打开如图 5-40 所示的"多边形"对话框。在"指定点"下拉列表框中选择"现有点"，指定原点为中心点；在"边数"文本框中输入 5；在"大小"下拉列表框中选择"内切圆半径"；在"半径"文本框中输入 2；在"旋转"文本框中输入 54。单击"关闭"按钮，完成五边形的绘制，如图 5-41 所示。单击"完成"按钮，完成草图的绘制。

3．绘制直线

（1）选择"菜单"→"插入"→"曲线"→"直线"命令或单击"曲线"选项卡"曲线"组中的"直线"按钮，打开"直线"对话框。

（2）分别连接五边形的各端点，单击"确定"按钮，完成直线的绘制，结果如图 5-42 所示。

图 5-40　"多边形"对话框

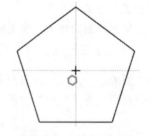

图 5-41　绘制五边形

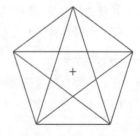

图 5-42　绘制直线

4．修剪曲线

（1）选择"菜单"→"编辑"→"曲线"→"修剪"命令或单击"曲线"选项卡"编辑"组中的

"修剪曲线"按钮╋，打开如图 5-43 所示的"修剪曲线"对话框。

（2）根据系统提示完成各曲线的修剪，结果如图 5-44 所示。

5. 隐藏曲线

（1）选择"菜单"→"编辑"→"显示和隐藏"→"隐藏"命令，打开如图 5-45 所示的"类选择"对话框。

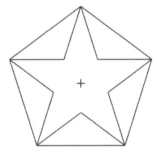

图 5-43　"修剪曲线"对话框　　　　图 5-44　修剪曲线　　　　图 5-45　"类选择"对话框

（2）在绘图窗口中选择步骤 2 创建的五边形，单击"确定"按钮，完成五边形草图的隐藏。至此完成五角星的绘制，结果如图 5-39 所示。

5.2　派 生 曲 线

一般情况下，曲线创建完成后并不能完全满足用户的需求，还需要进一步处理。本节中将进一步介绍曲线的操作功能，如简化、偏置、桥接、连接、截面和沿面偏置等。

5.2.1　偏置

该命令能够通过从原先对象偏置的方法，生成直线、圆弧、二次曲线、样条和边。偏置曲线是通过垂直于选中的基本曲线上的点来构造的。可以选择是否使偏置曲线与其输入数据相关联。

曲线可以在选中几何体所确定的平面内偏置，也可以通过拔模角和拔模高度偏置到一个平行的平面上。只有当多条曲线共面且为连续的线串（即端端相连）时，才能对其进行偏置。结果曲线的对象类型与它们的输入曲线相同（除了二次曲线，它偏置为样条）。

选择"菜单"→"插入"→"派生曲线"→"偏置"命令或单击"曲线"选项卡"派生"组中的"偏置曲线"按钮，打开如图 5-46 所示的"偏置曲线"对话框。

"偏置曲线"对话框中部分选项功能介绍如下。

（1）偏置类型：包括以下4种。

①距离：此方式在选取曲线的平面上偏置曲线。可在下方的"距离"和"副本数"文本框中设置偏置距离和产生的数量。

②拔模：此方式在平行于选取的曲线平面，并与其相距指定距离的平面上偏置曲线。一个平面符号标记出偏置曲线所在的平面。可在下方的"高度"和"角度"文本框中设置拔模高度和拔模角度。该方式的基本思想是将曲线按照指定的"角度"偏置到与曲线所在平面相距"高度"的平面上。其中，拔模角度是偏置方向与原曲线所在平面的法向的夹角。

图5-47所示是用"拔模"偏置方式生成偏置曲线的一个示例，其中"高度"为0.2500，"角度"为30°。

图5-46　"偏置曲线"对话框

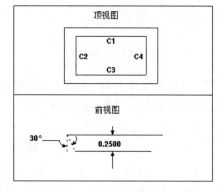

图5-47　"拔模"偏置方式示意图

③规律控制：此方式在规律定义的距离上偏置曲线，该规律是用规律子功能选项对话框指定的。

④3D轴向：此方式通过在三维空间内指定矢量方向和偏置距离来偏置曲线。可在下方的"3D偏置值"和"轴矢量"文本框中设置相应的数值。

（2）距离：在箭头矢量指示的方向上与选中曲线之间的偏置距离。负的距离值将在反方向上偏置曲线。

（3）副本数：在该文本框中输入所需参数值，可以构造多组偏置曲线，如图5-48所示。每组都从前一组偏置一个指定（使用"偏置类型"选项）的距离。

（4）反向：用于反转箭头矢量标记的偏置方向。

（5）关联：勾选该复选框，则偏置曲线与输入曲线和定义数据相关联。

（6）输入曲线：用于指定对原先曲线的处理方式。对于关联曲线，某些选项不可用。

①保留：在生成偏置曲线时，保留输入曲线。

②隐藏：在生成偏置曲线时，隐藏输入曲线。

③删除：在生成偏置曲线时，删除输入曲线。如果勾选"关联"复选框，则该选项不可用。

④替换：该操作类似于移动操作，输入曲线被移至偏置曲线的位置。如果勾选"关联"复选框，则该选项不可用。

（7）修剪：将偏置曲线修剪或延伸到它们的交点处。

①无：既不修剪偏置曲线，也不将偏置曲线倒成圆角。

②相切延伸：将偏置曲线延伸到它们的交点处。

③圆角：构造与每条偏置曲线的终点相切的圆弧。圆弧的半径等于偏置距离。图 5-49 演示了用"圆角"方式生成的偏置。如果生成重复的偏置（即只单击"应用"按钮而不更改任何输入），则圆弧的半径每次都会增加一个偏置距离。

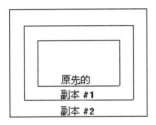

图 5-48　"副本数"示意图

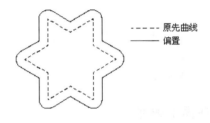

图 5-49　"圆角"方式示意图

扫一扫，看视频

（8）距离公差：当输入曲线为样条或二次曲线时，可确定偏置曲线的精度。

★重点　动手学——绘制偏置曲线

源文件：源文件\5\偏置曲线.prt

绘制如图 5-50 所示的偏置曲线。

操作步骤　视频文件：动画演示\第 5 章\偏置曲线.mp4

（1）单击"主页"选项卡"标准"组中的"新建"按钮，打开"新建"对话框。在"名称"文本框中输入"偏置曲线"，单位选择"毫米"，单击"确定"按钮，进入建模环境。

图 5-50　偏置曲线

（2）选择"菜单"→"插入"→"曲线"→"圆弧/圆"命令或单击"曲线"选项卡"曲线"组中的"圆弧/圆"按钮，打开"圆弧/圆"对话框。在原点处绘制一个半径为 10 的圆，如图 5-51 所示。

（3）选择"菜单"→"插入"→"派生曲线"→"偏置"命令或单击"曲线"选项卡"派生"组中的"偏置曲线"按钮，打开"偏置曲线"对话框。

（4）在"偏置类型"下拉列表框中选择"距离"，选择步骤（3）绘制的圆为要偏置的曲线，此时显示出偏置方向，如图 5-52 所示。

（5）在"距离"和"副本数"文本框中输入 2 和 3，单击"应用"按钮，生成如图 5-53 所示的曲线。

（6）在"偏置类型"下拉列表框中选择"拔模"，选择最小的圆为要偏置的曲线，此时图中显示出偏置方向，如图 5-54 所示。

（7）在"偏置"栏中设置偏置的"高度""角度""副本数"分别为 5、0、3，如图 5-55 所示。

（8）单击"确定"按钮，生成曲线如图 5-50 所示。

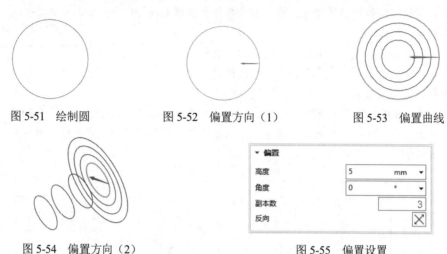

图 5-51　绘制圆　　　　　图 5-52　偏置方向（1）　　　　　图 5-53　偏置曲线

图 5-54　偏置方向（2）　　　　　图 5-55　偏置设置

5.2.2　在面上偏置

该命令用于在一表面上由一存在曲线按指定的距离生成一条沿面的偏置曲线。

选择"菜单"→"插入"→"派生曲线"→"在面上偏置"命令或单击"曲线"选项卡"派生"组中的"在面上偏置"按钮，打开如图 5-56 所示的"在面上偏置曲线"对话框。

其中部分选项功能介绍如下。

（1）偏置法：包括以下 5 种。

①弦：沿曲线弦长偏置。

②弧长：沿曲线弧长偏置。

③测地线：沿曲面最小距离偏置。

④相切：沿曲面的切线方向偏置。

⑤投影距离：用于按指定的法向矢量在虚拟平面上指定偏置距离。

（2）公差：该文本框用于设置偏置曲线公差，其默认值是在建模预设置对话框中设置的。公差值决定了偏置曲线与被偏置曲线的相似程度，选用默认值即可。

图 5-56　"在面上偏置曲线"对话框

5.2.3　桥接

该命令用于桥接两条不同位置的曲线，边也可以作为曲线来选择。这是在曲线连接中最常用的方法，其示意图如图 5-57 所示。

选择"菜单"→"插入"→"派生曲线"→"桥接"命令或单击"曲线"选项卡"派生"组中的"桥接"按钮，打开如图 5-58 所示的"桥接曲线"对话框。

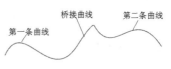

图 5-57　"桥接曲线"示意图

其中部分选项功能介绍如下。

1．起始对象

该栏用于确定桥接曲线操作的第一个对象。

2．终止对象

该栏用于确定桥接曲线操作的第二个对象。

3．连接

（1）连续性：包括"G0（位置）""G1（相切）""G2（曲率）"和"G3（流）"4 种类型。

①G1（相切）：表示桥接曲线与第一条曲线、第二条曲线在连接点处相切连续，且为三阶样条曲线。

②G2（曲率）：表示桥接曲线与第一条曲线、第二条曲线在连接点处曲率连续，且为五阶或七阶样条曲线。

（2）位置：确定点在曲线上的位置。

（3）方向：基于所选几何体定义曲线方向。

4．约束面

该栏用于限制桥接曲线所在的面。

5．半径约束

该栏用于限制桥接曲线的半径类型和大小。

6．形状控制

图 5-58　"桥接曲线"对话框

（1）相切幅值：通过改变桥接曲线与第一条曲线和第二条曲线连接点的切矢量值，来控制桥接曲线的形状。切矢量值的改变是通过拖动"起始"和"结束"滑块，或直接在右侧的"起始""结束"文本框中输入切矢量来实现的。

（2）深度和歪斜度：当选择该控制方式时，"桥接曲线"对话框的变化如图 5-59 所示。

①深度：是指桥接曲线峰值点的深度，即影响桥接曲线形状的曲率百分比，其值可拖动下面的滑块或直接在"深度"文本框中输入百分比来设置。

②歪斜度：是指桥接曲线峰值点的倾斜度，即设定沿桥接曲线从第一条曲线向第二条曲线度量时峰值点位置的百分比。

（3）模板曲线：用于选择控制桥接曲线形状的参考样条曲线，使桥接曲线继承选定参考曲线的形状。

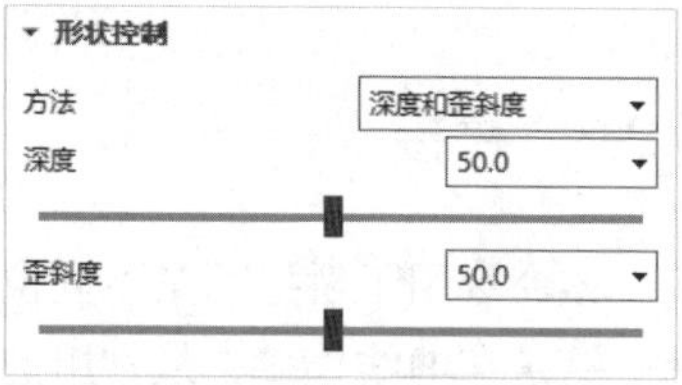

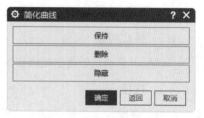

图 5-59　深度和歪斜度

5.2.4　简化

该命令以一条最合适的逼近曲线来简化一组选择的曲线（最多可选择 512 条曲线），它将这组曲线简化为圆弧或直线的组合，即将高次方曲线降成二次或一次曲线。

选择"菜单"→"插入"→"派生曲线"→"简化"命令，打开如图 5-60 所示的"简化曲线"对话框。

在简化选中曲线之前，可以指定原有曲线在转换之后的状态。

（1）保持：在生成直线和圆弧之后保留原有曲线。在选中曲线的上面生成曲线。

（2）删除：简化之后删除选中曲线。删除选中曲线之后，不能再恢复（如果选择"撤销"，可以恢复原有曲线但不再被简化）。

（3）隐藏：生成简化曲线之后，将选中的原有曲线从屏幕上移除，但并未被删除。

图 5-60　"简化曲线"对话框

若要选择的多组曲线彼此首尾相连，则可以通过其中的"成链"选项，通过第一条和最后一条曲线来选择其间彼此连接的一组曲线，之后系统对其进行简化操作。

5.2.5　复合曲线

该命令可从工作部件中抽取曲线和边。抽取的曲线和边随后会在添加倒斜角和圆角等详细特征后保留。

选择"菜单"→"插入"→"派生曲线"→"复合曲线"命令或单击"曲线"选项卡"派生"组中的"复合"按钮，打开如图 5-61 所示的"复合曲线"对话框。

其中部分选项功能介绍如下。

（1）关联：如果勾选该复选框，结果样条将与其输入曲线关联，并且当修改这些曲线时会相应地进行更新。

（2）连结曲线：用于指定是否要将复合曲线的线段连接成样条曲线。"无"表示不连接复合曲线段；"三次"表示连接输出曲线以形成三次多项式样条曲线，使用此选项可最小化结点数；"常规"表示连接输出曲线以形成常规样条曲线，创建可精确表示输入曲线的样条，此选项可以创建次数高于三次或五次类型的曲线；"五次"表示连接输出曲线以形成五次多项式样条曲线。

图 5-61　"复合曲线"对话框

5.2.6　投影

该命令能够将曲线和点投影到片体、面、平面和基准面上。点和曲线可以沿着指定矢量方向、与指定矢量成某一角度的方向、指向特定点的方向或面法线的方向进行投影。所有投影曲线在孔或面边界处都要进行修剪。

选择"菜单"→"插入"→"派生曲线"→"投影"命令或单击"曲线"选项卡"派生"组中的"投影曲线"按钮 ，打开如图 5-62 所示的"投影曲线"对话框。

其中部分选项功能介绍如下。

（1）要投影的曲线或点：用于确定要投影的曲线或点。

（2）指定平面：用于确定投影所在的表面或平面。

（3）方向：用于指定将对象投影到片体、面和平面上时所使用的方向。

①沿面的法向：用于沿着面和平面的法向投影对象，如图 5-63 所示。

图 5-62　"投影曲线"对话框

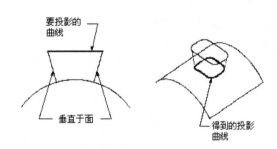

图 5-63　"沿面的法向"示意图

②朝向点：可向一个指定点投影对象。对于投影的点，可以在选中点与投影点之间的直线上获得交点，如图 5-64 所示。

③朝向直线：可沿垂直于一指定直线或基准轴的矢量投影对象。对于投影的点，可以在通过选中点垂直于指定直线的直线上获得交点，如图 5-65 所示。

④沿矢量：可沿指定矢量（该矢量是通过"矢量"对话框定义的）投影选中对象。可以在该矢量指示的单个方向上投影曲线，也可以在两个方向上（指示的方向和它的反方向）投影曲线，如图 5-66 所示。

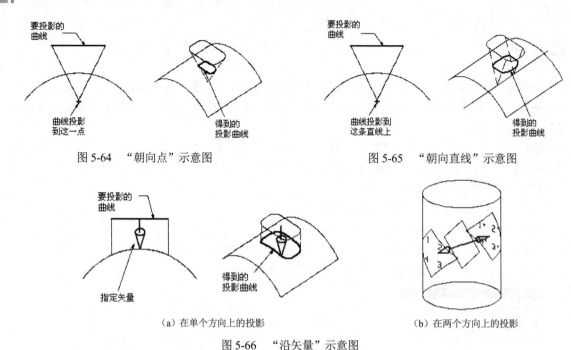

图 5-64　"朝向点"示意图　　　　　　　图 5-65　"朝向直线"示意图

（a）在单个方向上的投影　　　　　　　　　（b）在两个方向上的投影

图 5-66　"沿矢量"示意图

⑤与矢量成角度：可将选中曲线在与指定矢量成指定角度的方向上投影，该矢量是使用矢量构造器定义的。根据选择的角度值（向内的角度为负值），该投影可以相对于曲线的近似形按向外或向内的角度生成。对于点的投影，该选项不可用。"与矢量成角度"示意图如图 5-67 所示。

（4）关联：表示原曲线保持不变，在投影面上生成与原曲线相关联的投影曲线。只要原曲线发生变化，投影曲线随之也发生变化。

（5）连结曲线：曲线拟合的阶次，可以选择"三次""五次""常规"和"无"，一般推荐使用"三次"。

（6）公差：用于设置公差，其默认值是在建模预设置对话框中设置的。该公差值决定了所投影的曲线与被投影曲线在投影面上的投影的相似程度。

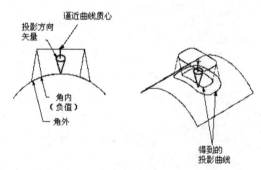

图 5-67　"与矢量成角度"示意图

5.2.7　组合投影

该命令用于组合两个已有曲线的投影，生成一条新的曲线。需要注意的是，这两个曲线投影必须相交。可以指定新曲线是否与输入曲线关联，以及将对输入曲线进行哪些处理。"组合投影"示意图如图 5-68 所示。

选择"菜单"→"插入"→"派生曲线"→"组合投影"命令或单击"曲线"选项卡"派生"组"更多"库下"从曲线"库中的"组合投影"按钮，打开如图 5-69 所示的"组合投影"对话框。

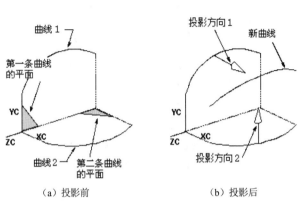

（a）投影前	（b）投影后

图 5-68 "组合投影"示意图 　　　　　图 5-69 "组合投影"对话框

其中部分选项功能介绍如下。

（1）曲线 1：选择第一组曲线。可用"过滤器"选项帮助选择曲线。

（2）曲线 2：选择第二组曲线。默认的投影矢量垂直于该线串。

（3）投影方向 1：为第一个选定曲线链指定方向。

（4）投影方向 2：为第二个选定曲线链指定方向。

5.2.8 缠绕/展开曲线

该命令可以将曲线从平面缠绕到圆锥或圆柱面上，或者将曲线从圆锥或圆柱面展开到平面上。图 5-70 所示为将一样条曲线缠绕到锥面上。输出曲线是三次 B 样条，并且与其输入曲线、定义面和定义平面相关。

选择"菜单"→"插入"→"派生曲线"→"缠绕/展开曲线"命令或单击"曲线"选项卡"派生"组"更多"库下"从曲线"库中的"缠绕/展开曲线"按钮 ，打开如图 5-71 所示的"缠绕/展开曲线"对话框。

其中部分选项功能说明如下。

（1）类型：包括以下 2 种。

①缠绕：指定要缠绕曲线。

②展开：指定要展开曲线。

（2）曲线或点：选择要缠绕或展开的曲线。仅可以选择曲线、边或面。

（3）面：可选择曲线将缠绕到或从其上展开的圆锥或圆柱面。可以选择多个面。

（4）平面：可选择一个与缠绕面相切的基准平面或平面。仅可以选择基准平面或面。

（5）切割线角度：用于指定"切线"（一条假想直线，位于缠绕面和缠绕平面相遇的公共位置处。它是一条与圆锥或圆柱轴线共面的直线）绕圆锥或圆柱轴线旋转的角度（0°～360°）。可以输入数值或表达式。

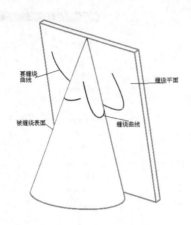

图 5-70　"缠绕/展开"示意图

图 5-71　"缠绕/展开曲线"对话框

扫一扫，看视频

★重点　动手学——缠绕/展开曲线

源文件：源文件\5\展开曲线.prt

本实例学习如何缠绕/展开曲线。

操作步骤　视频文件：动画演示\第 5 章\缠绕/展开曲线.mp4

（1）打开模型文件，进入建模模块，如图 5-72 所示。

（2）选择"菜单"→"插入"→"派生曲线"→"缠绕/展开曲线"命令，打开"缠绕/展开曲线"对话框。

（3）通过"选择面"选择圆锥面，通过"指定平面"选择基准平面，通过"选择曲线或点"选择样条曲线。

（4）选择"缠绕"类型，在"切割线角度"文本框中输入 90。

（5）单击"确定"按钮，生成曲线如图 5-73 所示。

（6）同上步骤，选择"展开"类型，生成曲线如图 5-74 所示。

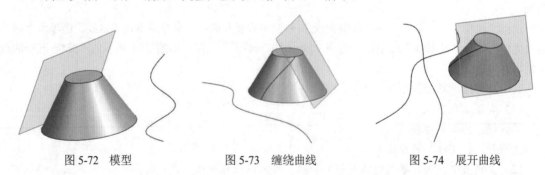

图 5-72　模型　　　　　图 5-73　缠绕曲线　　　　　图 5-74　展开曲线

5.2.9　镜像

选择"菜单"→"插入"→"派生曲线"→"镜像"命令或单击"曲线"选项卡"派生"组"更多"库下"复制"库中的"镜像曲线"按钮，打开如图 5-75 所示的"镜像曲线"对话框。图 5-76 所示为"镜像曲线"示意图。

图 5-75 "镜像曲线"对话框

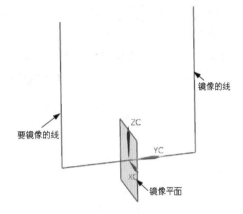

图 5-76 "镜像曲线"示意图

其中部分选项功能说明如下。

（1）曲线：用于确定要镜像的曲线。

（2）镜像平面：用于确定镜像的面和基准平面。

（3）关联：表示原曲线保持不变，生成与原曲线相关联的镜像曲线。只要原曲线发生变化，镜像曲线也随之发生变化。

★重点 动手学——绘制椭圆曲线

源文件：源文件\5\椭圆曲线.prt

绘制如图 5-77 所示的椭圆曲线。

操作步骤 视频文件：动画演示\第 5 章\椭圆曲线.mp4

（1）单击"主页"选项卡"标准"组中的"新建"按钮，打开"新建"对话框。在"模板"栏中选择"模型"，在"名称"文本框中输入"椭圆曲线"，单击"确定"按钮，进入建模环境。

（2）选择"菜单"→"插入"→"曲线"→"艺术样条"命令或单击"曲线"选项卡"基本"组中的"艺术样条"按钮，打开"艺术样条"对话框。选择"通过点"类型，取消勾选"封闭"复选框，输入表 5-1 中所列的点，绘制如图 5-78 所示的样条曲线。

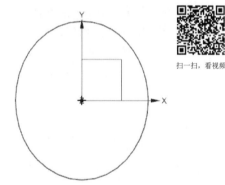

扫一扫，看视频

图 5-77 椭圆曲线

表 5-1 样条 1 坐标点

点	坐　　标
点 1	0,110.9,0
点 2	25,107.2,0
点 3	50,94.9,0
点 4	75,70.3,0
点 5	96.9,0,0

（3）选择"菜单"→"插入"→"派生曲线"→"镜像"命令或单击"曲线"选项卡"派生"组"更多"库下"复制"库中的"镜像曲线"按钮，打开如图 5-79 所示的"镜像曲线"对话框。选择

样条曲线为要镜像的曲线，在"平面"下拉列表中选择"新平面"，在"指定平面"下拉列表中选择"XC-ZC平面"，单击"应用"按钮，结果如图5-80所示。同理，将所有的样条曲线以"YC-ZC平面"为镜像平面进行镜像，结果如图5-77所示。

图 5-78　绘制样条曲线

图 5-79　镜像样条曲线

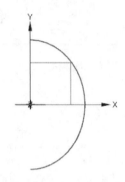
图 5-80　镜像样条曲线

5.2.10　相交曲线

该命令用于在两组对象之间生成相交曲线。相交曲线是关联的，会根据其定义对象的更改而更新。图 5-81 所示为相交曲线的一个示例，其中相交曲线是由片体与包含腔体的长方体相交而得到的。

选择"菜单"→"插入"→"派生曲线"→"相交曲线"命令或单击"曲线"选项卡"派生"组中的"相交曲线"按钮 ，打开如图 5-82 所示的"相交曲线"对话框。

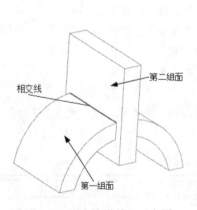
图 5-81　"相交曲线"示意图

图 5-82　"相交曲线"对话框

其中部分选项功能说明如下。

（1）第一组：用于选择第一组对象。

（2）第二组：用于选择第二组对象。

（3）保持选定：勾选该复选框之后，在右侧的选项栏中选择"第一组"或"第二组"，单击"应用"按钮，自动选择已选择的"第一组"或"第二组"对象。

（4）关联：用于指定相交曲线是否关联。当对源对象进行更改时，关联的相交曲线会自动更新。

（5）高级曲线拟合：用于设置曲线拟合的方式，包括"次数和段数""次数和公差"和"自动拟合"3 种。

5.2.11　截面曲线

该命令用于在指定平面与体、面、平面和/或曲线之间生成相交几何体。平面与曲线之间相交生成一个或多个点。几何体输出可以是相关的。

选择"菜单"→"插入"→"派生曲线"→"截面曲线"命令或单击"曲线"选项卡"派生"组"更多"库下"从体"库中的"截面曲线"按钮 ，打开如图 5-83 所示的"截面曲线"对话框。

其中部分选项功能说明如下。

1. 选定的平面

选择该类型，可以指定单独平面或基准平面作为截面。

（1）要剖切的对象：用于选择将被截取的对象。需要时，可以使用"过滤器"选项辅助选择所需对象。可以将过滤器设置为任意、体、面、曲线、平面或基准平面。

图 5-83　"截面曲线"对话框

（2）剖切平面：用于选择已有平面或基准平面，或者使用平面子功能定义临时平面。需要注意的是，如果勾选"关联"复选框，则平面子功能不可用，此时必须选择已有平面。

2. 平行平面

选择该类型，可以设置一组等间距的平行平面作为截面。选择该类型时，"截面曲线"对话框将变为如图 5-84 所示。

（1）起点和终点：从基本平面测量，当"终点"输入框中的值为正时，显示箭头矢量方向；值为负时，显示箭头矢量的反方向。系统将生成适合指定限制的平面数。这些输入的距离值不必恰好是步进距离的偶数倍。

（2）步进：指定每个临时平行平面之间的相互距离。

3. 径向平面

从一条普通轴开始以扇形展开生成按等角度间隔的平面，以用于选中体、面和曲线的截取。选择该类型时，"截面曲线"对话框将变为如图 5-85 所示。

（1）径向轴：用于定义径向平面绕其旋转的轴矢量。若要指定轴矢量，可使用矢量方式或矢量构造器工具。

（2）参考平面上的点：使用点方式或点构造器工具，指定径向参考平面上的点。径向参考平面是包含该轴线和点的唯一平面。

图 5-84　"平行平面"类型

图 5-85　"径向平面"类型

（3）起点：表示相对于基准平面的角度，径向面由此角度开始，按右手法则确定正方向。限制角不必是步进角度的偶数倍。

（4）终点：表示相对于基准平面的角度，径向面在此角度处结束。

（5）步进：表示径向平面之间所需的夹角。

4．垂直于曲线的平面

选择该类型，可以设定一个或一组与所选曲线垂直的平面作为截面。选择该类型时，"截面曲线"对话框将变为如图 5-86 所示。

（1）曲线或边：用于选择沿其生成垂直平面的曲线或边。可以使用"过滤器"选项来辅助对象的选择。可以将过滤器设置为曲线或边。

（2）间距：包括以下 5 个选项。

①等弧长：沿曲线路径以等弧长方式间隔平面。必须在"副本数"字段中输入截面平面的数目，以及平面相对于曲线全弧长的起始和终止位置的百分比值。

②等参数：根据曲线的参数化法间隔平面。必须在"副本数"字段中输入截面平面的数目，以及平面相对于曲线参数长度的起始和终止位置的百分比值。

③几何级数：根据几何级数比间隔平面。必须在"副本数"字段中输入截面平面的数目，还须在"比率"字段中输入数值，以确定起始和终止点之间的平面间隔。

图 5-86　"垂直于曲线的平面"类型

④弦公差：根据弦公差间隔平面。选择曲线或边后，定义曲线段使线段上的点距线段端点连线的最大弦距离，等于在"弦公差"字段中输入的弦公差值。

⑤增量弧长：以沿曲线路径递增的方式间隔平面。在"弧长"字段中输入数值，在曲线上以递增弧长的方式定义平面。

5.2.12　圆形圆角曲线

选择"菜单"→"插入"→"派生曲线"→"圆形圆角曲线"命令或单击"曲线"选项卡"派生"组"更多"库中的"圆形圆角曲线"按钮 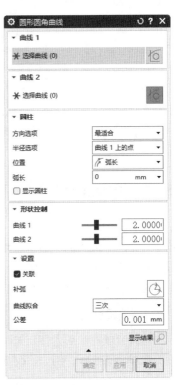，打开如图 5-87 所示的"圆形圆角曲线"对话框。

该选项可在两条 3D 曲线或边链之间创建光滑的圆角曲线。圆角曲线与两条输入曲线相切，且在投影到垂直于所选矢量方向的平面上时类似于圆角。

"圆形圆角曲线"对话框各选项功能介绍如下。

（1）选择曲线：用于选择第一个和第二个曲线链或特征边链。

（2）方向选项：用于指定圆柱轴的方向。

①最适合：查找最可能包含输入曲线的平面。自动判断的圆柱轴垂直于该最适合平面。

②变量：使用输入曲线上具有倒圆的接触点处的切线来定义视图矢量。圆柱轴的方向平行于接触点上切线的叉积。

③矢量：用于通过矢量构造器或其他标准矢量方法将矢量指定为圆柱轴。

④当前视图：指定垂直于当前视图的圆柱轴。圆柱轴的此方向是非关联的。选择当前视图的法向后，方向选项便更改为矢量类型。可以使用矢量构造器或其他标准矢量方法来更改此圆柱轴。

图 5-87　"圆形圆角曲线"对话框

（3）半径选项：用于指定圆柱半径的值。

①曲线 1 上的点：用于在曲线 1 上选择一个点作为锚点，然后在曲线 2 上搜索该点。

②曲线 2 上的点：用于在曲线 2 上选择一个点作为锚点，然后在曲线 1 上搜索该点。

③值：用于键入圆柱半径的值。

（4）位置：仅可用于曲线 1 上的点和曲线 2 上的点半径选项。用于指定曲线 1 上或曲线 2 上接触点的位置。

①弧长：用于指定沿弧长方向的距离，作为接触点。

②弧长百分比：用于指定弧长的百分比，作为接触点。

③通过点：用于选择一个点作为接触点。

（5）半径：仅可用于"值"圆柱半径选项。将圆柱半径设置为您在此框中键入的值。

（6）显示圆柱：用于显示或隐藏用于创建圆柱圆角曲线的圆柱。

5.3 曲 线 编 辑

曲线创建之后，经常需要对曲线进行修改和编辑，以进一步完善曲线的诸多细节。本节主要介绍曲线编辑操作，包括编辑曲线参数、修剪曲线、修剪拐角、分割曲线、编辑圆角、拉长曲线、曲线长度、光顺样条等。相关操作命令主要集中在"菜单"→"编辑"→"曲线"子菜单及"曲线"选项卡的"编辑"组中，如图5-88所示。

图5-88 "曲线"子菜单及"编辑"组

5.3.1 编辑曲线参数

选择"菜单"→"编辑"→"曲线"→"参数"命令或单击"曲线"选项卡"编辑"组"更多"库下"形状"库中的"编辑曲线参数"按钮 ✍，打开如图5-89所示的"编辑曲线参数"对话框，在其中可编辑大多数类型的曲线。

在"编辑曲线参数"对话框中，当选择不同的对象类型时系统会打开相应的对话框。

1. 编辑直线

选择直线对象后会打开如图5-90所示的对话框。该对话框可通过改变直线的端点参数（长度和角度）来编辑该直线。例如，改变直线的端点的步骤如下。

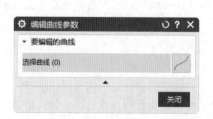

图5-89 "编辑曲线参数"对话框

图5-90 "直线"对话框

（1）选择要修改的直线端点。现在可以从固定的端点像拉橡皮筋一样改变该直线了。

（2）单击"点对话框"按钮，打开"点"对话框，指定新的位置。

例如，改变直线参数的步骤如下。

（1）选择该直线，避免选到它的控制点。

（2）在跟踪条中输入长度和/或角度的新值，然后按 Enter 键。

2．编辑圆弧或圆

选择圆弧或圆对象后会打开如图 5-91 所示的对话框。

可以在该对话框中输入新的参数值来改变圆弧或圆，还可以把圆弧变成它的补弧。不管激活的编辑模式是什么，都可以将圆弧或圆移动到新的位置。

（1）选择圆弧或圆的中心（释放鼠标中键）。

（2）将光标移动到新的位置后单击，或在跟踪条中输入新的 XC、YC 和 ZC 的位置。

使用此方法可以把圆弧或圆移动到其他控制点，如线段的端点或其他圆的圆心。

要生成圆弧的补弧，则必须在"参数"模式下进行。选择一条或多条圆弧，然后在"圆弧/圆"对话框中选择"补弧"。

3．编辑样条

选择样条曲线对象后会弹出如图 5-92 所示对话框，各选项功能如下。

（1）通过点：该选项用于重新定义通过点，并提供预览。

（2）根据极点：该选项用于编辑样条的极点，并提供实时的图形反馈。选中该选项后系统会弹出如图 5-93 对话框。

图 5-91　"圆弧/圆"对话框　　图 5-92　"通过点"方式参数设置　　图 5-93　"根据极点"方式参数设置

5.3.2 修剪

该命令可以根据边界实体和选中进行修剪的曲线的分段来调整曲线的端点，可以修剪或延伸直线、圆弧、二次曲线或样条。

选择"菜单"→"编辑"→"曲线"→"修剪"命令或单击"曲线"选项卡"编辑"组中的"修剪曲线"按钮┼，打开如图 5-94 所示的"修剪曲线"对话框。

图 5-94　"修剪曲线"对话框

其中部分选项功能介绍如下。

（1）要修剪的曲线：用于选择要修剪的一条或多条曲线（此步骤是必需的）。

（2）边界对象：让用户从工作区中选择一串对象作为边界，沿着它修剪曲线。

（3）关联：指定输出的已被修剪的曲线是相关联的。修剪操作会创建修剪曲线特征，其中包含原始曲线的重复且关联的修剪副本。

原始曲线的线型会改为虚线，这样它们对照于被修剪的、关联的副本更容易看得到。如果改变输入参数，则关联的修剪曲线会自动更新。

（4）输入曲线：指定输入曲线的被修剪部分处于何种状态。

①隐藏：意味着输入曲线被渲染成不可见。

②保留：意味着输入曲线不受修剪曲线操作的影响，被"保持"在它们的初始状态。

③删除：意味着通过修剪曲线操作将输入曲线从模型中删除。

④替换：意味着输入曲线被替换或交换为已修剪的曲线。当选择"替换"时，原始曲线的子特征成为已修剪曲线的子特征。

（5）曲线延伸：如果正在修剪一个要延伸到边界对象的样条，则可以选择延伸的形状。

①自然：从样条的端点沿自然路径延伸。

②线性：将样条从任一端点延伸到边界对象，样条的延伸部分是直线。

③圆形：将样条从端点延伸到边界对象，样条的延伸部分是圆弧形。

④无：对任何类型的曲线都不执行延伸。

修剪曲线示意图如图 5-95 所示。

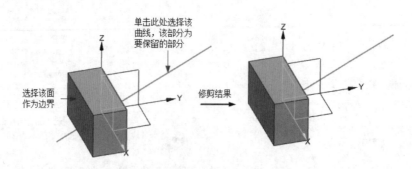

图 5-95　修剪曲线示意图

★重点　动手学——绘制扳手轮廓曲线

源文件：源文件\5\扳手.prt

绘制如图 5-96 所示的扳手轮廓曲线。

图 5-96　扳手轮廓曲线

操作步骤　视频文件：动画演示\第 5 章\扳手轮廓曲线.mp4

（1）单击"主页"选项卡"标准"组中的"新建"按钮，打开"新建"对话框。在"名称"文本框中输入"扳手"，在"单位"下拉列表框中选择"毫米"，单击"确定"按钮，进入建模环境。

（2）创建六边形草图。

①单击"主页"选项卡"构造"组中的"草图"按钮，打开"创建草图"对话框，选择 XY 平面作为草图绘制平面，单击"确定"按钮，进入草图绘制界面。

②选择"菜单"→"插入"→"曲线"→"多边形"命令或单击"主页"选项卡"曲线"组中的"多边形"按钮，打开如图 5-97 所示的"多边形"对话框。在"指定点"下拉列表框中选择"现有点"，指定原点为中心点；在"边数"文本框中输入 6；在"大小"下拉列表框中选择"外接圆半径"；在"半径"文本框中输入 5；在"旋转"文本框中输入 0。单击"关闭"按钮，完成六边形的绘制，按上述步骤再创建一个定位于(80,0,0)、外接圆半径为 6 的正六边形。生成的两个六边形如图 5-98 所示。单击"完成"按钮，完成草图的绘制。

图 5-97　"多边形"对话框

图 5-98　绘制六边形

（3）创建投影曲线。选择"菜单"→"插入"→"派生曲线"→"投影"命令或单击"曲线"选项卡"派生"组中的"投影曲线"按钮，打开如图 5-99 所示的"投影曲线"对话框。选择上一步绘制的草图为要投影的曲线，在"指定平面"下拉列表中选择"XC-YC 平面"，在"方向"下拉列表中选择"沿面的法向"，单击"确定"按钮，生成投影曲线。

（4）隐藏草图。选择"菜单"→"编辑"→"隐藏和显示"→"隐藏"命令，打开如图 5-100 所示的"类选择"对话框，单击"类型过滤器"按钮，打开如图 5-101 所示的"按类型选择"对话框，按住 Ctrl 选择坐标系、点和草图选项，单击"确定"按钮，返回到"类选择"对话框，单击"全选"按钮，然后单击"确定"按钮，结果如图 5-102 所示。

图 5-99 "投影曲线"对话框

图 5-100 "类选择"对话框

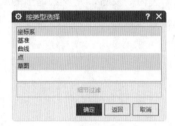

图 5-101 "按类型选择"对话框

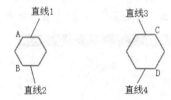

图 5-102 生成的投影曲线

（5）建立外圆轮廓。选择"菜单"→"插入"→"曲线"→"圆弧/圆"命令或单击"曲线"选项卡"曲线"组中的"圆弧/圆"按钮，打开如图 5-103 所示"圆弧/圆"对话框。选择"三点画圆弧"类型，勾选"整圆"复选框，单击多边形上的 A 点作为圆的起点、B 点作为圆的端点并输入中点坐标(10,0,0)，生成一个经过上述 3 点的圆。按照相同的步骤，再生成一个经过 C 点、D 点和坐标点(70,0,0)的圆。

（6）创建两条平行直线。选择"菜单"→"插入"→"曲线"→"直线"命令或单击"曲线"选项卡"曲线"组中的"直线"按钮，打开"直线"对话框。单击"开始"选项中的"点对话框"按钮，打开"点"对话框，输入坐标值(5，3，0)，单击"确定"按钮，返回到"直线"对话框，单击"结束"选项中的"点对话框"按钮，打开"点"对话框，输入坐标值(75,3,0)，单击"确定"按钮，返回到"直线"对话框，单击"应用"按钮，生成线段一。按上述步骤输入点(5,-3,0)和(75,-3,0)，生成线段二。单击"确定"按钮，完成线段的创建，如图 5-104 所示。

（7）修剪线段。选择"菜单"→"编辑"→"曲线"→"修剪"命令或单击"曲线"选项卡"编辑"组中的"修剪曲线"按钮，打开"修剪曲线"对话框。按图 5-105 所示设置各选项，用鼠标选择左边圆和右边圆为边界对象，选择线段一和线段二为要修剪的曲线，选择两圆之间的线段为要保留的区域，单击"确定"按钮，完成修剪操作，结果如图 5-106 所示。

图 5-103 "圆弧/圆" 对话框

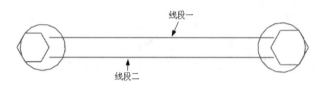

图 5-104 创建线段

图 5-105 "修剪曲线" 对话框

图 5-106 修剪曲线

（6）修剪圆弧。选择"菜单"→"编辑"→"曲线"→"修剪"命令或单击"曲线"选项卡"编辑"组中的"修剪曲线"按钮╂，打开"修剪曲线"对话框。按图 5-105 所示设置各选项，选择投影曲线中的直选 1、直线 2、直线 3 和直线 4 为边界对象，选择两个圆为要修剪的对象，选择如图 5-107 所示的区域为保留区域，单击"确定"按钮，完成修剪操作，最终结果如图 5-96 所示。

图 5-107　选择保留部分

练一练——绘制碗轮廓曲线

绘制如图 5-108 所示的碗轮廓曲线。

✍ 思路点拨：

源文件：源文件\5\碗.prt

（1）利用"圆""直线""偏置曲线"和"修剪"命令绘制碗边沿曲线。

（2）利用"直线"和"修剪"命令绘制碗底轮廓曲线。

图 5-108　碗轮廓曲线

5.3.3　分割

该命令把曲线分割成一组同样的段（即直线到直线、圆弧到圆弧）。每个生成的段都是单独的实体，并被赋予和原先的曲线相同的线型。新的对象和原先的曲线放在同一层上。

选择"菜单"→"编辑"→"曲线"→"分割"命令或单击"曲线"选项卡"非关联"组中的"分割曲线"按钮 ，打开如图 5-109 所示的"分割曲线"对话框。

"类型"下拉列表框中有 5 个选项，代表分割曲线有 5 种不同的方式。

图 5-109　"分割曲线"对话框

（1）等分段：使用曲线长度或特定的曲线参数把曲线分成相等的段。

①等参数：根据曲线参数特征把曲线等分。曲线的参数随各种不同的曲线类型而变化。

②等弧长：根据选中的曲线分割成等长度的单独曲线，各段的长度是通过把实际的曲线长度分成要求的段数计算出来的。

（2）按边界对象：使用边界实体把曲线分成几段，边界实体可以是点、曲线、平面和/或面等，如图 5-110 所示。在"类型"下拉列表框中选择该选项后，将打开如图 5-111 所示的对话框。

（3）弧长段数：按照各段定义的弧长分割曲线，如图 5-112 所示。在"类型"下拉列表框中选择该选项后，将打开如图 5-113 所示的对话框，要求输入分段弧长值，其下方会显示分段数目和剩余部分弧长值。

具体操作时，在靠近要开始分段的端点处选择该曲线。从选择的端点开始，系统沿着曲线测量输入的长度，并生成一段。从分段处的端点开始，系统再次测量长度并生成下一段。此过程不断重复，直到到达曲线的另一个端点。生成的完整分段数目会在对话框中显示出来，此数目取决于曲线的总长和输入的各段的长度。曲线剩余部分的长度也会显示出来，作为部分段。

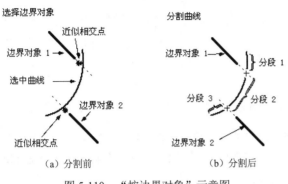

（a）分割前　　　　　　（b）分割后

图 5-110　"按边界对象"示意图

图 5-111　"按边界对象"类型

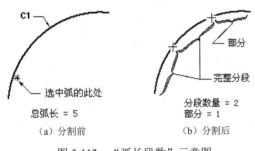

（a）分割前　　　　　　（b）分割后

图 5-112　"弧长段数"示意图

图 5-113　"弧长段数"类型

（4）在结点处：使用选中的结点分割曲线，其中结点是指样条段的端点，如图 5-114 所示。在"类型"下拉列表框中选择该选项后，将打开如图 5-115 所示的对话框。其中"方法"下拉列表框介绍如下。

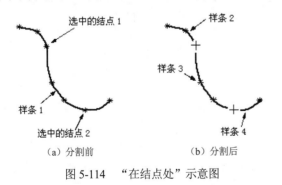

（a）分割前　　　　　　（b）分割后

图 5-114　"在结点处"示意图

图 5-115　"在结点处"类型

①按结点号：通过输入特定的结点号分割样条。

②选择结点：通过用图形光标在结点附近指定一个位置来选择分割结点。当选择样条时会显示结点。

③所有结点：自动选择样条上的所有结点来分割曲线。

（5）在拐角上：在角上分割样条，其中角是指样条折弯处（即某样条段的终止方向不同于下一段的起始方向）的结点，如图 5-116 所示。

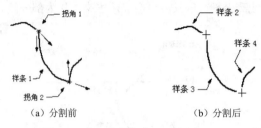

（a）分割前　　　　　　　　（b）分割后

图 5-116　"在拐角上"示意图

要在角上分割曲线，首先要选择该样条。所有的角上都显示有星号。使用与"在结点处"相同的方式选择角点。如果在选择的曲线上未找到角，则会显示如下错误信息：不能分割——没有角。

扫一扫，看视频

★重点　动手学——用"分割"命令编辑曲线

源文件：源文件\5\分割.prt

操作步骤　视频文件：动画演示\第 5 章\用"分割"命令编辑曲线.mp4

（1）创建一个新的文件。单击"主页"选项卡"标准"组中的"新建"按钮，打开"新建"对话框。在"名称"文本框中输入"分割"，单位选择"毫米"，单击"确定"按钮，进入建模环境。

（2）选择"菜单"→"插入"→"曲线"→"圆弧/圆"命令或单击"曲线"选项卡"曲线"组中的"圆弧/圆"按钮，打开如图 5-117 所示"圆弧/圆"对话框。选择"从中心开始的圆弧/圆"类型，勾选"整圆"复选框，捕捉原点为中心点，在"终点选项"下拉列表中选择"点"，单击"通过点"选项中的"点对话框"按钮，打开"点"对话框，输入点的坐标（20,0,0），单击"确定"按钮，返回到"圆弧/圆"对话框，单击"确定"按钮，结果如图 5-118 所示。

（3）选择"菜单"→"编辑"→"曲线"→"分割"命令或单击"曲线"选项卡"非关联"组中的"分割曲线"按钮，打开"分割曲线"对话框。

（4）选择"等分段"类型，选择屏幕中的圆为分割曲线。

（5）分段设置如图 5-119 所示，单击"确定"按钮，圆将被分成 4 段圆弧。

图 5-117　"圆弧/圆"对话框　　　　图 5-118　绘制圆　　　　图 5-119　分段设置

（6）选择"菜单"→"插入"→"曲线"→"直线"命令或单击"曲线"选项卡"曲线"组中的"直线"按钮╱，打开"直线"对话框，连接各段圆弧的端点，结果如图 5-120 所示。

（7）操作同步骤（3）和步骤（4），分段设置如图 5-121 所示。

（8）分别选择 4 段直线，单击"确定"按钮，每段直线将被分成两段。

（9）选择"菜单"→"插入"→"曲线"→"直线"命令或单击"曲线"选项卡"曲线"组中的"直线"按钮╱，打开"直线"对话框，连接各段直线的端点，结果如图 5-122 所示。

图 5-120　绘制直线　　　　　　图 5-121　分段设置　　　　　　图 5-122　绘制直线

5.3.4　长度

该命令可以通过给定的圆弧增量或总弧长来修剪曲线。

选择"菜单"→"编辑"→"曲线"→"长度"命令或单击"曲线"选项卡"编辑"组中的"曲线长度"按钮，打开如图 5-123 所示的"曲线长度"对话框。

其中部分选项功能介绍如下。

1．延伸

（1）长度：包括以下两个选项。

①增量：利用给定的弧长增量来修剪曲线。弧长增量是指从初始曲线上修剪的长度。

②总计：利用曲线的总弧长来修剪曲线。总弧长是指沿着曲线的精确路径，从曲线的起点到终点的距离。

（2）侧：包括以下两个选项。

①起点和终点：从圆弧的起点和终点延伸，延伸距离可以设置为不同的值。

②对称：从圆弧的起点和终点延伸，延伸距离的值相同。

（3）方法：用于确定所选样条延伸的形状，包括以下三个选项。

图 5-123　"曲线长度"对话框

①自然：从样条的端点沿自然路径延伸。

②线性：从任意一个端点延伸样条，延伸部分是线性的。

③圆形：从样条的端点延伸，延伸部分是圆弧。

2．限制

用于输入一个值作为修剪掉的或延伸的圆弧长度。

（1）开始：起始端修剪或延伸的圆弧长度。

（2）结束：终止端修剪或延伸的圆弧长度。

用户既可以输入正值，也可以输入负值作为弧长。输入正值时延伸曲线，输入负值则截断曲线。示意图如图5-124所示。

（a）原曲线　　　　　　　　　　　（b）延伸结果

图5-124　"曲线长度"示意图

5.3.5　光顺样条

该命令用于光顺曲线的斜率，使得B样条曲线更加光顺。

选择"菜单"→"编辑"→"曲线"→"光顺样条"命令或单击"曲线"选项卡"非关联"组"更多"库下"光顺"库中的"光顺样条"按钮 ∼，打开如图5-125所示的"光顺样条"对话框。

其中部分选项功能介绍如下。

（1）类型：包括以下两种。

①曲率：通过最小化曲率值的大小来光顺曲线。

②曲率变化：通过最小化整条曲线的曲率变化来光顺曲线。

（2）约束：用于选择在光顺曲线时对曲线起点和终点的约束。

①在UG NX中通常使用的两种连续性是数学连续性（用Cn表示，其中n是某个整数）与几何连续性（用Gn表示）。连续性用于描述分段边界处的曲线与曲面的行为。

②Gn表示两个几何对象间的实际连续程度。例如，G0表示两个对象相连或两个对象的位置是连续的；G1表示两个对象光顺连接，一阶微分连续，或者是相切连续的；G2表示两个对象光顺连接，二阶微分连续，或者两个对象的曲率是连续的；G3表示两个对象光顺连接，三阶微分连续等。Gn的连续性是独立于表示（参数化）的。图5-126所示的曲率梳状线图演示了这些差异。

图5-125　"光顺样条"对话框

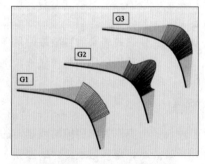

图5-126　曲率梳状线图

5.4　综合实例——绘制鞋子曲线

扫一扫，看视频

源文件：源文件\5\鞋子.prt

本实例绘制如图 5-127 所示的鞋子曲线。

操作步骤　视频文件：动画演示\第 5 章\鞋子曲线.mp4

（1）创建一个新的文件。单击"主页"选项卡"标准"组中的"新建"按钮，打开"新建"对话框。在"名称"文本框中输入"鞋子"，单位选择"毫米"，单击"确定"按钮，进入建模环境。

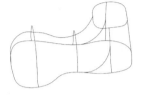

图 5-127　鞋子曲线

（2）创建点。选择"菜单"→"插入"→"基准"→"点"命令或单击"曲线"选项卡"基本"组"点"下拉菜单中的"点"按钮十，打开如图 5-128 所示的"点"对话框，分别创建表 5-2 中的各点，结果如图 5-129 所示。

表 5-2　点坐标

点	坐　　标	点	坐　　标
点 1	0,–250,0	点 7	102,78,0
点 2	71,–250,0	点 8	102,146,0
点 3	141,–230,0	点 9	72,208,0
点 4	144,–114,0	点 10	24,220,0
点 5	92,–61,0	点 11	0,220,0
点 6	86,15,0		

图 5-128　"点"对话框　　　　　　　　图 5-129　创建点（1）

（3）创建艺术样条 1。选择"菜单"→"插入"→"曲线"→"艺术样条"命令或单击"曲线"选项卡"基本"组中的"艺术样条"按钮～，打开如图 5-130 所示的"艺术样条"对话框。选择"通过点"类型，其他选项保持系统默认设置，然后单击"点构造器"按钮 ：，打开如图 5-131 所示的"点"对话框。在"类型"下拉列表框中选择"现有点"，然后在屏幕中依次选择点 1、点 2、点 3、点 4、点 5、点 6、点 7、点 8、点 9、点 10、点 11，连续单击"确定"按钮，生成如图 5-132 所示的艺术样条 1。

（4）创建点。选择"菜单"→"插入"→"基准"→"点"命令或单击"曲线"选项卡"基本"组"点"下拉菜单中的"点"按钮十，打开"点"对话框，分别创建表 5-3 中的各点，结果如图 5-133 所示。

图 5-130 "艺术样条"对话框

图 5-131 "点"对话框

图 5-132 生成艺术样条 1

图 5-133 创建点（2）

表 5-3 点坐标

点	坐 标	点	坐 标
点 2	−39,−250,0	点 7	−103,113,0
点 4	−122,−106,0	点 8	−78,191,0
点 5	−96,−31,0	点 9	−37,220,0
点 6	−90,43,0		

（5）创建艺术样条 2。选择"菜单"→"插入"→"曲线"→
"艺术样条"命令或单击"曲线"选项卡"基本"组中的"艺术样
条"按钮╱，打开"艺术样条"对话框。类型选择"通过点"，
其他选项保持系统默认设置，然后单击"点构造器"按钮，打
开"点"对话框。在"类型"下拉列表框中选择"现有点"，然
后在屏幕中依次选择样条曲线 1 的起点、点 2、点 3、点 4、点 5、
点 6、点 7、点 8、点 9、样条曲线 1 的终点，连续单击"确定"
按钮，生成如图 5-134 所示的艺术样条 2。

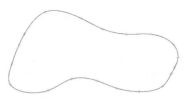

图 5-134　生成艺术样条 2

（6）创建点。选择"菜单"→"插入"→"基准"→"点"命令或单击"曲线"选项卡"基本"
组"点"下拉菜单中的"点"按钮十，打开"点"对话框。在"类型"下拉列表框中选择"曲线/边上
的点"，在艺术样条 1 适当的地方单击，创建点 1。在"点"对话框的"类型"下拉列表框中选择"自
动判断的点"，分别创建表 5-4 中的各点。在"点"对话框的"类型"下拉列表框中选择"曲线/边上的
点"，在艺术样条 2 适当的地方单击，创建点 17，如图 5-135 所示。

表 5-4　点坐标

点	坐　　标	点	坐　　标
点 2	140,-160,14	点 10	2,-160,138
点 3	138,-160,41	点 11	-23,-160,136
点 4	135,-160,74	点 12	-48,-160,128.5
点 5	124,-160,98	点 13	-72,-160,114
点 6	105,-160,122	点 14	-93,-160,91.6
点 7	83,-160,130	点 15	-110,-160,60
点 8	58,-160,136	点 16	-118,-160,24
点 9	30,-160,138		

（7）创建艺术样条 3。选择"菜单"→"插入"→"曲线"→"艺术样条"命令或单击"曲线"选
项卡"基本"组中的"艺术样条"按钮╱，打开"艺术样条"对话框。选择"通过点"类型，其他选
项保持系统默认设置，然后单击"点构造器"按钮，打开"点"对话框。在"类型"下拉列表框中
选择"现有点"，然后在屏幕中依次选择点 1、点 2、点 3、点 4、点 5、点 6、点 7、点 8、点 9、点
10、点 11、点 12、点 13、点 14、点 15、点 16、点 17，连续单击"确定"按钮，生成如图 5-136 所
示的艺术样条 3。

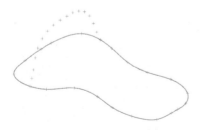

图 5-135　创建点（3）

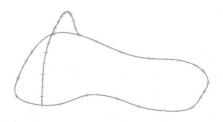

图 5-136　生成艺术样条 3

（8）创建点。选择"菜单"→"插入"→"基准"→"点"命令或单击"曲线"选项卡"基本"组"点"下拉菜单中的"点"按钮十，打开"点"对话框。在"类型"下拉列表框中选择"曲线/边上的点"，在艺术样条1适当的地方单击，创建点1。在"点"对话框的"类型"下拉列表框中选择"自动判断的点"，分别创建表5-5中的各点。在"点"对话框的"类型"下拉列表框中选择"曲线/边上的点"，在艺术样条2适当的地方单击，创建点15，如图5-137所示。

表5-5　点坐标

点	坐　　标	点	坐　　标
点2	−92,0,15	点9	18,0,109
点3	−87,0,40	点10	41,0,104
点4	−76,0,65	点11	64,0,92
点5	−60,0,86	点12	78.5,0,70
点6	−43,0,100	点13	85,0,43
点7	−22,0,107	点14	88.5,0,9
点8	−1,0,110		

（9）创建艺术样条4。选择"菜单"→"插入"→"曲线"→"艺术样条"命令或单击"曲线"选项卡"基本"组中的"艺术样条"按钮╱，打开"艺术样条"对话框。选择"通过点"类型，其他选项保持系统默认设置，然后单击"点构造器"按钮┊┈┊，打开"点"对话框。在"类型"下拉列表框中选择"现有点"，然后在屏幕中依次选择点1、点2、点3、点4、点5、点6、点7、点8、点9、点10、点11、点12、点13、点14、点15，连续单击"确定"按钮，生成如图5-138所示的艺术样条4。

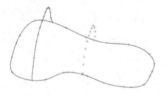

图5-137　创建点（4）

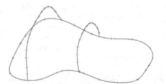

图5-138　生成艺术样条4

（10）创建点。选择"菜单"→"插入"→"基准"→"点"命令或单击"曲线"选项卡"基本"组"点"下拉菜单中的"点"按钮十，打开"点"对话框，分别创建表5-6中的各点，结果如图5-139所示。

表5-6　点坐标

点	坐　　标	点	坐　　标
点1	0,72.6,190	点6	69,188.8,190
点2	9,72.6,190	点7	37.5,201.5,190
点3	40,71,190	点8	9.6,203,190
点4	75.5,86.7,190	点9	0,203,190
点5	80,138,190		

（11）创建艺术样条 5。选择"菜单"→"插入"→"曲线"→"艺术样条"命令或单击"曲线"选项卡"基本"组中的"艺术样条"按钮✐，打开"艺术样条"对话框。选择"通过点"类型，取消勾选"封闭"复选框，其他选项保持系统默认设置，然后单击"点构造器"按钮⋮⋮，打开"点"对话框。在"类型"下拉列表框中选择"现有点"，然后在屏幕中依次选择点 1、点 2、点 3、点 4、点 5、点 6、点 7、点 8、点 9，连续单击"确定"按钮，生成如图 5-140 所示的艺术样条 5。

图 5-139　创建点（5）　　　　　　　　　图 5-140　生成艺术样条 5

（12）创建点。选择"菜单"→"插入"→"基准"→"点"命令或单击"曲线"选项卡"基本"组"点"下拉菜单中的"点"按钮＋，打开"点"对话框，分别创建表 5-7 中的各点，结果如图 5-141 所示。

（13）创建艺术样条 6。选择"菜单"→"插入"→"曲线"→"艺术样条"命令或单击"曲线"选项卡"基本"组中的"艺术样条"按钮✐，打开"艺术样条"对话框。选择"通过点"类型，取消勾选"封闭"复选框，其他选项保持系统默认设置，然后单击"点构造器"按钮⋮⋮，打开"点"对话框。在"类型"下拉列表框中选择"现有点"，然后在屏幕中依次选择艺术样条 5 的起点、点 2、点 3、点 4、点 5、点 6、点 7、点 8、点 9、点 10、艺术样条 5 的终点，连续单击"确定"按钮，生成如图 5-142 所示的艺术样条 6。

表 5-7　点坐标

点	坐　标	点	坐　标
点 2	−11.5,72.5,190	点 7	−71,180,190
点 3	−36.5,75.8,190	点 8	−51.5,197,190
点 4	−60,88,190	点 9	−29,202,190
点 5	−76.8,112,190	点 10	−10,203,190
点 6	−81.6,146,190		

图 5-141　创建点（6）　　　　　　　　　图 5-142　生成艺术样条 6

（14）创建点。选择"菜单"→"插入"→"基准"→"点"命令或单击"曲线"选项卡"基本"组"点"下拉菜单中的"点"按钮＋，打开"点"对话框。在"类型"下拉列表框中选择"端点"，拾取艺术样条1的端点，创建点1。在"点"对话框的"类型"下拉列表框中选择"自动判断的点"，分别创建表5-8中的各点。在"点"对话框的"类型"下拉列表框中选择"端点"，拾取艺术样条5的端点，创建点12，如图5-143所示。

表5-8　点坐标

点	坐　　标	点	坐　　标
点1	0,63,169	点6	0,-109,126
点2	0,-250,21	点7	0,-96,120
点3	0,-248,85	点8	0,-71,106
点4	0,-186,146	点9	0,-25,91
点5	0,-133,136	点10	0,33,129

（15）创建艺术样条7。选择"菜单"→"插入"→"曲线"→"艺术样条"命令或单击"曲线"选项卡"基本"组中的"艺术样条"按钮✐，打开"艺术样条"对话框。选择"通过点"类型，取消勾选"封闭"复选框，其他选项保持系统默认设置，然后单击"点构造器"按钮⁑，打开"点"对话框。在"类型"下拉列表框中选择"现有点"，然后在屏幕中依次选择点1、点2、点3、点4、点5、点6、点7、点8、点9、点10、点11，连续单击"确定"按钮，生成如图5-144所示的艺术样条7。

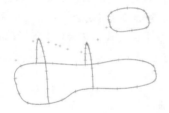

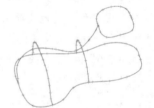

图5-143　创建点（7）　　　　　　　　图5-144　生成艺术样条曲线7

（16）创建点。选择"菜单"→"插入"→"基准"→"点"命令或单击"曲线"选项卡"基本"组"点"下拉菜单中的"点"按钮十，打开"点"对话框。在"类型"下拉列表框中选择"曲线/边上的点"，在艺术样条1上拾取适当的点，创建点1。在"点"对话框的"类型"下拉列表框中选择"自动判断的点"，分别创建表5-9中的各点。在"点"对话框的"类型"下拉列表框中选择"曲线/边上的点"，在艺术样条5上拾取适当的点，创建点4，如图5-145所示。

表5-9　点坐标

点	坐　　标
点2	93,129,63
点3	85,131,127

（17）创建艺术样条8。同上步骤，依次选择点1、点2、点3、点4，创建如图5-146所示的艺术样条8。

（18）创建点。选择"菜单"→"插入"→"基准"→"点"命令或单击"曲线"选项卡"基本"组"点"下拉菜单中的"点"按钮十，打开"点"对话框。在"类型"下拉列表框中选择"曲线/边上的点"，在艺术样条 1 上拾取适当的点，创建点 1。在"点"对话框的"类型"下拉列表框中选择"自动判断的点"，分别创建表 5-10 中的各点。在"点"对话框的"类型"下拉列表框中选择"曲线/边上的点"，在艺术样条 5 上拾取适当的点，创建点 4，如图 5-147 所示。

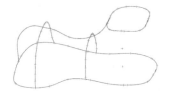

图 5-145　创建点（8）

图 5-146　生成艺术样条曲线 8

表 5-10　坐标点

点	坐　　标
点 2	−89,135,63
点 3	−84,136.5,126.6

（19）创建艺术样条 9。同上步骤，依次选择点 1、点 2、点 3、点 4，创建如图 5-148 所示的艺术样条 9。

图 5-147　创建点（9）

图 5-148　生成艺术样条 9

（20）创建直线。选择"菜单"→"插入"→"曲线"→"直线"命令或单击"曲线"选项卡"基本"组中的"直线"按钮／，打开如图 5-149 所示的"直线"对话框。选择艺术样条 1 的右端点为起点，选择艺术样条 5 的右端点为终点，单击"确定"按钮，完成直线的创建，结果如图 5-150 所示。

图 5-149　"直线"对话框

图 5-150　创建直线

（21）隐藏点。选择"菜单"→"编辑"→"显示和隐藏"→"隐藏"命令，打开如图 5-151 所示的"类选择"对话框。单击"类型过滤器"按钮，打开如图 5-152 所示的"按类型选择"对话框，选择"点"类型，单击"确定"按钮。返回到"类选择"对话框，单击"全选"按钮，视图区中的点全部被选中。单击"确定"按钮，结果如图 5-153 所示。

图 5-151 "类选择"对话框

图 5-152 "按类型选择"对话框

图 5-153 隐藏点

（22）桥接曲线。选择"菜单"→"插入"→"派生曲线"→"桥接"命令或单击"曲线"选项卡"派生"组中的"桥接"按钮，打开如图 5-154 所示的"桥接曲线"对话框。选择艺术样条 8 为桥接的起点对象，选择艺术样条 1 为桥接的端部对象。若桥接曲线不满足要求，可以拖动起点和终点调节桥接曲线，如图 5-155 所示。完成桥接后，单击"确定"按钮。同上步骤，桥接艺术样条 9 和艺术样条 2，结果如图 5-156 所示。

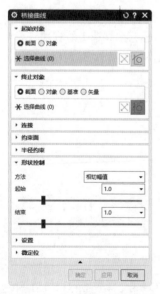

图 5-154 "桥接曲线"对话框

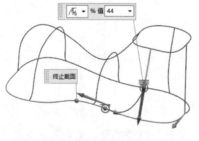

图 5-155 桥接样条曲线（1）

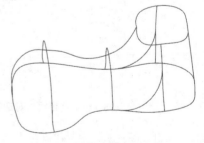

图 5-156 桥接样条曲线（2）

（23）编辑曲线。若艺术样条不满足要求，选择要编辑的艺术样条，右击，在打开的快捷菜单中选择"编辑参数"命令，激活样条，调节样条节点即可。

练一练——绘制咖啡壶曲线

绘制如图 5-157 所示的咖啡壶曲线。

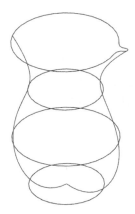

图 5-157 咖啡壶曲线

✍ **思路点拨：**

> 源文件：源文件\5\咖啡壶.prt
> （1）利用"圆弧/圆"命令绘制 5 个圆。
> （2）利用"圆形圆角曲线"和"修剪曲线"命令绘制曲线。
> （3）利用"艺术样条"命令绘制样条，完成咖啡壶曲线的绘制。

第 6 章　基本特征建模

内容简介

相对于单纯的实体建模和参数化建模，UG NX 采用的是复合建模方法。该方法基于特征的实体化建模方法，在参数化建模方法的基础上采用了一种所谓"变量化技术"的设计建模方法，对参数化建模方法进行了改进。

本章主要介绍 UG NX 中基础三维建模工具的用法。

内容要点

- ↘ 创建体素特征
- ↘ 创建扫描特征
- ↘ GC 工具箱

6.1　创建体素特征

本章主要介绍简单体素特征，如块、圆柱、圆锥及球的创建方法。

6.1.1　块

选择"菜单"→"插入"→"设计特征"→"块"命令或单击"主页"选项卡"基本"组"更多"库下"设计特征"库中的"块"按钮，打开如图 6-1 所示的"块"对话框。

从该对话框的"类型"下拉列表中可以看出，块有 3 种不同的创建方式。下面分别介绍。

（1）原点和边长：该方式允许用户通过原点和 3 边长度来创建块，示意图如图 6-2 所示。

（2）两点和高度：该方式允许用户通过高度和底面的两个对角点来创建块，示意图如图 6-3 所示。

（3）两个对角点：该方式允许用户通过两个对角顶点来创建块，示意图如图 6-4 所示。

图 6-1　"块"对话框

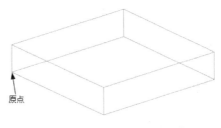

图 6-2　"原点和边长"方式示意图

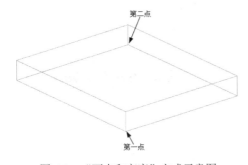

图 6-3　"两点和高度"方式示意图

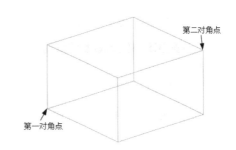

图 6-4　"两个对角点"方式示意图

扫一扫，看视频

★重点　动手学——创建压板

源文件：源文件\6\压板.prt

采用实体建模的方式建立块和挖孔，创建如图 6-5 所示的压板。

操作步骤　视频文件：动画演示\第 6 章\压板.mp4

（1）新建文件。单击"主页"选项卡"标准"组中的"新建"按钮，打开"新建"对话框。在"模板"栏中选择"模型"，在"名称"文本框中输入"压板"，单击"确定"按钮，进入建模环境。

（2）创建块。选择"菜单"→"插入"→"设计特征"→"块"命令或单击"主页"选项卡"基本"组"更多"库下"设计特征"库

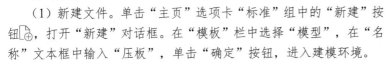

图 6-5　压板

中的"块"按钮，打开如图 6-6 所示的"块"对话框。在"长度""宽度"和"高度"文本框中分别输入 50、100 和 10，单击"点对话框"按钮，打开"点"对话框。输入坐标(0,0,0)，单击"确定"按钮，创建块，如图 6-7 所示。

（3）创建块。选择"菜单"→"插入"→"设计特征"→"块"命令或单击"主页"选项卡"基本"组"更多"库下"设计特征"库中的"块"按钮，打开如图 6-8 所示的"块"对话框。在"长度""宽度"和"高度"文本框中分别输入 50、30 和 8，单击"点对话框"按钮，打开如图 6-9 所示的"点"对话框。输入原点坐标(0,0,-8)，单击"确定"按钮，返回"块"对话框。在"布尔"下拉列表中选择"合并"，系统自动选择上步创建的块进行合并，单击"确定"按钮，创建块，如图 6-5 所示。

图 6-6　"块"对话框

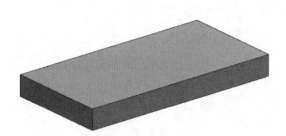

图 6-7　创建块

图 6-8　"块"对话框

图 6-9　"点"对话框

6.1.2　圆柱

选择"菜单"→"插入"→"设计特征"→"圆柱"命令或单击"主页"选项卡"基本"组"更多"库下"设计特征"库中的"圆柱"按钮 ，打开如图 6-10 所示的"圆柱"对话框。

从该对话框的"类型"下拉列表中可以看出，圆柱有两种不同的创建方式。下面分别介绍。

（1）轴、直径和高度：该方式允许用户通过定义直径和圆柱高度值以及底面圆心来创建圆柱。示意图如图 6-11 所示。

（2）圆弧和高度：该方式允许用户通过定义圆柱高度值，选择一段已有的圆弧并定义创建方向来创建圆柱。用户选取的圆弧不一定是完整的圆，且生成的圆柱与弧不关联，圆柱方向可以选择是否反向。示意图如图 6-12 所示。

图 6-10　"圆柱"对话框

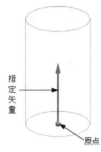

图 6-11　"轴、直径和高度"方式示意图

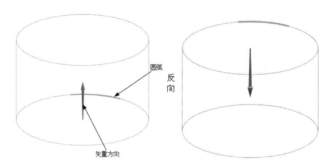

图 6-12　"圆弧和高度"方式示意图

扫一扫，看视频

★重点　动手学——创建滑块

源文件：源文件\6\滑块.prt

创建如图 6-13 所示的滑块：首先利用"块"命令创建滑块基体，然后利用"圆柱"命令创建凸台。

操作步骤　视频文件：动画演示\第 6 章\滑块.mp4

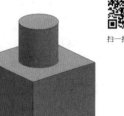

图 6-13　滑块

1．创建新文件

选择"菜单"→"文件"→"新建"命令或单击快速访问工具条中的"新建"按钮，打开"新建"对话框。在"模板"栏中选择"模型"，在"名称"文本框中输入"滑块"，单击"确定"按钮，进入建模环境。

2．创建块

（1）选择"菜单"→"插入"→"设计特征"→"块"命令或单击"主页"选项卡"基本"组"更多"库下"设计特征"库中的"块"按钮，打开如图 6-14 所示的"块"对话框。

（2）在"类型"下拉列表中选择"原点和边长"。

（3）单击"点对话框"按钮，打开"点"对话框，输入原点坐标(-10,-10,0)，单击"确定"按钮，返回"块"对话框。

（4）在"长度""宽度"和"高度"文本框中分别输入 20、20 和 15，单击"确定"按钮，创建块，如图 6-15 所示。

图 6-14 "块"对话框

图 6-15 创建块

3. 创建圆柱

（1）选择"菜单"→"插入"→"设计特征"→"圆柱"命令或单击"主页"选项卡"基本"组"更多"库下"设计特征"库中的"圆柱"按钮 ⬭，打开如图 6-16 所示的"圆柱"对话框。

（2）在"类型"下拉列表框中选择"轴、直径和高度"。

（3）在"指定矢量"下拉列表框中选择"ZC 轴"为圆柱体方向。单击"点对话框"按钮 ⋯，打开如图 6-17 所示的"点"对话框。输入原点坐标(0,0,15)，单击"确定"按钮，返回"圆柱"对话框。

（4）在"直径"和"高度"文本框中分别输入 10 和 10，单击"确定"按钮，生成模型如图 6-18 所示。

图 6-16 "圆柱"对话框

图 6-17 "点"对话框

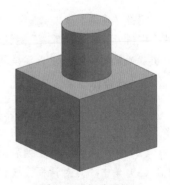

图 6-18 创建圆柱

练一练——创建时针

创建如图 6-19 所示的时针。

✏ **思路点拨：**

源文件: 源文件\6\时针.prt

（1）利用 "块" 命令创建一个块。

（2）利用 "圆柱" 命令创建圆柱体和孔。

图 6-19　时针

6.1.3　圆锥

选择 "菜单" → "插入" → "设计特征" → "圆锥" 命令或单击 "主页" 选项卡 "基本" 组 "更多" 库下 "设计特征" 库中的 "圆锥" 按钮 🔔，打开如图 6-20 所示的 "圆锥" 对话框。

从该对话框的 "类型" 下拉列表中可以看出，圆锥有 5 种不同的创建方式。下面分别介绍。

（1）直径和高度：通过定义底部直径、顶部直径和高度值生成圆锥，其示意图如图 6-21 所示。

图 6-20　 "圆锥" 对话框

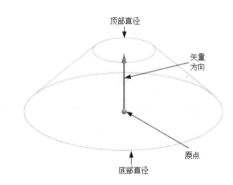

图 6-21　 "直径和高度" 方式示意图

（2）直径和半角：通过定义底部直径、顶部直径和半角值生成圆锥，其示意图如图 6-22 所示。

半角定义了圆锥的轴与侧面形成的角度。半角值的有效范围是 1°～89°。图 6-23 说明了不同的半角值对圆锥形状的影响。每种情况下轴的底部直径和顶部直径都是相同的。半角影响顶点的 "锐度" 以及圆锥的高度。

（3）底部直径，高度和半角：通过定义底部直径、高度和半角值生成圆锥。半角值的有效范围为 1°～89°。在生成圆锥的过程中，有一个经过原点的圆形平面，其直径由底部直径值给出。顶部直径值必须小于底部直径值。示意图如图 6-24 所示。

（4）顶部直径，高度和半角：通过定义顶部直径、高度和半角值生成圆锥。在生成圆锥的过程中，有一个经过原点的圆形平面，其直径由顶部直径值给出。底部直径值必须大于顶部直径值。示意图如图 6-25 所示。

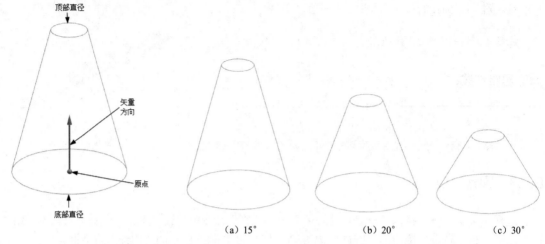

图 6-22　"直径和半角"方式示意图　　　　图 6-23　不同半角值对圆锥的影响

（a）15°　　　　　（b）20°　　　　　（c）30°

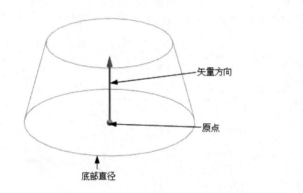

图 6-24　"底部直径，高度和半角"方式示意图　　　图 6-25　"顶部直径，高度和半角"方式示意图

（5）两个共轴的圆弧：通过选择两条圆弧生成圆锥特征，两条弧不一定是平行的。示意图如图 6-26 所示。

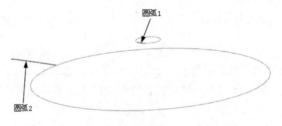

图 6-26　"两个共轴的圆弧"方式示意图

选择了基弧和顶弧之后，就会生成完整的圆锥。所定义的圆锥轴位于弧的中心，并且处于基弧的法向上。圆锥的底部直径和顶部直径取自两个弧。圆锥的高度是顶弧的中心与基弧的平面之间的距离。

如果选中的弧不是共轴的，系统会将第二条选中的弧（顶弧）平行投影到由基弧形成的平面上，直到两个弧共轴为止。另外，圆锥不与弧相关联。

6.1.4 球

选择"菜单"→"插入"→"设计特征"→"球"命令或单击"主页"选项卡"基本"组"更多"库下"设计特征"库中的"球"按钮⬤，打开如图 6-27 所示的"球"对话框。

从该对话框的"类型"下拉列表中可以看出，球有两种不同的创建方式。下面分别介绍。

（1）中心点和直径：通过定义直径值和中心生成球，其示意图如图 6-28 所示。

（2）圆弧：通过选择圆弧来生成球，其示意图如图 6-29 所示。所选的弧不必为完整的圆弧，系统基于任何弧对象生成完整的球。选定的弧定义球的中心和直径。另外，球不与弧相关；这意味着如果编辑弧的大小，球不会更新以匹配弧的改变。

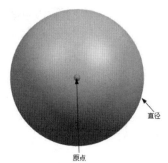

图 6-27 "球"对话框 　图 6-28 "中心点和直径"方式示意图 　图 6-29 "圆弧"方式示意图

★重点 动手学——创建球摆

源文件：源文件\6\球摆.prt

创建如图 6-30 所示的球摆：首先利用"圆柱"命令创建球摆的杆，然后利用"球"命令创建下方的球，再利用"块"命令和"圆柱"命令创建上方的孔。

操作步骤 视频文件：动画演示\第 6 章\球摆.mp4

1. 创建新文件

选择"文件"→"新建"命令或单击"主页"选项卡"标准"组中的"新建"按钮🗋，打开"新建"对话框。在"模板"栏中选择"模型"，在"名称"文本框中输入"球摆"，单击"确定"按钮，进入建模环境。

2. 创建圆柱体

（1）选择"菜单"→"插入"→"设计特征"→"圆柱"命令或单击"主页"选项卡"基本"组"更多"库下"设计特征"库中的"圆柱"按钮🛢，打开如图 6-31 所示的"圆柱"对话框。

（2）在"类型"下拉列表中选择"轴、直径和高度"。

（3）在"指定矢量"下拉列表框中选择"-ZC 轴"为圆柱体方向，单击"点对话框"按钮⬚，打开

扫一扫，看视频

图 6-30 球摆

"点"对话框。输入原点坐标(0,0,0)，单击"确定"按钮，返回"圆柱"对话框。

（4）在"直径"和"高度"文本框中分别输入20和500，单击"确定"按钮，生成模型如图6-32所示。

3. 创建球

（1）选择"菜单"→"插入"→"设计特征"→"球"命令或单击"主页"选项卡"基本"组"更多"库下"设计特征"库中的"球"按钮，打开如图6-33所示的"球"对话框。

（2）在"类型"下拉列表中选择"中心点和直径"。

（3）单击"点对话框"按钮，在弹出的"点"对话框中输入坐标(0,0,−500)，单击"确定"按钮。

（4）返回"球"对话框，在"直径"文本框中输入150，在"布尔"下拉列表中选择"合并"选项，单击"确定"按钮，生成模型如图6-34所示。

图6-31　"圆柱"对话框　　图6-32　创建圆柱体　　图6-33　"球"对话框　　图6-34　创建球

4. 创建块

（1）选择"菜单"→"插入"→"设计特征"→"块"命令或单击"主页"选项卡"基本"组"更多"库下"设计特征"库中的"块"按钮，打开如图6-35所示的"块"对话框。

（2）在"类型"下拉列表中选择"原点和边长"。

（3）单击"点对话框"按钮，在弹出的"点"对话框中输入原点坐标(−4,−9,0)，单击"确定"按钮，返回"块"对话框。

（4）在"长度""宽度"和"高度"文本框中分别输入8、18和25，在"布尔"下拉列表中选择"合并"选项，单击"确定"按钮，生成模型如图6-36所示。

5. 创建孔

（1）选择"菜单"→"插入"→"设计特征"→"圆柱"命令或单击"主页"选项卡"基本"组"更多"库下"设计特征"库中的"圆柱"按钮，打开如图6-37所示的"圆柱"对话框。

（2）在"类型"下拉列表中选择"轴、直径和高度"。

（3）在"指定矢量"下拉列表框中选择"XC 轴"为圆柱体方向，单击"点对话框"按钮 :·., 在弹出的"点"对话框中输入原点坐标(-10,0,12.5)，单击"确定"按钮，返回"圆柱"对话框。

（4）在"直径"和"高度"文本框中分别输入 15 和 20，在"布尔"下拉列表中选择"减去"选项，单击"确定"按钮，生成模型如图 6-38 所示。

图 6-35 "块"对话框　　图 6-36 创建块　　图 6-37 "圆柱"对话框　　图 6-38 创建孔

练一练——创建乒乓球

创建如图 6-39 所示的乒乓球。

✍ 思路点拨：

> 源文件：源文件\6\乒乓球.prt
> 利用"球"命令创建乒乓球。

扫一扫，看视频

图 6-39 乒乓球

6.2 创建扫描特征

本节将介绍如何创建扫描特征，即先绘制截面，然后通过拉伸、旋转、沿引导线扫掠等操作创建特征。

6.2.1 拉伸

该命令通过在指定方向上将截面曲线扫掠一个线性距离来生成体，如图 6-40 所示。

选择"菜单"→"插入"→"设计特征"→"拉伸"命令或单击"主页"选项卡"基本"组中的"拉伸"按钮 🧊，打开如图 6-41 所示的"拉伸"对话框。

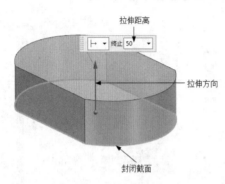

图 6-40 "拉伸"示意图

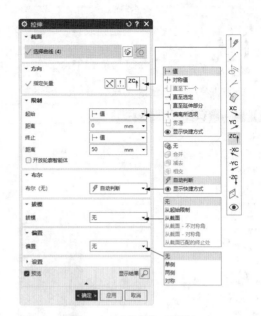

图 6-41 "拉伸"对话框

该对话框中各选项功能介绍如下。

（1）绘制截面：用户可以通过该按钮先绘制拉伸的轮廓，然后进行拉伸。

（2）曲线：用于选择被拉伸的曲线；如果选择的是面，则自动进入草绘模式。

（3）指定矢量：用于选择拉伸的矢量方向。单击右侧的下拉按钮，可在弹出的下拉列表中选择矢量构成选项。

（4）反向：如果在生成拉伸体之后，更改了作为方向轴的几何体，拉伸也会相应地更新，以实现匹配。显示的默认方向为矢量指向选中几何体平面的法向。如果选择了面或片体，默认方向是沿着选中面端点的面法向。如果选中曲线构成了封闭环，则在选中曲线的中心处显示方向矢量；如果选中曲线没有构成封闭环，则开放环的端点将以系统颜色显示为星号。

（5）起始/终止：用于沿着矢量方向输入生成几何体的起始位置和结束位置，可以通过动态箭头来调整。其中包括 7 个选项，分别介绍如下。

①值：由用户输入拉伸的起始和结束距离的数值，如图 6-42（a）所示。

②对称值：用于约束生成的几何体关于选取的对象对称，如图 6-42（b）所示。

③直至下一个：沿矢量方向拉伸至下一个对象，如图 6-42（c）所示。

④直至选定：拉伸至选定的表面、基准面或实体，如图 6-42（d）所示。

⑤直至延伸部分：允许用户裁剪扫略体至一选中表面，如图 6-42（e）所示。

⑥偏离所选项：允许用户将拉伸的起点或终点定义为偏离选定面或体。

⑦贯通：允许用户沿拉伸矢量完全通过所有可选实体生成拉伸体，如图 6-42（f）所示。

（6）布尔（求和）：用于指定生成的几何体与其他对象的布尔运算，包括无、合并、减去、相交和自动判断 5 种方式。配合起始点位置的选取，可以实现多种拉伸效果。

（7）拔模：用于对面进行拔模。正角使得特征的侧面向内拔模（朝向选中曲线的中心），负角使得特征的侧面向外拔模（背离选中曲线的中心），零拔模角则不会应用拔模。

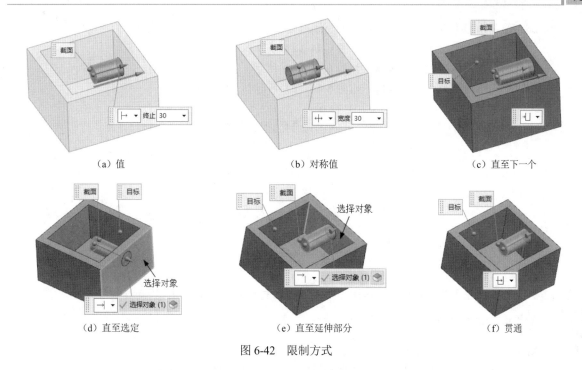

图 6-42 限制方式

①从起始限制：允许用户从起始点至结束点创建拔模，如图 6-43（a）所示。

②从截面：允许用户从起始点至结束点创建的锥角与截面对齐，如图 6-43（b）所示。

③从截面-不对称：允许用户沿截面至起始点和结束点创建不对称锥角，如图 6-43（c）所示。

④从截面-对称角：允许用户沿截面至起始点和结束点创建对称锥角，如图 6-43（d）所示。

⑤从截面匹配的终止处：允许用户沿轮廓线至起始点和结束点创建的锥角，在两端面处的锥面保持一致，如图 6-43（e）所示。

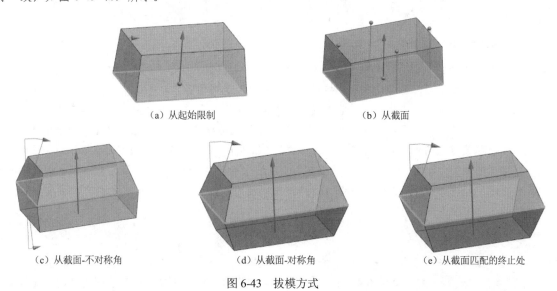

图 6-43 拔模方式

（8）偏置：用于生成特征，该特征曲线或边的基本设置偏置一个常数值。

①单侧：以单侧形式偏置实体，如图6-44（a）所示。

②两侧：以双侧形式偏置实体，如图6-44（b）所示。

③对称：以对称形式偏置实体，如图6-44（c）所示。

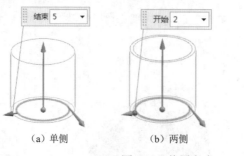

（a）单侧　　　　　　　（b）两侧　　　　　　　（c）对称

图6-44　偏置方式

（9）预览：用于预览绘图工作区中临时实体的生成状态，以便于用户及时修改和调整。

扫一扫，看视频

★**重点**　动手学——创建固定开口扳手

源文件：源文件\6\扳手.prt

采用"基本曲线""多边形"等命令绘制扳手平面曲线，然后进行拉伸操作，创建如图6-45所示的固定开口扳手。

操作步骤　视频文件：动画演示\第6章\扳手.mp4

1．创建新文件

图6-45　固定开口扳手

选择"文件"→"新建"命令或单击"主页"选项卡"标准"组中的"新建"按钮，打开"新建"对话框。在"模板"栏中选择"模型"，在"名称"文本框中输入"扳手"，单击"确定"按钮，进入建模环境。

2．创建六边形草图

（1）单击"主页"选项卡"构造"组中的"草图"按钮，打开"创建草图"对话框，选择XY平面作为草图绘制平面，单击"确定"按钮，进入草图绘制界面。

（2）选择"菜单"→"插入"→"曲线"→"多边形"命令或单击"主页"选项卡"曲线"组中的"多边形"按钮，打开如图4-46所示的"多边形"对话框。在"指定点"下拉列表框中选择"现有点"，指定原点为中心点；在"边数"文本框中输入6；在"大小"下拉列表框中选择"外接圆半径"；在"半径"文本框中输入5；在"旋转"文本框中输入0。单击"关闭"按钮，完成六边形的绘制，按上述步骤再创建一个定位于(80,0,0)、外接圆半径为6的正六边形。生成的两个六边形如图6-47所示。单击"完成"按钮，完成草图的绘制。

3．创建投影曲线

选择"菜单"→"插入"→"派生曲线"→"投影"命令或单击"曲线"选项卡"派生"组中的"投影曲线"按钮，打开如图6-48所示的"投影曲线"对话框。选择上一步绘制的草图为要投影的曲线，在"指定平面"下拉列表中选择"XC-YC 平面"，在"方向"下拉列表中选择"沿面的法向"，单击"确定"按钮，生成投影曲线。

4. 隐藏草图

选择"菜单"→"编辑"→"隐藏和显示"→"隐藏"命令，打开如图 6-49 所示的"类选择"对话框，单击"类型过滤器"按钮，打开如图 6-50 所示的"按类型选择"对话框，按住 Ctrl 选择坐标系、点和草图选项，单击"确定"按钮，返回到"类选择"对话框，单击"全选"按钮，然后单击"确定"按钮，结果如图 6-51 所示。

图 6-46　"多边形"对话框

图 6-47　绘制六边形

图 6-48　"投影曲线"对话框

图 6-49　"类选择"对话框

图 6-50　"按类型选择"对话框

图 6-51　生成的投影曲线

选择"菜单"→"插入"→"曲线"→"圆弧/圆"命令或单击"曲线"选项卡"曲线"组中的"圆弧/圆"按钮 ，打开如图6-52所示"圆弧/圆"对话框。选择"三点画圆弧"类型，勾选"整圆"复选框，单击多边形上的A点作为圆的起点、B点作为圆的端点并输入中点坐标(10,0,0)，生成一个经过上述3点的圆。按照相同的步骤，再生成一个经过C点、D点和坐标点(70,0,0)的圆。

5. 建立外圆轮廓

6. 创建两条平行直线

（1）选择"菜单"→"插入"→"曲线"→"直线"命令或单击"曲线"选项卡"曲线"组中的"直线"按钮 ，打开"直线"对话框。单击"开始"选项中的"点对话框"按钮 ，打开"点"对话框，输入坐标值(5, 3, 0)，单击"确定"按钮，返回到"直线"对话框，单击"结束"选项中的"点对话框"按钮 ，打开"点"对话框，输入坐标值(75,3,0)，单击"确定"按钮，返回到"直线"对话框，单击"应用"按钮，生成线段一，如图6-53所示。

（2）按上述步骤输入点(5,-3,0)和(75,-3,0)，生成线段二。单击"确定"按钮，完成线段的创建，如图6-53所示。

图6-52　"圆弧/圆"对话框

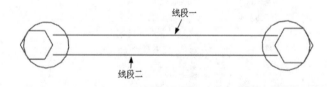

图6-53　创建线段

7. 修剪线段

选择"菜单"→"编辑"→"曲线"→"修剪"命令或单击"曲线"选项卡"编辑"组中的"修剪曲线"按钮 ，打开"修剪曲线"对话框。按图6-54所示设置各选项，用鼠标选择左边圆和右边圆为边界对象，选择线段一和线段二为要修剪的曲线，选择两圆之间的线段为要保留的区域，单击"确定"按钮，完成修剪操作，结果如图6-55所示。

图 6-54　"修剪曲线"对话框

图 6-55　修剪曲线

8. 修剪圆弧

选择"菜单"→"编辑"→"曲线"→"修剪"命令或单击"曲线"选项卡"编辑"组中的"修剪曲线"按钮╬，打开"修剪曲线"对话框。按图 6-54 所示设置各选项，选择投影曲线中的直线 1、直线 2、直线 3 和直线 4 为边界对象，选择两个圆为要修剪的对象，选择如图 6-56 所示的区域为保留区域，单击"确定"按钮，完成修剪操作，最终结果如图 6-57 所示。

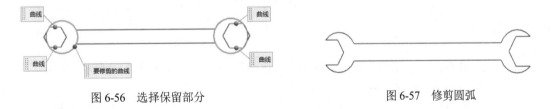

图 6-56　选择保留部分

图 6-57　修剪圆弧

9. 拉伸

选择"菜单"→"插入"→"设计特征"→"拉伸"命令或单击"主页"选项卡"基本"组中的"拉伸"按钮⬢，打开如图 6-58 所示的"拉伸"对话框。选择视图中所有的曲线为拉伸曲线，在"指定矢量"下拉列表框中选择"ZC 轴"为拉伸方向，分别设置起始距离和终止距离为 0 和 5，单击"确定"按钮，创建如图 6-45 所示的固定开口扳手。

图 6-58　"拉伸"对话框

扫一扫，看视频

练一练——创建半圆键

创建如图 6-59 所示的半圆键。

图 6-59　半圆键

✍ **思路点拨：**

> 源文件：源文件\6\半圆键.prt
>
> 利用"拉伸"命令创建半圆键。

6.2.2　旋转

该命令通过绕给定的轴以非零角度旋转截面曲线来生成一个特征，如图 6-60 所示。可以从基本横截面开始生成圆或部分圆的特征。

选择"菜单"→"插入"→"设计特征"→"旋转"命令或单击"主页"选项卡"基本"组中的"旋转"按钮 ，打开如图 6-61 所示的"旋转"对话框。

"旋转"对话框中的部分选项说明如下。

（1）反向 ：与拉伸中的"反向"按钮功能类似，其默认方向是生成实体的法线方向。

（2）绘制截面 ：用户可以通过该按钮先绘制旋转的轮廓，然后进行旋转。

（3）曲线 ：用于选择旋转的曲线；如果选择的是面，则自动进入草绘模式。

（4）指定矢量：用于指定旋转轴的矢量方向。单击右侧的下拉按钮，可在弹出的下拉列表框选择矢量构成选项。

（5）指定点：通过指定旋转轴上的一点，来确定旋转轴的具体位置。

（6）限制：用于指定旋转的角度。

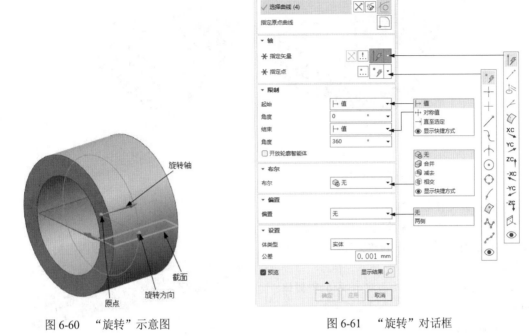

图 6-60　"旋转"示意图　　　　　　　图 6-61　"旋转"对话框

①值：指定旋转的起始/结束角度，总数量不能超过 360°。结束角度大于起始角度时旋转方向为正方向，否则为反方向，如图 6-62（a）所示。

②直至选定：可以把截面集合体旋转到目标体上的选定面或基准平面，如图 6-62（b）所示。

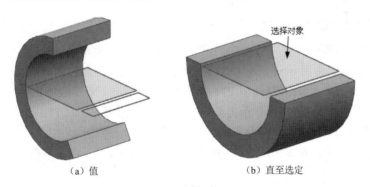

（a）值　　　　　　　　　　　（b）直至选定

图 6-62　限制方式

（7）布尔：用于指定生成的几何体与其他对象的布尔运算，包括无、合并、减去、相交 4 种方式。配合起始点位置的选取可以实现多种旋转效果。

（8）偏置：用于指定偏置方式，有无和两侧两种。

①无：直接以截面曲线生成旋转特征，如图 6-63（a）所示。

②两侧：在截面曲线两侧生成旋转特征，以结束值和起始值之差为实体的厚度，如图 6-63（b）所示。

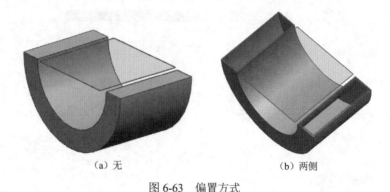

（a）无　　　　　　　　　　（b）两侧

图 6-63　偏置方式

★重点　动手学——创建圆锥销

源文件：源文件\6\圆锥销.prt

采用"基本曲线"命令绘制圆锥销截面轮廓曲线，然后进行旋转操作，创建如图 6-64 所示的圆锥销。

操作步骤　视频文件:动画演示\第 6 章\圆锥销.mp4

1. 新建文件

选择"文件"→"新建"命令或单击"主页"

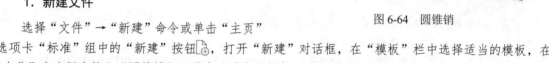

图 6-64　圆锥销

选项卡"标准"组中的"新建"按钮，打开"新建"对话框，在"模板"栏中选择适当的模板，在"名称"文本框中输入"圆锥销"，单击"确定"按钮，进入建模环境。

2. 绘制圆锥销截面轮廓直线

（1）选择"菜单"→"插入"→"曲线"→"直线"命令或单击"曲线"选项卡"曲线"组中的"直线"按钮，打开如图 6-65 所示"直线"对话框。单击"开始"选项中的"点对话框"按钮，打开"点"对话框，输入坐标值(0,10,0)，单击"确定"按钮，返回到"直线"对话框，单击"结束"选项中的"点对话框"按钮，打开"点"对话框，输入坐标值(50,11,0)，单击"确定"按钮，返回到"直线"对话框，单击"应用"按钮，生成一条直线。

（2）按照上述步骤，建立端点坐标为(0,0,0)和(50,-1,0)的直线。单击"确定"按钮，完成直线的绘制，如图 6-66 所示。

3. 绘制圆锥销两端截面弧线

（1）选择"菜单"→"插入"→"曲线"→"圆弧/圆"命令，打开如图 6-67 所示的"圆弧/圆"对话框。分别选中上下两条直线的左端点，设置"半径"为 10，并确定圆弧向外凸，单击鼠标中键，然后单击"应用"按钮，生成两端点分别为两直线左端点的圆弧。

（2）按照上述方法，绘制圆锥销另一端半径为 12 的圆弧截面线，如图 6-68 所示。

图 6-65　"直线"对话框

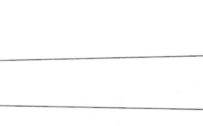

图 6-66　绘制直线

图 6-67　"圆弧/圆"对话框

图 6-68　绘制圆弧

4．绘制旋转截面线

选择"菜单"→"插入"→"曲线"→"直线"命令，打开如图 6-69 所示的"直线"对话框。通过鼠标分别选择两段圆弧的中点，单击"确定"按钮，生成旋转轴直线，如图 6-70 所示。

图 6-69　"直线"对话框

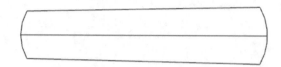

图 6-70　绘制直线

5．修剪曲线

选择"菜单"→"编辑"→"曲线"→"修剪"命令或单击"曲线"选项卡"编辑"组中的"修剪曲线"按钮├，打开"修剪曲线"对话框，如图 6-71 所示。在"输入曲线"下拉列表框中选择"隐藏"，在"曲线延伸"下拉列表框中选择"无"。分别选择旋转轴直线为第一边界线，上端直线为第二边界线，选择两段圆弧线的下半部分为裁剪曲线，绘制如图 6-72 所示的截面轮廓曲线。

图 6-71　"修剪曲线"对话框

图 6-72　绘制截面轮廓曲线

6. 创建旋转体

选择"菜单"→"插入"→"设计特征"→"旋转"命令或单击"主页"选项卡"基本"组中的"旋转"按钮，打开如图 6-73 所示的"旋转"对话框。选择上端的圆弧和直线为旋转截面，在"指定矢量"下拉列表框中选择"XC 轴"，捕捉水平直线的端点为回转点，单击"确定"按钮，生成如图 6-64 所示的模型。

图 6-73　"旋转"对话框

练一练——创建碗

创建如图 6-74 所示的碗。

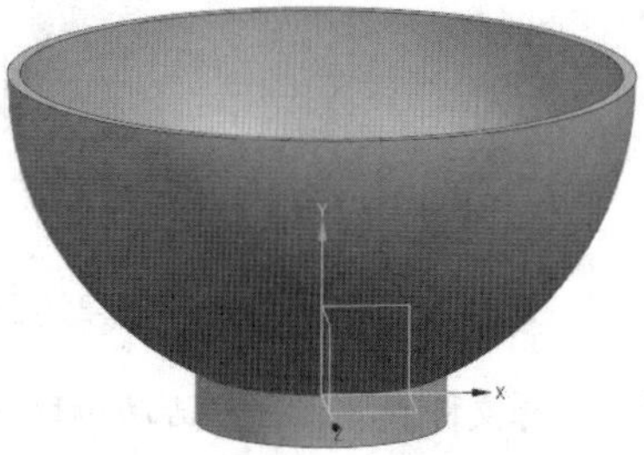

✍ **思路点拨:**

> 源文件: 源文件\6\碗.prt
> （1）利用"直线""偏置""修剪"命令绘制草图。
> （2）利用"旋转"命令旋转草图。
> （3）利用"边倒圆"命令对模型倒圆角，完成碗的创建。

图 6-74　碗

6.2.3　沿引导线扫掠

该命令通过沿着由一个或一系列曲线、边或面构成的引导线（路径）拉伸开放的或封闭的边界草图、曲线、边或面来生成单个体，如图 6-75 所示。

选择"菜单"→"插入"→"扫掠"→"沿引导线扫掠"命令或单击"曲面"选项卡"基本"组"更多"库下"扫掠"库中的"沿引导线扫掠"按钮🔨，打开如图 6-76 所示的"沿引导线扫掠"对话框。

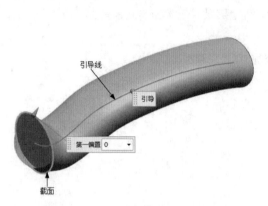

图 6-75　"沿引导线扫掠"示意图

图 6-76　"沿引导线扫掠"对话框

🔊 提示：

（1）如果截面对象有多个环，则引导线必须由线/圆弧构成，如图 6-77 所示。

（2）如果沿着具有封闭的、尖锐拐角的引导线扫掠，建议把截面线串放置到远离尖锐拐角的位置。

（3）如果引导路径上两条相邻的线以锐角相交，或者如果引导路径中的圆弧半径对于截面曲线来说太小，则不会发生扫掠面操作。换言之，路径必须是光顺的、切向连续的。

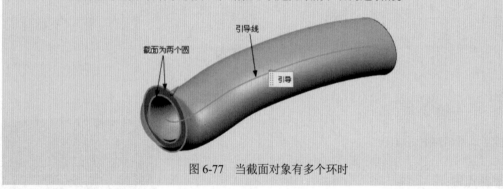

图 6-77　当截面对象有多个环时

扫一扫，看视频

★重点　动手学——创建活动钳口

源文件： 源文件\6\活动钳口.prt

本例采用草图拉伸的方式创建钳口主体，然后绘制截面线和引导线，创建引导线实体，生成如图 6-78 所示的活动钳口。

操作步骤　视频文件：动画演示\第 6 章\活动钳口.mp4

（1）新建文件。选择"文件"→"新建"命令或单击"主页"选项卡"标准"组中的"新建"按钮🗋，打开"新建"对话框，在"模板"栏中选择"模型"，在"名称"文本框中输入"活动钳口"，

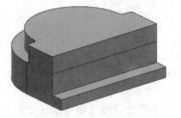

图 6-78　活动钳口

单击"确定"按钮，进入建模环境。

（2）绘制草图。选择"菜单"→"插入"→"草图"命令或单击"主页"选项卡"构造"组中的"草图"按钮，选择 XY 平面作为草图绘制平面，单击"确定"按钮，进入草图绘制界面。绘制如图 6-79 所示的草图，然后单击"主页"选项卡"草图"组中的"完成"按钮，草图绘制完毕。

（3）创建拉伸体。选择"菜单"→"插入"→"设计特征"→"拉伸"命令或单击"主页"选项卡"基本"组中的"拉伸"按钮，打开如图 6-80 所示的"拉伸"对话框。选择上步绘制的草图为拉伸截面，在"指定矢量"下拉列表框中选择"ZC 轴"为拉伸方向，在起始和终止距离文本框中分别输入 0 和 18，其他选项保持默认。单击"确定"按钮，创建拉伸特征 1，如图 6-81 所示。

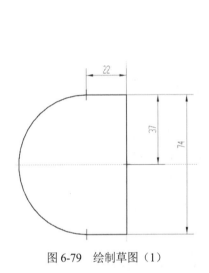

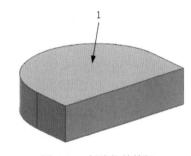

图 6-79　绘制草图（1）　　　图 6-80　"拉伸"对话框　　　图 6-81　创建拉伸特征 1

（4）绘制草图。选择"菜单"→"插入"→"草图"命令或单击"主页"选项卡"构造"组中的"草图"按钮，进入草图绘制界面。选择如图 6-81 所示的面 1 为工作平面，绘制如图 6-82 所示的草图。单击"主页"选项卡"草图"组中的"完成"按钮，草图绘制完毕。

（5）创建拉伸体。选择"菜单"→"插入"→"设计特征"→"拉伸"命令或单击"主页"选项卡"基本"组中的"拉伸"按钮，打开如图 6-80 所示的"拉伸"对话框。选择如图 6-82 所示的草图，在"指定矢量"下拉列表框中选择"ZC 轴"为拉伸方向，在"布尔"下拉列表框中选择"合并"选项，分别设置起始和终止距离为 0 和 10，其他选项保持默认。单击"确定"按钮，创建拉伸特征 2，如图 6-83 所示。

（6）绘制草图。选择"菜单"→"插入"→"草图"命令或单击"主页"选项卡"构造"组中的"草图"按钮，进入草图绘制界面。选择如图 6-83 所示的面 2 为工作平面，绘制如图 6-84 所示的草图。单击"主页"选项卡"草图"组中的"完成"按钮，草图绘制完毕。

（7）沿引导线扫掠实体。选择"菜单"→"插入"→"扫掠"→"沿引导线扫掠"命令或单击"曲面"选项卡"基本"组"更多"库下"扫掠"库中的"沿引导线扫掠"按钮，打开如图 6-85 所示的"沿引导线扫掠"对话框。选择如图 6-84 所示的草图为扫掠截面，选择拉伸体 1 的沿 Y 轴边为引导线，如图 6-86 所示。在"布尔"下拉列表中选择"合并"选项，其他选项保持默认，单击"确定"

按钮，沿引导线扫掠特征，结果如图 6-78 所示。

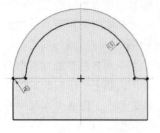

图 6-82　绘制草图（2）

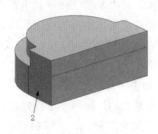

图 6-83　创建拉伸特征 2

图 6-84　绘制草图（3）

图 6-85　"沿引导线扫掠"对话框

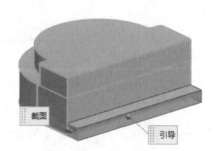

图 6-86　选择引导线

6.2.4　管

该命令用于沿着由一条或一系列曲线构成的引导线（路径）扫掠出简单的管道对象，如图 6-87 所示。

选择"菜单"→"插入"→"扫掠"→"管"命令或单击"曲面"选项卡"基本"组"更多"库下"扫掠"库中的"管"按钮，打开如图 6-88 所示的"管"对话框。

其中部分选项功能介绍如下。

（1）外径/内径：用于输入管的内外径数值，其中外径不能为 0。

（2）输出：包括两个选项。

①多段：沿着引导线扫成一系列侧面，这些侧面可以是柱面或环面，如图 6-89（a）所示。

②单段：只有一个或两个侧面，此侧面为 B 曲面。如果内直径是 0，那么管只有一个侧面，如图 6-89（b）所示。

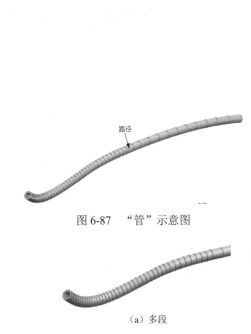

图 6-87 "管"示意图

图 6-88 "管"对话框

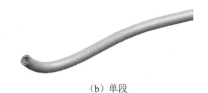

（a）多段

（b）单段

图 6-89 "输出"示意图

★重点 动手学——创建手镯

源文件：源文件\6\手镯.prt

采用"基本曲线"命令绘制一段光滑的引导线，然后通过软管操作沿引导线生成模型，如图 6-90 所示。

操作步骤 视频文件：动画演示\第 6 章\手镯.mp4

（1）新建文件。选择"文件"→"新建"命令或单击"主页"选项卡"标准"组中的"新建"按钮，打开"新建"对话框。在"模板"栏中选择"模型"，在"名称"文本框中输入"手镯"，单击"确定"按钮，进入建模环境。

图 6-90 手镯

（2）绘制圆。选择"菜单"→"插入"→"曲线"→"圆弧/圆"命令或单击"曲线"选项卡"曲线"组中的"圆弧/圆"按钮，打开如图 6-91 所示"圆弧/圆"对话框。选择"从中心开始的圆弧/圆"类型，勾选"整圆"复选框，单击"中心点"选项中的"点对话框"按钮，打开"点"对话框，输入坐标值(0,0,0)，单击"确定"按钮，返回到"圆弧/圆"对话框，单击"通过点"选项中的"点对话框"按钮，打开"点"对话框，输入坐标值(50,0,0)，单击"确定"按钮，返回到"圆弧/圆"对话框，单击"确定"按钮，生成一个圆，如图 6-92 所示。

（3）创建手镯。选择"菜单"→"插入"→"扫掠"→"管"命令或单击"曲面"选项卡"基本"组"更多"库下"扫掠"库中的"管"按钮，打开如图 6-93 所示的"管"对话框。选择上步创建的圆为路径，在"外径"和"内径"文本框中分别输入 8 和 6，在"输出"下拉列表框中选择"单段"，单击"确定"按钮，创建如图 6-90 所示的手镯。

图 6-91　"圆弧/圆"对话框

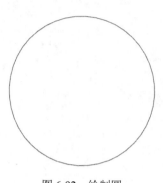

图 6-92　绘制圆

图 6-93　"管"对话框

6.3　GC 工具箱

通过本节的学习，可以更快速地创建齿轮和弹簧等标准零件。

6.3.1　齿轮建模

选择"菜单"→"GC 工具箱"→"齿轮"命令，打开如图 6-94 所示的子菜单。从中选择一种齿轮形式（在此以圆柱齿轮为例，选择"圆柱齿轮"命令），打开"圆柱齿轮"对话框，如图 6-95 所示。

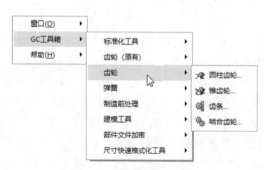

图 6-94　"齿轮建模"子菜单

图 6-95　"圆柱齿轮"对话框

"圆柱齿轮"对话框中的部分选项说明如下。

（1）齿轮类型。

①外正齿轮：指齿顶圆直径大于齿根圆直径的正齿轮。

②外斜齿轮：指齿顶圆直径大于齿根圆直径的斜齿轮。

③内正齿轮：指齿顶圆直径小于齿根圆直径的正齿轮。

④内斜齿轮：指齿顶圆直径小于齿根圆直径的斜齿轮。

（2）加工方法。

①滚齿：用齿轮滚刀按展成法加工齿轮的齿面。

②插齿：用插齿刀按展成法或成形法加工内、外齿轮或齿条等齿面。

扫一扫，看视频

★重点　动手学——创建圆柱齿轮

源文件：源文件\6\圆柱齿轮.prt

本例首先利用 GC 工具箱中的"圆柱齿轮"命令创建圆柱齿轮的主体，然后绘制轴孔草图，利用"拉伸"命令来创建轴孔，如图 6-96 所示。

操作步骤 视频文件：动画演示\第 6 章\圆柱齿轮.mp4

1．创建齿轮基体

图 6-96　圆柱齿轮

（1）选择"菜单"→"GC 工具箱"→"齿轮"→"圆柱齿轮"命令或单击"GC 工具箱"选项卡"齿轮"组中的"圆柱齿轮"按钮，打开如图 6-97 所示的"圆柱齿轮"对话框。

（2）选择"外正齿轮"类型，在"齿顶修正类型"下拉列表中选择"不含齿顶高的标准"，在"加工方法"下拉列表中选择"滚齿"，"模数"、"齿数"、"压力角"和"齿宽"设置为 3、21、20 和 24，在"指定适量"下拉列表中选择"ZC 轴"，单击"指定点"右侧的"点对话框"按钮，打开如图 6-98 所示的"点"对话框，输入坐标(0,0,0)，单击"确定"按钮，返回到"圆柱齿轮"对话框，单击"确定"按钮，生成如图 6-99 所示的圆柱齿轮。

图 6-97　"圆柱齿轮"对话框

图 6-98　"点"对话框

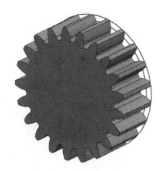

图 6-99　创建圆柱齿轮

2. 绘制草图

选择"菜单"→"插入"→"草图"命令或单击"主页"选项卡"构造"组中的"草图"按钮 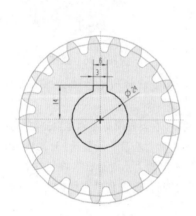，选择圆柱齿轮的外表面为工作平面，单击"确定"按钮，进入草图绘制界面。绘制如图 6-100 所示的草图，然后单击"主页"选项卡"草图"组中的"完成"按钮，草图绘制完毕。

3. 创建轴孔

选择"菜单"→"插入"→"设计特征"→"拉伸"命令或单击"主页"选项卡"基本"组中的"拉伸"按钮，打开如图 6-101 所示的"拉伸"对话框。选择上步绘制的草图为拉伸曲线，在"指定矢量"下拉列表框中选择"-ZC 轴"为拉伸方向，在"终止"下拉列表框中选择"贯通"，单击"确定"按钮，生成如图 6-102 所示的圆柱齿轮。

图 6-100　绘制草图

图 6-101　"拉伸"对话框

图 6-102　创建轴孔

扫一扫，看视频

练一练——创建斜齿轮

利用"齿轮建模"命令创建如图 6-103 所示的斜齿轮。

✍ **思路点拨：**

> 源文件：源文件\6\斜齿轮.prt
> （1）利用"圆柱齿轮"命令创建斜齿轮主体。
> （2）利用"拉伸"命令创建凸台。
> （3）利用"拉伸"命令创建拉伸实体。
> （4）利用"圆柱"命令创建轴孔，利用"块"命令创建键槽。
> （5）利用"圆柱"和"阵列特征"命令创建减重孔。

图 6-103　斜齿轮

6.3.2　弹簧设计

选择"菜单"→"GC 工具箱"→"弹簧"命令，打开如图 6-104 所示的子菜单。从中选择一种弹簧形式（在此以圆柱压缩弹簧为例）。选择"圆柱压缩弹簧"命令，也可单击"GC 工具箱"选项卡"弹簧"组中的"圆柱压缩弹簧"按钮 ，打开"圆柱压缩弹簧"对话框，如图 6-105 所示。

图 6-104　"弹簧"子菜单　　　　　　　　图 6-105　"圆柱压缩弹簧"对话框

（1）类型：选择类型和创建方式。

（2）输入参数：输入弹簧的各个参数，如图 6-106 所示。

（3）显示结果：显示设计好的弹簧的各个参数。

图 6-106　输入弹簧参数

★重点　动手学——创建圆柱拉伸弹簧

源文件：源文件\6\圆柱拉伸弹簧.prt

利用 GC 工具箱中的"圆柱拉伸弹簧"命令，在相应的对话框中输入弹簧参数，直接创建弹簧，如图 6-107 所示。

扫一扫，看视频

操作步骤 视频文件：动画演示\第 6 章\圆柱拉伸弹簧.mp4

（1）选择"菜单"→"GC 工具箱"→"弹簧"→"圆柱拉伸弹簧"命令或单击"GC 工具箱"选项卡"弹簧"组中的"圆柱拉伸弹簧"按钮✎，打开如图 6-108 所示的"圆柱拉伸弹簧"对话框。

图 6-107　圆柱拉伸弹簧

图 6-108　"圆柱拉伸弹簧"对话框

（2）设置"选择类型"为"输入参数"，"创建方式"为"在工作部件中"，单击"下一步"按钮。

（3）打开"输入参数"选项卡，如图 6-109 所示。在"旋向"栏中选中"右旋"单选按钮，在"端部结构"下拉列表框中选择"圆钩环"，设置"中间直径"为 25，"材料直径"为 4，"有效圈数"为 12.5，单击"下一步"按钮。

图 6-109　"输入参数"选项卡

（4）打开"显示结果"选项卡，显示出弹簧的各个参数，如图 6-110 所示。单击"完成"按钮，完成圆柱拉伸弹簧的创建，如图 6-111 所示。

图 6-110　"显示结果"选项卡

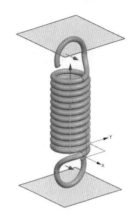

图 6-111　圆柱拉伸弹簧

6.4　综合实例——创建方向盘

源文件：源文件\6\方向盘.prt

方向盘模型采用"基本曲线"命令绘制模型大致轮廓，然后通过软管等操作生成模型，如图 6-112 所示。

操作步骤　视频文件：动画演示\第 6 章\方向盘.mp4

（1）选择"文件"→"新建"命令或单击"主页"选项卡"标准"组中的"新建"按钮 ，打开"新建"对话框。在"模板"栏中选择"模型"，在"名称"文本框中输入"方向盘"，单击"确定"按钮，进入建模环境。

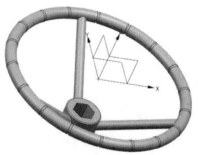

扫一扫，看视频

图 6-112　方向盘

（2）选择"菜单"→"插入"→"曲线"→"圆弧/圆"命令或单击"曲线"选项卡"曲线"组中的"圆弧/圆"按钮 ，打开如图 6-113 所示"圆弧/圆"对话框。选择"从中心开始的圆弧/圆"类型，勾选"整圆"复选框，中心点坐标设置为（0,0,0），通过点坐标设置为（200,200,0），单击"应用"按钮，完成圆 1 的绘制。同上步骤绘制中心点坐标设置为（0,0,-120），通过点坐标设置为（20,20,-120）的圆 2，如图 6-114 所示。

（3）选择"菜单"→"插入"→"曲线"→"直线"命令或单击"曲线"选项卡"曲线"组中的"直线"按钮 ，打开如图 6-115 所示的"直线"对话框。

连接圆 1 和圆 2 上的第一象限点，单击"确定"按钮，完成直线的创建。生成的曲线模型如图 6-116 所示。

（4）选择"菜单"→"插入"→"设计特征"→"圆柱"命令或单击"主页"选项卡"基本"组"更多"库下"设计特征"库中的"圆柱"按钮 ，打开如图 6-117 所示的"圆柱"对话框。在"类型"下拉列表框中选择"轴、直径和高度"，选择"ZC 轴"为圆柱的指定矢量，单击"点对话框"按钮 ，打开"点"对话框。输入(0,0,-130)，单击"确定"按钮，返回"圆柱"对话框。在"直径"和"高度"文本框中分别输入 80 和 40，连续单击"确定"按钮，完成圆柱的创建，如图 6-118 所示。

图 6-113　"圆弧/圆"对话框

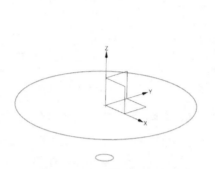

图 6-114　绘制圆 1 和圆 2

图 6-115　"直线"对话框

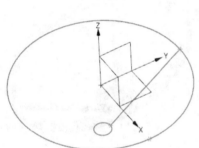

图 6-116　曲线模型

图 6-117　"圆柱"对话框

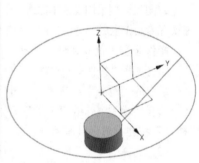

图 6-118　创建圆柱

（5）选择"菜单"→"插入"→"扫掠"→"管"命令或单击"曲面"选项卡"基本"组"更多"库下"扫掠"库中的"管"按钮，打开如图 6-119 所示的"管"对话框。在"外径"和"内径"文本框中分别输入 25 和 0，在"输出"下拉列表框中选择"单段"，选择圆 1 为软管引导线，单击"确定"按钮，完成管 1 的创建。同上步骤，在"外径"和"内径"文本框中分别输入 20 和 0，选择直线为管路径，创建管。生成模型如图 6-120 所示。

（6）选择"菜单"→"编辑"→"移动对象"命令或单击"工具"选项卡"实用工具"组中的"移动对象"按钮，打开"移动对象"对话框，如图 6-121 所示。选择直线管，在"运动"下拉列表框中选择"角度"；在"指定矢量"下拉列表框中选择"ZC 轴"；在"指定轴点"下拉列表框中选择"点对话框"，在打开的"点"对话框中输入坐标(0,0,0)，如图 6-122 所示；"角度"设置为 120；在"结果"栏中选中"复制原先的"单选按钮，在"非关联副本数"文本框中输入 2，单击"确定"按钮，生成的模型如图 6-123 所示。

图 6-119　"管"对话框

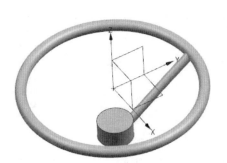

图 6-120　创建管

图 6-121　"移动对象"对话框

图 6-122　"点"对话框

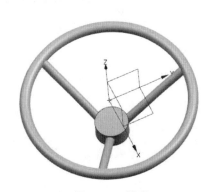

图 6-123　模型

（7）选择"菜单"→"插入"→"组合"→"合并"命令或单击"主页"选项卡"基本"组中的"合并"按钮，打开如图 6-124 所示的"合并"对话框，对图 6-123 中的 5 个实体模型进行布尔合并操作。

（8）绘制六边形。

①单击"主页"选项卡"构造"组中的"草图"按钮，打开"创建草图"对话框，选择圆柱的上表面为草图绘制平面，单击"确定"按钮，进入草图绘制界面。

②选择"菜单"→"插入"→"曲线"→"多边形"命令或单击"主页"选项卡"曲线"组中的"多边形"按钮，打开如图 4-125 所示的"多边形"对话框。在"指定点"下拉列表框中选择"现有点"，指定原点为中心点；在"边数"文本框中输入 6；在"大小"下拉列表框中选择"外接圆半径"；在"半径"文本框中输入 25；在"旋转"文本框中输入 0。单击"关闭"按钮，完成六边形的绘制，如图 6-126 所示。

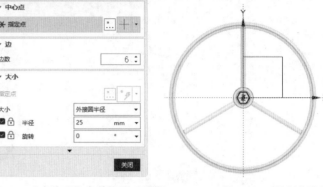

图 6-124　"合并"对话框　　　图 6-125　"多边形"参数设置对话框　　　图 6-126　绘制六边形

（9）选择"菜单"→"插入"→"设计特征"→"拉伸"命令或单击"主页"选项卡"基本"组中的"拉伸"按钮，打开如图 6-127 所示的"拉伸"对话框。在"指定矢量"下拉列表框中选择"ZC轴"，在"限制"栏的起始距离文本框中输入 0，在终止距离文本框中输入-40。选择屏幕中的六边形曲线，单击"确定"按钮，完成拉伸操作，结果如图 6-128 所示。

图 6-127　"拉伸"对话框　　　　　　　　　图 6-128　拉伸模型

扫一扫，看视频

（10）选择"菜单"→"插入"→"细节特征"→"边倒圆"命令或单击"主页"选项卡"基本"组中的"边倒圆"按钮，打开如图 6-129 所示的"边倒圆"对话框，对圆柱体上下两端圆弧进行倒圆，倒圆半径为 2，结果如图 6-130 所示。

（11）调整坐标系。

①选择"菜单"→"格式"→WCS→"显示"命令。

图 6-129　"边倒圆"对话框

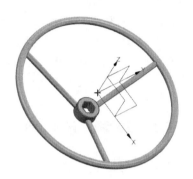

图 6-130　边倒圆模型

②选择"菜单"→"格式"→WCS→"旋转"命令，绕+ZC 轴旋转 10°。单击"曲线"选项卡"基本"组中的"直线"按钮／，打开"直线"对话框，捕捉坐标原点为直线的起点，"终点选项"下拉列表框中选择 YC，距离设置为 300。

③选择"菜单"→"格式"→WCS→"动态"命令，按住鼠标右键向左拖动，在弹出的快捷菜单中选择"线框"命令，将坐标系移动到上一步所绘直线与圆 1 的交点上（在上边框条捕捉点处选择"相交"，如图 6-131 所示）。移动完成后，按住鼠标右键向上拖动，在弹出的快捷菜单中选择"带边着色"命令。选择"菜单"→"格式"→WCS→"旋转"命令，绕+YC 轴旋转 90°，结果如图 6-132 所示。

（12）选择"菜单"→"插入"→"曲线"→"圆弧/圆"命令或单击"曲线"选项卡"曲线"组中的"圆弧/圆"按钮／，打开"圆弧/圆"对话框。选择"从中心开始的圆弧/圆"类型，勾选"整圆"复选框，中心点坐标设置为（0,0,0），通过点坐标设置为（14,0,0），单击"确定"按钮，完成圆 3 的绘制，如图 6-133 所示。

选择"交点"

图 6-131　选择相交

图 6-132　变换 WCS 位置

图 6-133　绘制圆 3

（13）选择"菜单"→"格式"→WCS→"WCS 设为 ACS"命令，将坐标系调整回原坐标系原点和方向矢量。选择"菜单"→"格式"→WCS→"显示"命令，取消显示坐标系。

（14）选择"菜单"→"编辑"→"移动对象"命令或单击"工具"选项卡"实用工具"组中的"移动对象"按钮 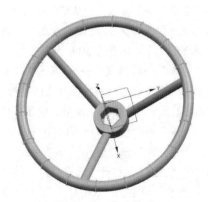，打开如图 6-134 所示的"移动对象"对话框。选择圆 3；在"运动"下拉列表框中选择"角度"；在"指定矢量"下拉列表框中选择"ZC 轴"；在"指定轴点"下拉列表框中选择"点对话框" ，在打开的"点"对话框中输入坐标(0,0,0)；在"角度"文本框中输入 20；在"结果"栏中选中"复制原先的"单选按钮，在"非关联副本数"文本框中输入 18，单击"确定"按钮，生成模型如图 6-135 所示。

图 6-134　"移动对象"对话框

图 6-135　生成模型

（15）选择"菜单"→"插入"→"扫掠"→"管"命令或单击"曲面"选项卡"基本"组"更多"库下"扫掠"库中的"管"按钮 ，打开"管"对话框。在"外径"和"内径"文本框中分别输入 6 和 0，在"输出"下拉列表框中选择"单段"，在"布尔"下拉列表框中选择"减去"，选择圆 3，单击"应用"按钮。其余圆 3 副本也按照上述方法进行操作，完成管 3 的创建，结果如图 6-112 所示。

第 7 章　设计特征建模

内容简介

在建模过程中，凡是不能独立存在的、只能依附于已存特征上的特征，都可称之为辅助特征。在创建这类特征时，都会遇到在已存特征上定位新特征的问题，因此也常将其称为放置特征。其中主要包括凸起、孔、槽等，本章将详细介绍其创建方法。

内容要点

- ❥ 创建设计特征
- ❥ 综合实例——创建阀体

7.1　创建设计特征

本节主要介绍凸起、孔、槽、和螺纹设计特征的创建。

7.1.1　凸起

选择"菜单"→"插入"→"设计特征"→"凸起"命令或单击"主页"选项卡"基本"组"更多"库下"细节特征"库中的"凸起"按钮🔖，打开如图 7-1 所示的"凸起"对话框，通过沿矢量投影截面形成的面来修改体。凸起特征对于刚性对象和定位对象很有用。

"凸起"对话框各选项功能说明如下。

（1）选择面：用于选择一个或多个面以在其上创建凸起。

（2）端盖：端盖定义凸起特征的限制地板或天花板，使用于以下方法之一为端盖选择源几何体。

1）截面平面：在选定的截面处创建端盖，示意图如图 7-2 所示。

2）凸起的面：从选定用于凸起的面创建端盖，示意图如图 7-3 所示。

3）基准平面：从选择的基准平面创建端盖，示意图如图 7-4 所示。

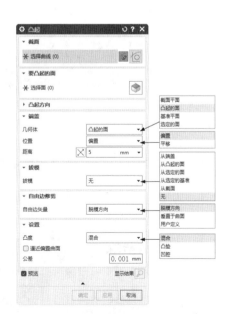

图 7-1　"凸起"对话框

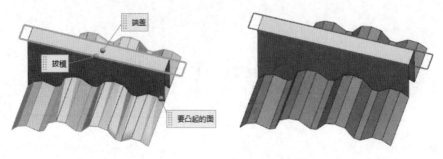

图 7-2　"截面平面"选项

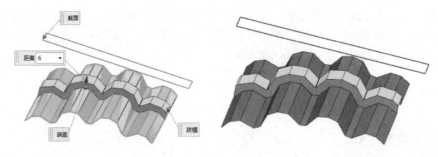

图 7-3　"凸起的面"选项

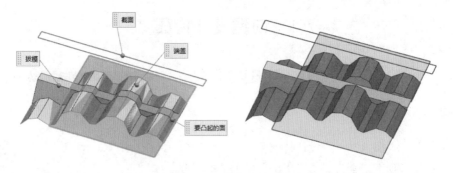

图 7-4　"基准平面"选项

4）选定的面：从选择的面创建端盖，示意图如图 7-5 所示。

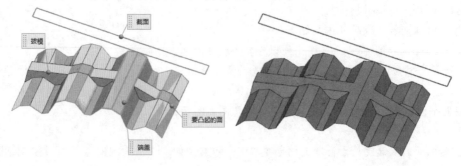

图 7-5　"选定的面"选项

（3）位置。

1）平移：按凸起方向指定的方向平移源几何体来创建端盖几何体。

2）偏置：通过偏置源几何体来创建端盖几何体。

（4）拔模：在拔模操作过程中指定保持固定的侧壁位置。

1）从端盖：使用端盖作为固定边的边界。

2）从凸起的面：使用投影截面和凸起面的交线作为固定曲线。

3）从选定的面：使用投影截面和所选的面的交线作为固定曲线。

4）从选定的基准：使用投影截面和所选的基准平面的交线作为固定曲线。

5）从截面：使用截面作为固定曲线。

6）无：指定不为侧壁添加拔模。

（5）自由边修剪：用于定义当凸起的投影截面跨过一条自由边（要凸起的面中不包括的边）时修剪凸起的矢量。

1）脱模方向：使用脱模方向矢量来修剪自由边。

2）垂直于曲面：使用与自由边相接的凸起面的曲面法向执行修剪。

3）用户定义：用于定义一个矢量修剪与自由边相接的凸起。

（6）凸度：当端盖与要凸起的面相交时，可以创建带有凸垫、凹腔和混合类型凸度的凸起。

1）凸垫：如果矢量先碰到目标曲面，后碰到端盖曲面，则认为它是垫块。如图7-6所示。

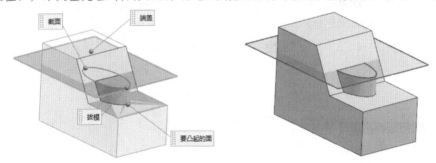

图 7-6 "凸垫"选项

2）凹腔：如果矢量先碰到端盖曲面，后碰到目标，则认为它是腔。如图 7-7 所示。

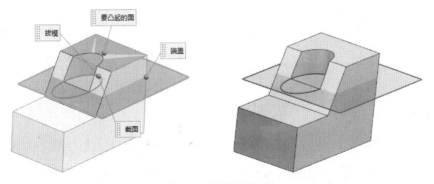

图 7-7 "凹腔"选项

★重点　动手学——创建笔芯

源文件：源文件\7\笔芯.prt

笔芯主要由圆柱体和圆台组成，创作步骤较为简单，模型如图7-8所示。

操作步骤　视频文件：动画演示\第7章\笔芯.mp4

（1）选择"文件"→"新建"命令或单击"主页"选项卡"标准"组中的"新建"按钮，打开"新建"对话框。在"模板"栏中选择"模型"，在"名称"文本框中输入"笔芯"，单击"确定"按钮，进入建模环境。

图7-8　笔芯

（2）选择"菜单"→"插入"→"设计特征"→"圆柱"命令或单击"主页"选项卡"基本"组"更多"库下"设计特征"库中的"圆柱"按钮，打开如图7-9所示的"圆柱"对话框。选择"轴、直径和高度"选项，在"指定矢量"下拉列表中选择"ZC轴"为圆柱体的创建方向，单击"点对话框"按钮，打开"点"对话框，输入原点坐标(0,0,0)，单击"确定"按钮，返回"圆柱"对话框。在"直径"和"高度"文本框中分别输入4和145，单击"确定"按钮，生成圆柱体。

（3）创建凸起。

①选择"菜单"→"插入"→"设计特征"→"凸起"命令或单击"主页"选项卡"基本"组"更多"库下"细节特征"库中的"凸起"按钮，打开如图7-10所示的"凸起"对话框。

②单击"绘制截面"按钮，打开"创建草图"对话框，选择上步创建的圆柱的上端面为草图绘制平面，单击"确定"按钮，进入草图绘制环境，绘制如图7-11所示的草图，单击"完成"。

图7-9　"圆柱"对话框

图7-10　"凸起"对话框

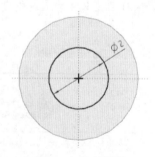

图7-11　绘制草图

③返回到如图7-10所示的"凸起"对话框，选择上步创建的圆柱的上端面为要凸起的面，在"几何体"下拉列表中选择"凸起的面"，"距离"文本框中输入4，单击"应用"按钮，完成凸起1的

创建。

④按照同样的方法，以上步绘制的凸起上端面为要凸起的面，绘制直径为 1 高度为 2 的凸起 2，结果如图 7-12 所示。

（4）创建球。选择"菜单"→"插入"→"设计特征"→"球"命令或单击"主页"选项卡"基本"组"更多"库下"设计特征"库中的"球"按钮，打开如图 7-13 所示的"球"对话框。以凸起 2 上端面中心为中心点创建球，输入直径为 1，在"布尔"下拉列表中选择"合并"，生成模型如图 7-8 所示。

图 7-12　创建凸起

图 7-13　"球"对话框

练一练——创建电阻

创建如图 7-14 所示的电阻。

✍ **思路点拨：**

> 源文件：源文件\7\电阻.prt
> （1）利用"圆柱"命令创建圆柱体。
> （2）利用"凸起"命令创建凸起顶面和凸起底面，最终完成电阻的创建。

扫一扫，看视频

图 7-14　电阻

7.1.2　孔

选择"菜单"→"插入"→"设计特征"→"孔"命令或单击"主页"选项卡"基本"组中的"孔"按钮，打开如图 7-15 所示的"孔"对话框。

"孔"对话框中的部分选项介绍如下。

（1）简单：选择该类型后，让用户以指定的直径、深度和顶锥角生成一个简单的孔，如图 7-16 所示。

（2）沉头：选择该类型后，可变窗口区变为如图 7-17 所示，让用户创建具有指定的孔径、孔深、顶锥角、沉头直径和沉头深度的沉头孔，如图 7-18 所示。

（3）埋头：选择该类型后，可变窗口区变为如图 7-19 所示，让用户以指定的孔径、孔深、顶锥角、埋头直径和埋头角度创建埋头孔，如图7-20所示。

（4）锥孔：选择该类型后，可变窗口区变为如图7-21所示，让用户以指定的孔径、锥角和深度创建锥形孔。

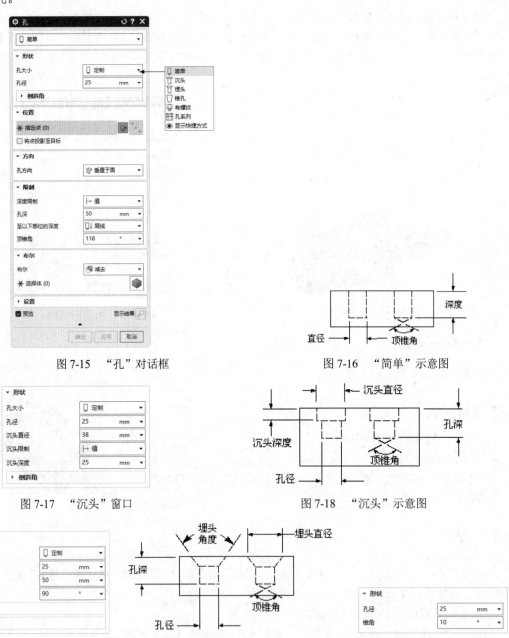

图7-15 "孔"对话框　　　　　　　　图7-16 "简单"示意图

图7-17 "沉头"窗口　　　　　　　　图7-18 "沉头"示意图

图7-19 "埋头"窗口　　　图7-20 "埋头"示意图　　　图7-21 "锥孔"窗口

（5）有螺纹：创建螺纹孔，其尺寸标注由标准、螺纹尺寸和径向进刀定义。

（6）孔系列：创建起始、中间和结束孔尺寸一致的多形状、多目标体的对齐孔。

★重点 动手学——创建法兰盘

扫一扫，看视频

源文件： 源文件\7\法兰盘.prt

本实例创建法兰盘，如图 7-22 所示，首先创建长方体作为基体，然后创建中间简单孔，最后创建沉头孔。

操作步骤 视频文件：动画演示\第 7 章\法兰盘.mp4

图 7-22 法兰盘

1. 创建新文件

选择"文件"→"新建"命令或单击"主页"选项卡"标准"组中的"新建"按钮 ，打开"新建"对话框。在"模板"栏中选择"模型"，在"名称"文本框中输入"法兰盘"，然后单击"确定"按钮，进入建模环境。

2. 创建长方体

（1）选择"菜单"→"插入"→"设计特征"→"块"命令或单击"主页"选项卡"基本"组"更多"库下"设计特征"库中的"块"按钮 ，打开如图 7-23 所示的"块"对话框。

（2）在"长度""宽度"和"高度"文本框中分别输入 30、30 和 6，单击"点构造器"按钮 ，打开"点"对话框，输入坐标点为(0,0,0)，单击"确定"按钮，创建长方体，如图 7-24 所示。

图 7-23 "块"对话框

图 7-24 创建长方体

3. 创建简单孔

（1）选择"菜单"→"插入"→"设计特征"→"孔"命令或单击"主页"选项卡"基本"组中的"孔"按钮 ，打开如图 7-25 所示的"孔"对话框。

（2）在"类型"选项中选择"简单"，在"孔径""孔深"和"顶锥角"文本框中分别输入 20、6 和 0。

（3）单击"绘制截面"按钮 ，打开"创建草图"对话框，选择长方体的上表面为孔放置面，进入草图绘制环境。打开"草图点"对话框，创建点。单击"完成"按钮 ，草图绘制完毕，如图 7-26 所示。

（4）返回"孔"对话框，单击"确定"按钮，完成孔的创建，如图 7-27 所示。

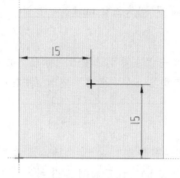

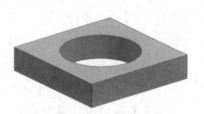

图 7-25　"孔"对话框　　　　图 7-26　绘制草图（1）　　　　图 7-27　创建简单孔

4．创建沉头孔

（1）选择"菜单"→"插入"→"设计特征"→"孔"命令或单击"主页"选项卡"基本"组中的"孔"按钮，打开如图 7-28 所示的"孔"对话框。

（2）在"类型"选项中选择"沉头"，在"孔径""沉头直径""沉头深度""孔深"和"顶锥角"文本框中分别输入 3、5、2、4 和 0。

（3）单击"绘制截面"按钮，打开"创建草图"对话框，选择长方体的上表面为孔放置面，进入草图绘制环境。打开"草图点"对话框，创建点。单击"完成"按钮，草图绘制完毕，如图 7-29 所示。

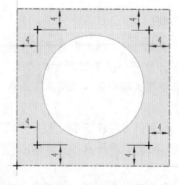

图 7-28　"孔"对话框　　　　图 7-29　绘制草图（2）

（4）返回"孔"对话框，捕捉绘制的 4 个点，单击"确定"按钮，完成孔的创建，如图 7-22 所示。

7.1.3 槽

选择"菜单"→"插入"→"设计特征"→"槽"命令或单击"主页"选项卡"基本"组"更多"库下"细节特征"库中的"槽"按钮🍩，打开如图 7-30 所示的"槽"对话框。

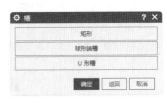

图 7-30 "槽"对话框

该选项让用户在实体上生成一个槽，就好像一个成形工具在旋转部件上向内（从外部定位面）或向外（从内部定位面）移动，如同车削操作。

该选项只在圆柱或圆锥的面上起作用。旋转轴是选中面的轴。槽在选择该面的位置（选择点）附近生成并自动连接到选中的面上。

"槽"对话框中各选项功能说明如下。

（1）矩形：单击该按钮，在选定放置平面后系统会打开如图 7-31 所示的"矩形槽"对话框。该选项让用户生成一个周围为尖角的槽，示意图如图 7-32 所示。

①槽直径：生成外部槽时，指定槽的内部直径；而当生成内部槽时，指定槽的外部直径。

②宽度：槽的宽度，沿选定面的轴向测量。

图 7-31 "矩形槽"对话框

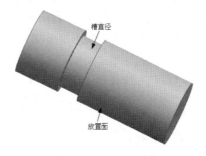

图 7-32 "矩形"示意图

（2）球形端槽：单击该按钮，在选定放置平面后系统会打开如图 7-33 所示的"球形端槽"对话框。该选项让用户生成一个底部有完整半径的槽，示意图如图 7-34 所示。

①槽直径：生成外部槽时，指定槽的内部直径；而当生成内部槽时，指定槽的外部直径。

②球直径：槽的宽度。

图 7-33 "球形端槽"对话框

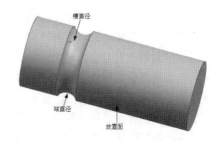

图 7-34 "球形端槽"示意图

（3）U形槽：单击该按钮，在选定放置平面后系统会打开如图7-35所示的"U形槽"对话框。该选项让用户生成一个在拐角有半径的槽，示意图如图7-36所示。

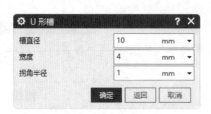

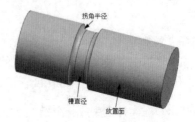

图7-35　"U形槽"对话框　　　　　　　　　图7-36　"U形槽"示意图

①槽直径：生成外部槽时，指定槽的内部直径；而当生成内部槽时，指定槽的外部直径。

②宽度：槽的宽度，沿选定面的轴向测量。

③拐角半径：槽的内部圆角半径。

扫一扫，看视频

★重点　动手学——创建阀盖1

源文件：源文件\7\阀盖1.prt

阀盖类似螺帽，由六角螺栓头与凸起、螺纹构成。六角螺栓头采用正六边形拉伸体与圆锥的布尔运算生成，利用凸起生成其他特征，结果如图7-37所示。

操作步骤　视频文件：动画演示\第7章\阀盖1.mp4

（1）新建文件。选择"文件"→"新建"命令或单击"主页"选项卡"标准"组中的"新建"按钮，打开"新建"对话框，在"模板"栏中选择适当的模板，在"名称"文本框中输入"阀盖1"，单击"确定"按钮，进入建模环境。

图7-37　阀盖

（2）绘制正六边形。

①单击"主页"选项卡"构造"组中的"草图"按钮，打开"创建草图"对话框。选择XY平面作为草图绘制平面，单击"确定"按钮，进入草图绘制界面。

②选择"菜单"→"插入"→"曲线"→"多边形"命令或单击"主页"选项卡"曲线"组"更多"库中的"多边形"按钮，打开如图7-38所示的"多边形"对话框。在"指定点"下拉列表框中选择"现有点"，指定原点为中心点；在"边数"文本框中输入6；在"大小"下拉列表框中选择"外接圆半径"；在"半径"文本框中输入16；在"旋转"文本框中输入0。单击"关闭"按钮，单击"完成"按钮，完成六边形的绘制，如图7-39所示。

（3）拉伸实体。选择"菜单"→"插入"→"设计特征"→"拉伸"命令或单击"主页"选项卡"基本"组中的"拉伸"按钮，打开"拉伸"对话框，如图7-40所示。选择正六边形的六条边，设置起始距离和终止距离分别为0和5，"指定矢量"为ZC轴。单击"确定"按钮，完成拉伸实体的操作，结果如图7-41所示。

（4）创建圆锥。选择"菜单"→"插入"→"设计特征"→"圆锥"命令或单击"基本"组"更多"库下"设计特征"库中的"圆锥"按钮，打开"圆锥"对话框，如图7-42所示。选择"直径和高度"类型，指定矢量方向为ZC轴，输入"底部直径"为32，"顶部直径"为0，"高度"为30。

打开"点"对话框，设置圆锥底面圆心点坐标为(0,0,0)。在"布尔"下拉列表中选择"相交"选项，使圆锥与刚绘制的六棱柱体相交，如图7-43所示。

图7-38 "多边形"对话框

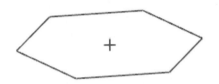

图7-39 绘制正六边形

图7-40 "拉伸"对话框

图7-41 拉伸实体

图7-42 "圆锥"对话框

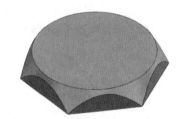

图7-43 创建六角螺帽

（5）拉伸实体。选择"菜单"→"插入"→"设计特征"→"拉伸"命令或单击"主页"选项卡"基本"组中的"拉伸"按钮，打开"拉伸"对话框，如图7-44所示。选择正六边形的六条边为拉伸曲线，指定矢量方向为-ZC轴，设定拉伸体的起始距离为0，终止距离为10。在"布尔"下拉列表中选择"合并"选项，单击"确定"按钮，完成拉伸实体的操作，结果如图7-45所示。

（6）创建圆。选择"菜单"→"插入"→"曲线"→"圆弧/圆"命令或单击"曲线"选项卡"曲线"组中的"圆弧/圆"按钮，打开"圆弧/圆"对话框。选择"从中心开始的圆弧/圆"类型，勾选"整圆"复选框，中心点坐标为（0,0,-10），通过点坐标为（18,0,-10），单击"确定"按钮，生成圆，如图7-46所示。

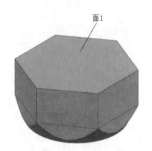

图 7-44 "拉伸"对话框　　　　　图 7-45 拉伸实体　　　　　图 7-46 创建圆

（7）拉伸实体。选择"菜单"→"插入"→"设计特征"→"拉伸"命令或单击"主页"选项卡"基本"组中的"拉伸"按钮，打开"拉伸"对话框，如图 7-47 所示。选择上一步骤创建的圆为拉伸曲线，指定矢量方向为-ZC 轴，设定拉伸体的起始距离为 0，终止距离为 5。在"布尔"下拉列表中选择"合并"选项，单击"确定"按钮，完成拉伸实体的操作，结果如图 7-48 所示。

（8）创建凸起。

①选择"菜单"→"插入"→"设计特征"→"凸起"命令或单击"主页"选项卡"基本"组"更多"库下"细节特征"库中的"凸起"按钮，打开"凸起"对话框。

②单击"绘制截面"按钮，打开"创建草图"对话框，选择图 7-48 中的面 2 为草图绘制平面，单击"确定"按钮，进入草图绘制环境，绘制如图 7-49 所示的草图，单击"完成"。

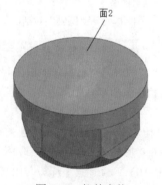

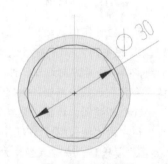

图 7-47 "拉伸"对话框　　　　　图 7-48 拉伸实体　　　　　图 7-49 绘制草图

③返回到如图 7-50 所示的"凸起"对话框，选择图 7-48 中的面 2 为要凸起的面，在"几何体"下拉列表中选择"凸起的面"，"距离"文本框中输入 12，单击"确定"按钮，完成凸起的创建，如图 7-51 所示。

图 7-50 "凸起"对话框

图 7-51 创建凸台

(9) 创建简单孔。选择"菜单"→"插入"→"设计特征"→"孔"命令或单击"主页"选项卡"基本"组中的"孔"按钮，打开"孔"对话框，如图 7-52 所示。采用"简单"类型，设置孔的孔径为 12，孔深为 30，顶锥角为 118。捕捉如图 7-53 所示的圆弧圆心为孔放置位置，单击"确定"按钮，创建结果如图 7-54 所示。

图 7-52 "孔"对话框

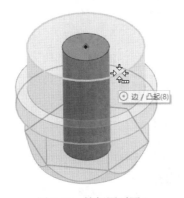

图 7-53 捕捉圆弧圆心

图 7-54 创建简单孔

（10）创建沟槽。选择"菜单"→"插入"→"设计特征"→"槽"命令或单击"主页"选项卡"基本"组"更多"库下"细节特征"库中的"槽"按钮🔩，打开"槽"对话框。单击"矩形"按钮，打开"矩形槽"对话框，选择凸起的外环面为沟槽安装面，设置沟槽的槽直径为26，宽度为2，如图7-55所示。选择凸起的上端面边线，再选择槽的上侧端面边线，打开"创建表达式"对话框，设置定位距离为10，如图7-56所示，单击"确定"按钮完成沟槽的创建，结果如图7-57所示。

图 7-55　设置槽尺寸　　　　　图 7-56　设置定位距离　　　　　图 7-57　创建沟槽

7.1.4　螺纹

选择"菜单"→"插入"→"设计特征"→"螺纹"命令或单击"主页"选项卡"基本"组"更多"库下"细节特征"库中的"螺纹"按钮🔩，打开如图7-58所示的"螺纹"对话框。该选项能在具有圆柱面的特征上生成符号螺纹或详细螺纹。这些特征包括孔、圆柱、凸台以及圆周曲线扫掠产生的减去或增添部分。

图 7-58　"螺纹"对话框

"螺纹"对话框中部分选项功能介绍如下。

1. 螺纹类型

（1）符号：符号螺纹以虚线圆的形式显示在要加工螺纹的面上。可以复制和粘贴符号螺纹，如图 7-59 所示。

（2）详细：详细螺纹看起来更逼真，如图 7-60 所示，但由于其几何形状及显示的复杂性，创建和更新的时间都要更长。详细螺纹在创建后可以复制或实例化。

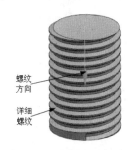

图 7-59 "符号螺纹"示意图   图 7-60 "详细螺纹"示意图

2. 牙型

（1）输入：用于选择要定义螺纹参数的方法。

①手动：用于输入螺纹的参数。软件会尝试根据所选圆柱或轴的参数为螺纹提供初始参数，可以修改初始参数。

②螺纹表：用于选择%NX_BASE_DIR%\UGII\modeling_standards 目录下 NX_Thread_Standard.xml 文件中指定的螺纹标准。

（2）螺纹标准：用于为螺纹的创建选择行业标准，如公制粗牙或英制 UNC。螺纹标准确定用于创建螺纹的螺纹表。该选项在"输入"设为"螺纹表"时显示。

（3）使螺纹规格与圆柱匹配：该复选框用于设置是否将所选圆柱面的直径与螺纹标准中相应的螺纹规格匹配。该选项在"输入"设为"螺纹表"时显示。

（4）螺纹规格：根据使螺纹规格与圆柱匹配的设置，显示螺纹规格或螺纹规格选项。该选项在"输入"设为"螺纹表"时显示。

（5）轴直径：显示螺纹标准提供的圆柱的轴径。该选项在为外螺纹选择圆柱面时显示。

（6）外径：为螺纹的最大直径。该选项在"输入"设为"手动"时显示。

（7）内径：为螺纹的最小直径。该选项在"输入"设为"手动"时显示。

（8）螺距：从螺纹上某一点到下一螺纹的相应点之间的距离，平行于轴测量。该选项在"输入"设为"手动"时显示。

（9）角度：螺纹的两个面之间的夹角，在通过螺纹轴的平面内测量。该选项在"输入"设为"手动"时显示。

（10）旋向：用于指定螺纹应该是"右旋"的（顺时针）还是"左旋"的（反时针），示意图如图 7-61 所示。

（11）螺纹头数：该选项用于指定要创建的螺纹数。

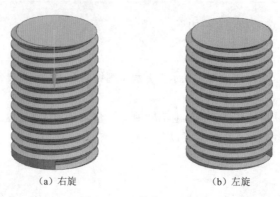

（a）右旋　　　　　　　　　　　　（b）左旋

图 7-61 "旋向"示意图

（12）方法：该选项用于定义螺纹加工方法，包括切削、轧制、地面和铣削。

（13）锥度：勾选此复选框，则符号螺纹带锥度。

3．限制

（1）螺纹限制：用于指定螺纹长度的确定方式。

①值：螺纹应用于指定距离。如果更改圆柱长度，螺纹长度保持不变。

②完整：螺纹应用于圆柱整个长度。如果更改圆柱长度，螺纹长度也会更新。

③短于完整：根据指定的螺距倍数应用螺纹。如果更改圆柱长度，螺纹长度也会更新。

（2）螺纹长度：用于指定从选定的起始对象测量的螺纹长度。该选项在"螺纹限制"设为"值"时可用。

4．选择起始对象

该选项通过选择实体上的一个平面或基准平面为符号螺纹或详细螺纹指定新的起始位置，示意图如图 7-62 所示。

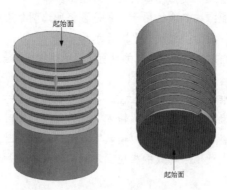

图 7-62 选择起始对象

扫一扫，看视频

★重点 动手学——创建阀盖 2

源文件：源文件\7\阀盖 2.prt

在 7.1.5 小节的基础上加上螺纹，完成阀盖的创建，如图 7-63 所示。

操作步骤　视频文件：动画演示\第 7 章\阀盖 2.mp4

（1）打开文件。选择"文件"→"打开"命令或单击"主页"选项卡"标准"组中的"打开"按钮，打开"打开"对话框，打开 7.1.3 小节绘制的阀盖 1 文件。

（2）绘制外螺纹。选择"菜单"→"插入"→"设计特征"→"螺纹"命令或单击"主页"选项卡"基本"组"更多"库下"细节特征"库中的"螺纹"按钮，打开"螺纹"对话框，如图 7-64 所示。选择"详细"类型，选择小凸台的外表面，更改外螺纹的"输入"为手动，"外径"为 30，"内径"为 28，"螺距"为 2，"角度"为 60，"螺纹长度"为 12。单击"起点"栏内的"面或平面"按钮，选择如图 7-65 所示的面为螺纹起始面，单击"确定"按钮，完成外螺纹的绘制，结果如图 7-63 所示。

图 7-63　阀盖

图 7-64　"螺纹"对话框

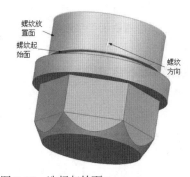

图 7-65　选择起始面

练一练——创建灯泡

创建如图 7-66 所示的灯泡。

扫一扫，看视频

图 7-66　灯泡

✎ **思路点拨：**

> 源文件：源文件\7\灯泡.prt
> （1）利用"球"命令创建球。
> （2）利用"圆柱"命令创建圆柱体。
> （3）利用"螺纹"命令创建螺旋接口。

7.2　综合实例——创建阀体

源文件：源文件\7\阀体.prt

阀体类似三叉导管，由一个主管和侧面垂直的两个连接管构成，如图 7-67 所示。对阀体的创建将分为三步：第一步绘制阀体的三叉外轮廓，第二步分别绘制三叉实体上的孔系，第三步绘制两个连接外螺纹。因此本实例主要用到"圆柱体""凸起""孔"以及"螺纹"等操作命令。

操作步骤　视频文件：动画演示\第 7 章\阀体.mp4

（1）新建文件。选择"文件"→"新建"命令或单击"主页"选项卡"标准"组中的"新建"按钮，打开"新建"对话框，在"模板"栏中选择"模型"，在"名称"文本框中输入"阀体"，单击"确定"按钮，进入建模环境。

（2）创建圆柱。选择"菜单"→"插入"→"设计特征"→"圆柱"命令或单击"主页"选项卡"基本"组"更多"库下"设计特征"库中的"圆柱"按钮，打开"圆柱"对话框，如图 7-68 所示。选择"轴、直径和高度"类型，捕捉原点为中心点，输入直径为 36，高度为 40。单击"确定"按钮，完成圆柱的创建，结果如图 7-69 所示。

（3）创建凸起 1。

①选择"菜单"→"插入"→"设计特征"→"凸起"命令或单击"主页"选项卡"基本"组"更多"库下"细节特征"库中的"凸起"按钮，打开"凸起"对话框。

②单击"绘制截面"按钮，打开"创建草图"对话框，选择上步创建的圆柱的上端面为草图绘制平面，单击"确定"按钮，进入草图绘制环境，绘制如图 7-70 所示的草图，单击"完成"。

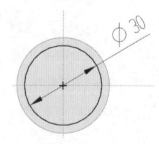

图 7-68　"圆柱"对话框　　　　图 7-69　创建圆柱　　　　图 7-70　绘制草图

③返回到如图 7-71 所示的"凸起"对话框，选择上步创建的圆柱的上端面为要凸起的面，在"几何体"下拉列表中选择"凸起的面"，"距离"文本框中输入 30，单击"应用"按钮，完成凸起 1 的创建，结果如图 7-72 所示。

④按照同样的方法创建直径为 20，高度为 20 的凸起 2，结果如图 7-73 所示。

图 7-71　"凸起"对话框

图 7-72　创建凸起 1

图 7-73　创建凸起 2

（4）创建圆。选择"菜单"→"插入"→"曲线"→"圆弧/圆"命令或单击"曲线"选项卡"曲线"组中的"圆弧/圆"按钮 ，打开如图 7-74 所示的"圆弧/圆"对话框。选择"从中心开始的圆弧/圆"类型，勾选"整圆"复选框，中心点坐标为（0,0,24），通过点坐标为（0,10,24），在"平面选项"下拉列表中选择"选择平面"，在"指定平面"下拉列表中选择"YC-ZC 平面"，单击"确定"按钮，生成圆，如图 7-75 所示。

图 7-74　"圆弧/圆"对话框

图 7-75　创建圆

（5）拉伸实体 1。选择"菜单"→"插入"→"设计特征"→"拉伸"命令或单击"主页"选项卡"基本"组中的"拉伸"按钮🏠，打开如图 7-76 所示的"拉伸"对话框。选择上一步骤创建的圆为拉伸曲线，指定矢量方向为 XC 轴，设定拉伸体的起始距离为 0，终止距离为 40。在"布尔"下拉列表中选择"合并"选项，单击"确定"按钮，完成拉伸实体 1 的操作，结果如图 7-77 所示。

（6）创建圆。选择"菜单"→"插入"→"曲线"→"圆弧/圆"命令或单击"曲线"选项卡"曲线"组中的"圆弧/圆"按钮⌒，打开"圆弧/圆"对话框。选择"从中心开始的圆弧/圆"类型，勾选"整圆"复选框，中心点坐标为（0,0,45），通过点坐标为（12,0,45），在"平面选项"下拉列表中选择"选择平面"，在"指定平面"下拉列表中选择"XC-ZC 平面"，单击"确定"按钮，生成圆，如图 7-78 所示。

图 7-76　"拉伸"对话框

图 7-77　创建拉伸实体 1

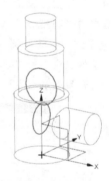

图 7-78　创建圆

（7）拉伸实体 2。选择"菜单"→"插入"→"设计特征"→"拉伸"命令或单击"主页"选项卡"基本"组中的"拉伸"按钮🏠，打开如图 7-79 所示的"拉伸"对话框。选择上一步骤创建的圆为拉伸曲线，指定矢量方向为-YC 轴，设定拉伸体的起始距离为 0，终止距离为 24。在"布尔"下拉列表中选择"合并"选项，单击"确定"按钮，完成拉伸实体 2 的操作，结果如图 7-80 所示。

（8）按照步骤（6）和步骤（7）的方法在拉伸体 2 上端面上绘制直径为 30，高度为 3 的拉伸体 3，在拉伸体 3 的上端面上绘制直径为 20，高度为 20 的拉伸体 4，结果如图 7-81 所示。

（9）创建阀体下方沉头孔。选择"菜单"→"插入"→"设计特征"→"孔"命令或单击"主页"选项卡"基本"组中的"孔"按钮🟦，打开"孔"对话框，如图 7-82 所示。选择"沉头"类型，设置"孔径"为 18，"沉头直径"为 28，"沉头深度"为 35，"孔深"为 65，"顶锥角"为 0。捕捉如图 7-83 所示的圆心为孔放置位置，结果如图 7-84 所示。

图 7-79　"拉伸"对话框

图 7-80　创建拉伸实体 2

图 7-81　创建拉伸体 3 和 4

图 7-82　"孔"对话框

图 7-83　捕捉圆心

图 7-84　创建沉头孔

（10）创建阀体上方通孔。选择"菜单"→"插入"→"设计特征"→"孔"命令或单击"主页"选项卡"基本"组中的"孔"按钮🔷，打开"孔"对话框。选择"简单"类型，设置"孔径"为12，"孔深"为30，"顶锥角"为0，如图7-85所示。捕捉如图7-86所示的圆弧圆心为孔放置位置，结果如图7-87所示。

图7-85　设置孔的尺寸　　　　　图7-86　捕捉圆心　　　　　图7-87　创建阀体通孔

（11）创建阀体侧面凸台的通孔。选择"菜单"→"插入"→"设计特征"→"孔"命令或单击"主页"选项卡"基本"组中的"孔"按钮🔷，打开"孔"对话框。选择"简单"类型，设置"孔径"为12，"孔深"为50，"顶锥角"为0，如图7-88所示。捕捉如图7-89所示的圆弧圆心为孔放置位置，结果如图7-90所示。

（12）绘制内螺纹。选择"菜单"→"插入"→"设计特征"→"螺纹"命令或单击"主页"选项卡"基本"组"更多"库下"细节特征"库中的"螺纹"按钮🔩，打开"螺纹"对话框，如图7-91所示。选择"详细"类型，设置"输入"为"手动"，单击阀体下方沉头孔的内壁，如图7-92所示，设置"外径"为30，"螺距"为2，"角度"为60，"螺纹长度"为15。单击"确定"按钮，完成内螺纹的绘制，结果如图7-93所示。

（13）绘制阀体左侧面凸台的沟槽。选择"菜单"→"插入"→"设计特征"→"槽"命令或单击"主页"选项卡"基本"组"更多"库下"细节特征"库中的"槽"按钮🔩，打开"槽"对话框。单击"矩形"按钮，打开"矩形槽"对话框，如图7-94所示。选择拉伸体4的外环面为槽安装面，打开"矩形槽"对话框。设置"槽直径"为18，"宽度"为2，如图7-95所示。选择拉伸体4上端面端面边线，再选择槽的左侧端面边线，打开"创建表达式"对话框，设置定位距离为18，如图7-96所示。完成左侧沟槽的绘制，结果如图7-97所示。

图 7-88 设置孔的尺寸

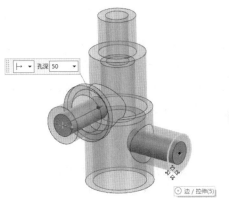

图 7-89 捕捉圆心

图 7-90 创建阀体侧面通孔

图 7-91 "螺纹"对话框

图 7-92 选择螺纹放置面

图 7-93 绘制内螺纹

图 7-94 "矩形槽"对话框

图 7-95 设置沟槽尺寸

图 7-96 设置定位距离

（14）绘制阀体右侧面凸台的沟槽。选择"菜单"→"插入"→"设计特征"→"槽"命令或单击"主页"选项卡"基本"组"更多"库下"细节特征"库中的"槽"按钮，打开"槽"对话框。采用"矩形"模式，选择拉伸体 1 外表面为槽安装面，设置"槽直径"为 18，"宽度"为 2。选择拉伸体 1 上端面端面边线，再选择槽的右侧端面，打开"创建表达式"对话框，设置定位距离为 18。完成右侧沟槽的绘制，结果如图 7-98 所示。

（15）绘制外螺纹 1。选择"菜单"→"插入"→"设计特征"→"螺纹"命令或单击"主页"选项卡"基本"组"更多"库下"细节特征"库中的"螺纹"按钮，打开"螺纹"对话框，如图 7-99 所示。选择"详细"类型，选择如图 7-100 所示的阀体左侧面凸台的外壁为螺纹放置面，设置"内径"为 17.5，"螺距"为 2.5，"角度"为 60，"螺纹长度"为 18。单击"确定"按钮，完成外螺纹 1 的绘制，结果如图 7-101 所示。

（16）绘制外螺纹 2。选择"菜单"→"插入"→"设计特征"→"螺纹"命令或单击"主页"选项卡"基本"组"更多"库下"细节特征"库中的"螺纹"按钮，打开"螺纹"对话框。选择如图 7-102 所示的右侧面凸台外壁为螺纹放置面，设置"内径"为 17.5，"螺距"为 2.5，"角度"为 60，"螺纹长度"为 18。单击"确定"按钮，完成外螺纹 2 的绘制，结果如图 7-67 所示。

图 7-99 "螺纹"对话框

图 7-97 绘制左侧沟槽

图 7-98 绘制右侧沟槽

图 7-100 选择螺纹放置面

图 7-101 绘制外螺纹 1

图 7-102 选择螺纹放置面

练一练——创建轴承座

综合利用各种设计特征命令创建如图 7-103 所示的轴承座。

扫一扫，看视频

图 7-103 轴承座

✍ 思路点拨：

源文件：源文件\7\轴承座.prt

（1）利用"圆柱"命令创建圆柱体。

（2）利用"拉伸"命令创建凸台。

（3）利用"拉伸"命令创建拉伸实体。

（4）利用"孔"命令创建孔，最终完成轴承座的创建。

第8章 复制特征

内容简介

特征操作是在特征建模的基础上增加一些细节的表现,也就是在毛坯的基础上进行详细设计操作。

内容要点

- ↘ 关联复制特征
- ↘ 偏置/缩放特征

8.1 关联复制特征

本节主要介绍关联复制特征子菜单中的命令,这些命令主要用于对特征进行复制。

8.1.1 阵列几何特征

选择"菜单"→"插入"→"关联复制"→"阵列几何特征"命令或单击"主页"选项卡"基本"组"更多"库下"复制"库中的"阵列几何特征"按钮 ,打开如图 8-1 所示的"阵列几何特征"对话框。该命令用于从已有特征生成阵列。

"阵列几何特征"对话框中部分选项功能介绍如下。

(1)线性:该选项从一个或多个选定特征生成线性图样的阵列。线性阵列既可以是二维的(在 XC 和 YC方向上,即多行特征),也可以是一维的(在 XC 或 YC方向上,即一行特征)。示意图如图 8-2 所示。

(2)圆形:该选项从一个或多个选定特征生成圆形图样的阵列,示意图如图 8-3 所示。

(3)多边形:该选项从一个或多个选定特征按照绘制好的多边形生成图样的阵列。

(4)螺旋:该选项从一个或多个选定特征按照绘制好的螺旋线生成图样的阵列。示意图如图 8-4 所示。

图 8-1 "阵列几何特征"对话框

（5）沿：该选项从一个或多个选定特征按照绘制好的曲线生成图样的阵列。示意图如图 8-5 所示。

（6）常规：该选项从一个或多个选定特征在指定点处生成图样的阵列。示意图如图 8-6 所示。

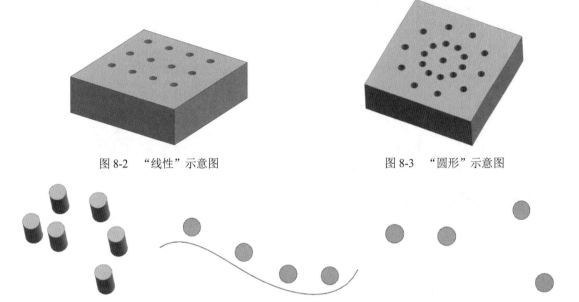

图 8-2　"线性"示意图　　　　　　　　　　　　　图 8-3　"圆形"示意图

图 8-4　"螺旋"示意图　　　　图 8-5　"沿"示意图　　　　图 8-6　"常规"示意图

★重点　动手学——创建瓶盖

源文件：源文件\8\瓶盖.prt

本实例采用实体建模和孔操作创建瓶盖轮廓，采用螺纹操作创建瓶盖的内螺纹，然后对瓶盖外表面进行变换编辑等操作生成防滑条，模型如图 8-7 所示。

图 8-7　瓶盖

操作步骤　视频文件：动画演示\第 8 章\瓶盖.mp4

（1）新建文件。选择"文件"→"新建"命令或单击"主页"选项卡"标准"组中的"新建"按钮，打开"新建"对话框，在"模板"栏中选择适当的模板，在"名称"文本框中输入"瓶盖"，单击"确定"按钮，进入建模环境。

（2）创建圆柱体。选择"菜单"→"插入"→"设计特征"→"圆柱"命令或单击"主页"选项卡"基本"组"更多"库下"设计特征"库中的"圆柱"按钮，打开如图 8-8 所示的"圆柱"对话框。选择"轴、直径和高度"类型，在"指定矢量"下拉列表中选择"ZC 轴"，单击"点对话框"按钮，在打开的"点"对话框中输入坐标点(0,0,0)，在"直径"和"高度"文本框中分别输入 20 和 12，单击"确定"按钮，以原点为中心生成圆柱体，如图 8-9 所示。

（3）创建孔。选择"菜单"→"插入"→"设计特征"→"孔"命令或单击"主页"选项卡"基本"组中的"孔"按钮，打开如图 8-10 所示的"孔"对话框，在"类型"下拉列表中选择"简单"，在"孔径""孔深"和"顶锥角"文本框中分别输入 17、8 和 0。捕捉如图 8-11 所示的一端圆柱面圆心为孔放置位置，单击"确定"按钮，创建孔，如图 8-12 所示。

图8-8 "圆柱"对话框

图8-9 创建圆柱体

图8-10 "孔"对话框

图8-11 捕捉圆心

图8-12 创建孔

（4）创建螺纹。选择"菜单"→"插入"→"设计特征"→"螺纹"命令或单击"主页"选项卡"基本"组"更多"库下"细节特征"库中的"螺纹"按钮，打开"螺纹"对话框，如图8-13所示。选择"详细"类型，选择如图8-14所示的圆柱体内孔表面为螺纹放置面，设置"外径"为18，"螺距"为1.5，"螺纹长度"为7，其他选项采用默认设置，单击"确定"按钮生成螺纹，如图8-15所示。

图 8-13　"螺纹"对话框

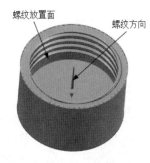

图 8-14　螺纹放置面

图 8-15　创建螺纹

（5）创建块。选择"菜单"→"插入"→"设计特征"→"块"命令或单击"主页"选项卡"基本"组"更多"库下"设计特征"库中的"块"按钮，打开如图 8-16 所示的"块"对话框，单击"点对话框"按钮，打开"点"对话框，输入(9.5,0,2)为块生成原点，单击"确定"按钮，返回"块"对话框，设置长度、宽度和高度分别为 1、0.5 和 10，单击"确定"按钮，完成块的创建，如图 8-17 所示。

图 8-16　"块"对话框

图 8-17　创建块

（6）阵列块。选择"菜单"→"插入"→"关联复制"→"阵列几何特征"命令或单击"主页"选项卡"基本"组"更多"库下"复制"库中的"阵列几何特征"按钮，打开如图 8-18 所示的"阵列几何特征"对话框。选择块为要形成图样的特征，在"布局"下拉列表中选择"圆形"，指定旋转轴为"ZC 轴"，捕捉圆弧圆心为阵列中心，设置数量和间隔角分别为 72 和 5，单击"确定"按钮，完成瓶盖外表面防滑纹的创建，如图 8-19 所示。

（7）合并实体。选择"菜单"→"插入"→"组合"→"合并"命令或单击"主页"选项卡"基本"组中的"合并"按钮 ，打开如图 8-20 所示的"合并"对话框。

图 8-18　"阵列几何特征"对话框　　图 8-19　阵列块　　图 8-20　"合并"对话框

选择圆柱体为目标体，框选 72 个块为工具体，单击"确定"按钮，将所有实体合并成一个实体。结果如图 8-21 所示。

（8）边倒圆。选择"菜单"→"插入"→"细节特征"→"边倒圆"命令或单击"主页"选项卡"基本"组中的"边倒圆"按钮 ，打开"边倒圆"对话框，如图 8-22 所示。在"半径 1"文本框中输入 0.5，选择如图 8-23 所示的瓶盖顶端圆弧边为圆角边，单击"确定"按钮，生成如图 8-7 所示的瓶盖。

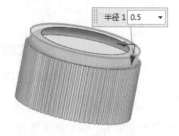

图 8-21　合并实体　　图 8-22　"边倒圆"对话框　　图 8-23　选择圆角边

8.1.2　阵列特征

选择"菜单"→"插入"→"关联复制"→"阵列特征"命令或单击"主页"选项卡"基本"组中的"阵列特征"按钮 🕸，打开如图 8-24 所示的"阵列特征"对话框。该选项从已有特征中生成阵列。

"阵列特征"对话框中部分选项功能介绍如下。

（1）线性：该选项从一个或多个选定特征生成线性图样的阵列。线性阵列既可以是二维的（在 XC 和 YC 方向上，即多行特征），也可以是一维的（在 XC 或 YC 方向上，即一行特征）。示意图如图 8-25 所示。

（2）圆形：该选项从一个或多个选定特征生成圆形图样的阵列。示意图如图 8-26 所示。

（3）多边形：该选项从一个或多个选定特征按照绘制好的多边形生成图样的阵列。

（4）螺旋：该选项从一个或多个选定特征按照绘制好的螺旋线生成图样的阵列。示意图如图 8-27 所示。

（5）沿：该选项从一个或多个选定特征按照绘制好的曲线生成图样的阵列。示意图如图 8-28 所示。

（6）常规：该选项从一个或多个选定特征在指定点处生成图样的阵列。示意图如图 8-29 所示。

图 8-24　"阵列特征"对话框

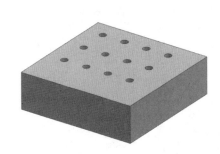

图 8-25　"线性"示意图

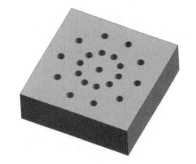

图 8-26　"圆形"示意图

图 8-27　"螺旋"示意图

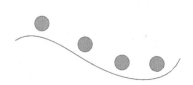

图 8-28　"沿"示意图

图 8-29　"常规"示意图

★重点 动手学——创建挡板

源文件： 源文件\8\挡板.prt

本实例创建如图 8-30 所示的挡板。

操作步骤 视频文件：动画演示\第 8 章\挡板.mp4

（1）选择"文件"→"新建"命令或单击"主页"选项卡"标准"组中的"新建"按钮 ，打开"新建"对话框。在"模板"栏中选择"模型"，在"名称"文本框中输入"挡板"，单击"确定"按钮，进入建模环境。

（2）选择"菜单"→"插入"→"设计特征"→"圆柱"命令或单击"主页"选项卡"基本"组"更多"库下"设计特征"库中的"圆柱"按钮 ，打开如图 8-31 所示的"圆柱"对话框。选择"轴、直径和高度"类型，选择"ZC 轴"为圆柱体方向，单击"点对话框"按钮 ，打开"点"对话框。输入原点坐标(0,0,0)，单击"确定"按钮，返回"圆柱"对话框。在"直径"和"高度"文本框中分别输入 200 和 25，单击"确定"按钮，生成模型如图 8-32 所示。

图 8-30 挡板

（3）选择"菜单"→"插入"→"设计特征"→"孔"命令或单击"主页"选项卡"基本"组中的"孔"按钮 ，打开如图 8-33 所示的"孔"对话框。

图 8-31 "圆柱"对话框

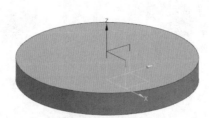

图 8-32 创建圆柱体

图 8-33 "孔"对话框

选择"简单"类型，捕捉圆柱体的上表面圆心为孔放置位置，如图 8-34 所示。设置"孔径"为 56.3，"深度限制"为"贯通体"，单击"确定"按钮，完成简单孔的创建，如图 8-35 所示。

（4）选择"菜单"→"插入"→"设计特征"→"孔"命令或单击"主页"选项卡"基本"组中的"孔"按钮 ，打开如图 8-33 所示的"孔"对话框。选择"简单"类型，单击"绘制截面"按钮 ，选择圆柱体的上表面为草图放置面，绘制如图 8-36 所示的草图。设置"孔径"为 20.3，"深度限制"为"贯通体"，单击"确定"按钮，完成简单孔的创建，如图 8-37 所示。

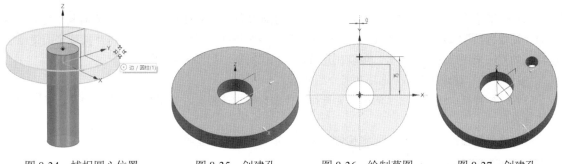

图 8-34　捕捉圆心位置　　　图 8-35　创建孔　　　图 8-36　绘制草图　　　图 8-37　创建孔

（5）选择"菜单"→"插入"→"关联复制"→"阵列特征"命令或单击"主页"选项卡"基本"组中的"阵列特征"按钮，打开如图 8-38 所示的"阵列特征"对话框。在"布局"下拉列表中选择"圆形"类型，选择"ZC 轴"为旋转轴，指定坐标原点为基点。在"数量"文本框中输入 3，在"间隔角"文本框中输入 120，单击"确定"按钮，如图 8-39 所示。

图 8-38　"阵列特征"对话框

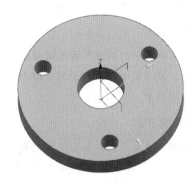

图 8-39　阵列孔

8.1.3 镜像特征

选择"菜单"→"插入"→"关联复制"→"镜像特征"命令或单击"主页"选项卡"基本"组中的"镜像特征"按钮 ，打开如图 8-40 所示的"镜像特征"对话框，通过基准平面或平面镜像选定特征的方法来生成对称的模型，可以在几何体内镜像特征，如图 8-41 所示。

"镜像特征"对话框中部分选项功能介绍如下。

（1）选择特征：该选项用于选择想要进行镜像的部件中的特征。指定需要镜像的特征，其在列表中高亮显示。

（2）镜像平面：该选项用于指定镜像选定特征所用的平面或基准平面。

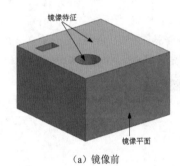

（a）镜像前

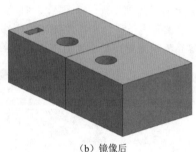

（b）镜像后

图 8-40 "镜像特征"对话框　　　　图 8-41 "镜像特征"示意图

扫一扫，看视频

★重点　动手学——创建轴承盖

源文件：源文件\8\轴承盖.prt

首先创建圆柱体作为主体，然后在主体上利用"拉伸""孔"命令添加其他主要特征，最后对其进行倒斜角和圆角操作，如图 8-42 所示。

操作步骤　视频文件：动画演示\第 8 章\轴承盖.mp4

1. 新建文件

选择"文件"→"新建"命令或单击"主页"选项卡"标准"组中的"新建"按钮 ，打开"新建"对话框。在"模板"栏中选择"模型"，在"名称"文本框中输入"轴承盖"，单击"确定"按钮，进入建模环境。

图 8-42 轴承盖

2. 创建圆柱体

（1）选择"菜单"→"插入"→"设计特征"→"圆柱"命令或单击"主页"选项卡"基本"组"更多"库下"设计特征"库中的"圆柱"按钮 ，打开"圆柱"对话框。

（2）在"类型"下拉列表中选择"轴、直径和高度"，在"指定矢量"下拉列表中选择"ZC 轴"

ZC↑，如图 8-43 所示。

（3）单击"点对话框"按钮 ⋮，打开"点"对话框，将原点坐标设置为(0,0,0)，单击"确定"按钮，返回"圆柱"对话框。

（4）在"直径"和"高度"文本框中分别输入 80 和 65，最后单击"确定"按钮，生成圆柱体 1。

（5）同上步骤，在坐标点(0,0,5)处创建直径和高度为 110 和 55 的圆柱体 2，并与圆柱体 1 进行合并操作，如图 8-44 所示。

图 8-43　"圆柱"对话框

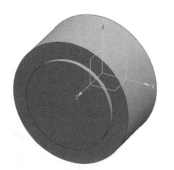

图 8-44　创建圆柱体

3．绘制草图

（1）选择"菜单"→"插入"→"草图"命令或单击"主页"选项卡"构造"组中的"草图"按钮，在打开的"创建草图"对话框中设置 XZ 平面为草图绘制平面，单击"确定"按钮，进入草图绘制界面。

（2）利用草图命令绘制如图 8-45 所示的草图。

4．拉伸实体

（1）选择"菜单"→"插入"→"设计特征"→"拉伸"命令或单击"主页"选项卡"基本"组中的"拉伸"按钮，打开如图 8-46 所示的"拉伸"对话框。

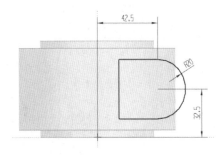

图 8-45　绘制草图

（2）选择图 8-45 绘制的草图为拉伸截面，然后在"指定矢量"下拉列表中选择"YC 轴" YC，在"限制"选项组中将"起始"和"终止"均设置为"值"，将其距离"分别设置为 0 和 46，在"布尔"下拉列表中选择"合并"选项，系统自动选择实体。最后单击"确定"按钮，完成拉伸操作，结果如图 8-47 所示。

5．创建孔

（1）选择"菜单"→"插入"→"设计特征"→"孔"命令或单击"主页"选项卡"基本"组中的"孔"按钮，打开如图 8-48 所示的"孔"对话框。

（2）在"类型"下拉列表中选择"简单"。

（3）捕捉步骤4中创建的拉伸体的圆弧圆心为孔放置位置，如图8-49所示。

（4）在"孔"对话框中，将"孔径""孔深"和"顶锥角"分别设置为13、10和0，单击"确定"按钮，完成孔的创建，如图8-50所示。

图 8-46　"拉伸"对话框

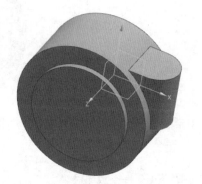

图 8-47　拉伸实体

图 8-48　"孔"对话框

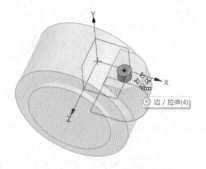

图 8-49　捕捉圆心

图 8-50　创建孔

6. 创建镜像特征

（1）选择"菜单"→"插入"→"关联复制"→"镜像特征"命令或单击"主页"选项卡"基本"组中的"镜像特征"按钮，打开如图8-51所示的"镜像特征"对话框。

（2）在视图或部件导航器中选择步骤4创建的拉伸特征和步骤5创建的孔特征，选择 YZ 平面为镜像平面，单击"确定"按钮，创建镜像特征，如图8-52所示。

图 8-51　"镜像特征"对话框

图 8-52　创建镜像特征

7. 创建简单孔

（1）选择"菜单"→"插入"→"设计特征"→"孔"命令或单击"主页"选项卡"基本"组中的"孔"按钮，打开如图 8-53 所示的"孔"对话框。

（2）在"类型"下拉列表中选择"简单"。

（3）捕捉如图 8-54 所示的拉伸体圆弧圆心为孔放置位置。

（4）在"孔"对话框中，将"孔径""孔深"和"顶锥角"分别设置为 60、65 和 0，单击"确定"按钮，完成孔的创建，如图 8-55 所示。

图 8-53　"孔"对话框

图 8-54　捕捉圆心

图 8-55　创建简单孔

8. 绘制草图

（1）选择"菜单"→"插入"→"草图"命令或单击"主页"选项卡"构造"组中的"草图"按钮✏，在打开的"创建草图"对话框中设置 XY 平面为草图绘制平面，单击"确定"按钮，进入草图绘制界面。

（2）利用草图命令绘制如图 8-56 所示的草图。

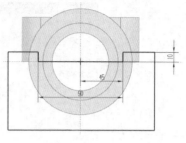

图 8-56　绘制草图

9. 拉伸实体

（1）选择"菜单"→"插入"→"设计特征"→"拉伸"命令或单击"主页"选项卡"基本"组中的"拉伸"按钮🔲，打开如图 8-57 所示的"拉伸"对话框。

（2）选择图 8-56 绘制的草图为拉伸截面，然后在"指定矢量"下拉列表中选择"ZC 轴"，在"限制"选项组中将"起始"和"终止"均设置为"值"，将其"距离"分别设置为 0 和 65，在"布尔"下拉列表中选择"减去"选项，系统自动选择实体。最后单击"确定"按钮，完成拉伸操作，隐藏草图后如图 8-58 所示。

图 8-57　"拉伸"对话框

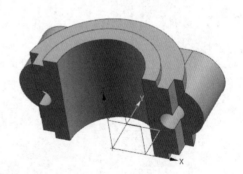

图 8-58　拉伸实体

10. 创建基准平面

（1）选择"菜单"→"插入"→"基准"→"基准平面"命令或单击"主页"选项卡"构造"组"基准"下拉菜单中的"基准平面"按钮◈，打开"基准平面"对话框，如图 8-59 所示。

（2）在"类型"下拉列表中选择 XC-ZC 平面，设置距离为 58，单击"确定"按钮，生成基准平面 1，如图 8-60 所示。

图 8-59 "基准平面"对话框

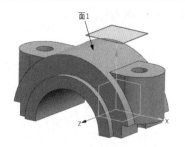

图 8-60 创建基准平面 1

11. 创建凸起

（1）选择"菜单"→"插入"→"设计特征"→"凸起"命令或单击"主页"选项卡"基本"组"更多"库下"细节特征"库中的"凸起"按钮，打开"凸起"对话框。

（2）单击"绘制截面"按钮，打开"创建草图"对话框，选择基准平面 1 为草图绘制平面，单击"确定"按钮，进入草图绘制环境，绘制如图 8-61 所示的草图，单击"完成"。

（3）返回到如图 8-62 所示的"凸起"对话框，选择图 8-60 中面 1 为要凸起的面，在"几何体"下拉列表中选择"截面平面"，单击"确定"按钮，完成凸起的创建，如图 8-63 所示。

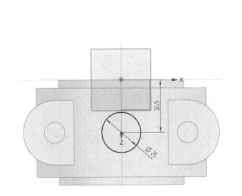

图 8-61 绘制草图

图 8-62 "凸起"对话框

图 8-63 创建凸起

12. 创建沉头孔

（1）选择"菜单"→"插入"→"设计特征"→"孔"命令或单击"主页"选项卡"基本"组中的"孔"按钮，打开如图 8-64 所示的"孔"对话框。

（2）在"类型"下拉列表中选择"沉头"。

（3）捕捉步骤 11 创建的凸台的上端圆弧圆心为孔放置位置，如图 8-65 所示。

（4）在"孔"对话框中，将"孔径""沉头直径""沉头深度""孔深"和"顶锥角"分别设置为 10、14、17、32 和 0，单击"确定"按钮，完成孔的创建，如图 8-66 所示。

图 8-64 "孔"对话框

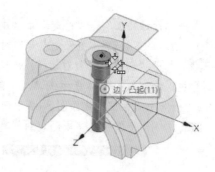

图 8-65 捕捉圆心

图 8-66 创建沉头孔

13. 生成槽

（1）选择"菜单"→"插入"→"设计特征"→"圆柱"命令或单击"主页"选项卡"基本"组"更多"库下"设计特征"库中的"圆柱"按钮，打开"圆柱"对话框。

（2）在"类型"下拉列表中选择"轴、直径和高度"，在"指定矢量"下拉列表中选择"ZC 轴"，如图 8-67 所示。

（3）单击"点对话框"按钮，打开"点"对话框，将原点坐标设置为(0,0,17)，单击"确定"按钮，返回"圆柱"对话框。

（4）在"直径"和"高度"文本框中分别输入 65 和 31，在"布尔"下拉列表中选择"减去"选项，单击"确定"按钮，生成槽，如图 8-68 所示。

图 8-67 "圆柱"对话框

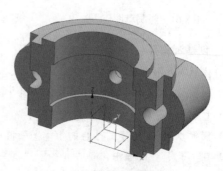

图 8-68 生成槽

14. 边倒圆

（1）选择"菜单"→"插入"→"细节特征"→"边倒圆"命令或单击"主页"选项卡"基本"组中的"边倒圆"按钮，打开"边倒圆"对话框，如图 8-69 所示。

（2）在"形状"下拉列表中选择"圆形"，在视图中选择如图 8-70 所示的边，在"半径 1"文本框中输入 2。

（3）在"边倒圆"对话框中单击"确定"按钮，完成倒圆角处理，结果如图 8-71 所示。

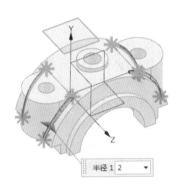

图 8-69　"边倒圆"对话框　　　　图 8-70　选择边　　　　图 8-71　倒圆角结果

15. 创建倒斜角

（1）选择"菜单"→"插入"→"细节特征"→"倒斜角"命令或单击"主页"选项卡"基本"组中的"倒斜角"按钮，打开如图 8-72 所示的"倒斜角"对话框。

（2）在"横截面"下拉列表中选择"对称"，在"距离"文本框中输入 2.5，如图 8-72 所示。

（3）在视图中选择如图 8-73 所示的边。

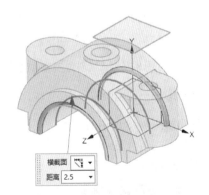

图 8-72　"倒斜角"对话框　　　　　　图 8-73　选择倒角边

（4）在"倒斜角"对话框中单击"应用"按钮。

（5）在视图中选择如图 8-74 所示的边，输入距离为 5，单击"确定"按钮，结果如图 8-75 所示。

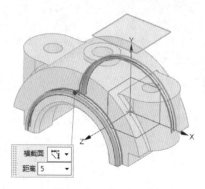

图 8-74　选择倒角边

图 8-75　倒斜角

16. 创建倒斜角

（1）选择"菜单"→"插入"→"细节特征"→"倒斜角"命令或单击"主页"选项卡"基本"组中的"倒斜角"按钮，打开"倒斜角"对话框。

（2）在"横截面"下拉列表中选择"偏置和角度"，在"距离"和"角度"文本框中分别输入 2 和 30，如图 8-76 所示。

（3）在视图中选择如图 8-77 所示的边进行倒斜角操作。

（4）在"倒斜角"对话框中单击"确定"按钮，隐藏基准平面，结果如图 8-42 所示。

图 8-76　"倒斜角"对话框

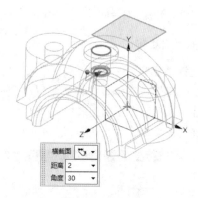

图 8-77　选择边

扫一扫，看视频

练一练——创建哑铃

创建如图 8-78 所示的哑铃。

✍ 思路点拨：

> 源文件：源文件\8\哑铃.prt
>
> （1）利用"球"命令创建上部球体。
>
> （2）利用"圆柱"命令创建中间圆柱体。
>
> （3）利用"镜像特征"命令镜像球体完成哑铃的创建。

图 8-78　哑铃

8.1.4 镜像几何体

选择"菜单"→"插入"→"关联复制"→"镜像几何体"命令或单击"主页"选项卡"基本"组"更多"库下"复制"库中的"镜像几何体"按钮 ，打开如图 8-79 所示的"镜像几何体"对话框。用于以基准平面镜像所选的实体，镜像后的实体或片体和原实体或片体相关联，但本身没有可编辑的特征参数，示意图如图 8-80 所示。

图 8-79 "镜像几何体"对话框

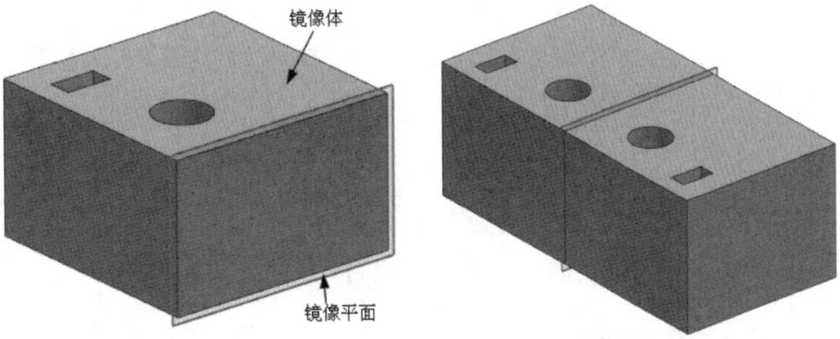

（a）镜像前 （b）镜像后

图 8-80 "镜像几何体"示意图

★**重点 动手学——创建花键轴**

源文件：源文件\8\花键轴.prt

本实例分三步创建，首先创建花键轴实体，然后通过基本曲线创建花键截面线并进行拉伸操作生成花键，最后使用键槽操作在花键轴上创建普通平键，生成模型如图 8-81 所示。

操作步骤 视频文件：动画演示\第 8 章\花键轴.mp4

1. 新建文件

选择"文件"→"新建"命令或单击"主页"选项卡"标准"组中的"新建"按钮 ，打开"新建"对话框，在"模板"栏中选择适当的模板，在"名称"文本框中输入"花键轴"，单击"确定"按钮，进入建模环境。

图 8-81 花键轴

2. 创建圆柱体

（1）选择"菜单"→"插入"→"设计特征"→"圆柱"命令或单击"主页"选项卡"基本"组"更多"库下"设计特征"库中的"圆柱"按钮 ，打开如图 8-82 所示的"圆柱"对话框。

（2）在"类型"下拉列表中选择"轴、直径和高度"，指定 ZC 轴为圆柱体的创建方向，在"直径"和"高度"文本框中分别输入 50 和 13。

（3）单击"点对话框"按钮 ，输入坐标点为(0,0,0)，以原点为中心生成圆柱体 1。

（4）同上步骤创建圆柱体 2、3、4 和 5，直径和高度参数分别是 48 和 2、53 和 110、60 和 20、62.4 和 50，圆柱体生成原点分别是上个圆柱体的上端面中心。分别完成求和操作，生成模型如图 8-83 所示。

图 8-82　"圆柱"对话框

图 8-83　创建圆柱体

3. 创建基准平面

（1）选择"菜单"→"插入"→"基准"→"基准平面"命令或单击"主页"选项卡"构造"组"基准"下拉菜单中的"基准平面"按钮，打开如图 8-84 所示的"基准平面"对话框。

（2）选择"XC-ZC 平面"类型，在对话框中输入距离为 18.74，单击"应用"按钮，完成基准平面 4 的创建，结果如图 8-85 所示。

图 8-84　"基准平面"对话框

图 8-85　创建基准平面

4. 绘制草图

（1）选择"菜单"→"插入"→"草图"命令或单击"主页"选项卡"构造"组中的"草图"按钮，在打开的"创建草图"对话框。

（2）选择上步创建的基准平面为草图绘制平面，单击"确定"按钮，进入草图绘制界面，利用草图命令绘制如图 8-86 所示的草图。

（3）单击"完成"按钮，返回建模模块。

5．创建拉伸

（1）选择"菜单"→"插入"→"设计特征"→"拉伸"命令或单击"主页"选项卡"基本"组中的"拉伸"按钮，打开如图 8-87 所示的"拉伸"对话框。

（2）选择草图为拉伸曲线，指定拉伸矢量为 ZC 轴，在"终止"下拉列表中选择"贯通"，在"布尔"下拉列表中选择"减去"，单击"确定"按钮，完成拉伸操作，生成如图 8-88 所示的实体模型。

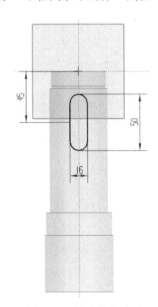

图 8-86　创建基准平面

图 8-87　"拉伸"对话框

图 8-88　创建拉伸体

6．镜像操作

（1）选择"菜单"→"插入"→"关联复制"→"镜像几何体"命令或单击"主页"选项卡"基本"组"更多"库下"复制"库中的"镜像几何体"按钮，打开如图 8-89 所示的"镜像几何体"对话框。

（2）选择屏幕中的实体，选择图 8-88 所示的面 1 为镜像平面，单击"确定"按钮，完成轴主体的创建，结果如图 8-90 所示。

图 8-89　"镜像几何体"对话框

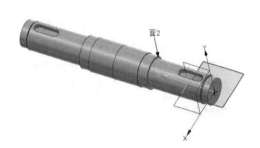

图 8-90　镜像几何体

7. 创建草图

（1）选择"菜单"→"插入"→"草图"命令或单击"主页"选项卡"构造"组中的"草图"按钮，打开"创建草图"对话框。

（2）选择图8-90中的面2为草图绘制面，单击"确定"按钮，进入草图绘制环境，绘制如图8-91所示的草图。

（3）单击"完成"按钮，返回建模模块。

8. 创建拉伸

（1）选择"菜单"→"插入"→"设计特征"→"拉伸"命令或单击"主页"选项卡"基本"组中的"拉伸"按钮，打开如图8-92所示的"拉伸"对话框。

（2）选择草图为拉伸曲线，指定拉伸矢量为-ZC轴，输入拉伸距离为50，在"布尔"下拉列表中选择"无"，单击"确定"按钮，完成拉伸操作，生成如图8-93所示的实体模型。

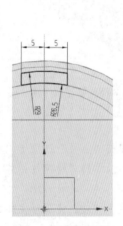

图8-91　草图模型

图8-92　"拉伸"对话框

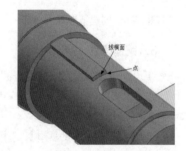

图8-93　创建拉伸体

9. 创建拔模

（1）选择"菜单"→"插入"→"细节特征"→"拔模"命令或者单击"主页"选项卡"基本"组中的"拔模"按钮，打开"拔模"对话框，如图8-94所示。

（2）指定拉伸矢量为YC轴，选择图8-93所示的点为固定面，然后选择如图8-93所示的平面为拔模面，在"角度1"文本框中输入60，单击"确定"按钮，完成拔模操作。

10. 倒斜角

（1）选择"菜单"→"插入"→"细节特征"→"倒斜角"命令或单击"主页"选项卡"基本"组中的"倒斜角"按钮，打开"倒斜角"对话框，如图8-95所示。

图 8-94　"拔模"对话框

图 8-95　"倒斜角"对话框

（2）设置"横截面"为"非对称"，选择图 8-96 所示的边为倒角边，在"距离 1"和"距离 2"文本框中分别输入 8 和 4，单击"确定"按钮，完成倒斜角操作，结果如图 8-97 所示。

图 8-96　选择倒角边

图 8-97　倒斜角操作

11. 复制花键轴

（1）选择"菜单"→"编辑"→"移动对象"命令或单击"工具"选项卡"实用工具"组中的"移动对象"按钮，打开如图 8-98 所示的"移动对象"对话框。

（2）选择矩形花键为移动对象，选择运动类型为角度，选择 ZC 轴为指定矢量，指定坐标原点为轴点，在"角度"文本框中输入 45，选择"复制原先的"选项，在"非关联副本数"中输入 7，单击"确定"按钮，生成如图 8-99 所示的花键轴。

12. 合并操作

（1）选择"菜单"→"插入"→"组合"→"合并"命令或单击"主页"选项卡"基本"组中的"合并"按钮，打开"合并"对话框。

（2）选择视图中所有特征进行求和操作，生成如图 8-81 所示的花键轴。

图 8-98 "移动对象"对话框

图 8-99 复制花键轴

8.1.5 抽取几何特征

选择"菜单"→"插入"→"关联复制"→"抽取几何特征"命令，打开如图 8-100 所示的"抽取几何特征"对话框。

图 8-100 "抽取几何特征"对话框

使用该选项可以通过从另一个体中抽取对象来生成一个体。用户可以在 4 种类型的对象之间选择进行抽取操作：如果抽取一个面或一个区域，则生成一个片体；如果抽取一个体，则新体的类型将与原先的体相同（实体或片体）；如果抽取一条曲线，则结果将是 EXTRACTED_CURVE（抽取曲线）特征。

"抽取几何特征"对话框中部分选项功能介绍如下。

(1)面：该选项可用于将片体类型转换为 B 曲面类型，以便将它们的数据传递到 ICAD 或 PATRAN

等其他集成系统中和 IGES 等交换标准中。

①单个面：即只有选中的面才会被抽取，如图 8-101 所示。

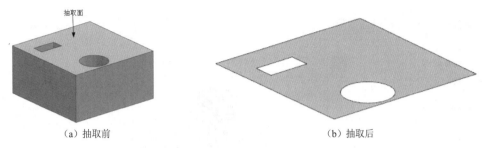

（a）抽取前   （b）抽取后

图 8-101 抽取单个面

②面与相邻面：即只有与选中的面直接相邻的面才会被抽取，如图 8-102 所示。

（a）抽取前   （b）抽取后

图 8-102 抽取相邻面

③体的面：即与选中的面位于同一体的所有面都会被抽取，如图 8-103 所示。

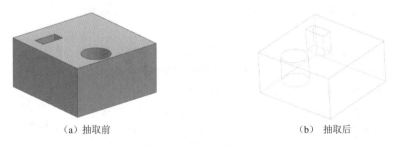

（a）抽取前   （b） 抽取后

图 8-103 抽取体的面

（2）面区域：该选项让用户生成一个片体，该片体是一组和种子面相关的且被边界面限制的面。在已经确定了种子面和边界面以后，系统从种子面上开始，在行进过程中收集面，直到它和任意的边界面相遇。一个片体（称为"抽取区域"特征）从这组面上生成。选择该选项后，对话框中的可变窗口区域如图 8-104 所示，示意图如图 8-105 所示。

①种子面：特征中所有其他的面都和种子面有关。

②边界面：确定"抽取区域"特征的边界。

③遍历内部边：选择该选项后，系统对于遇到的每一个面，收集其边构成其任何内部环的部分或全部。

图 8-104 "面区域"类型

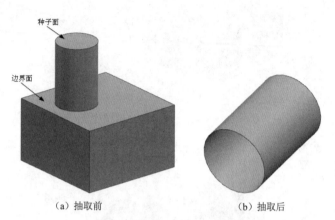

（a）抽取前　　　　　　（b）抽取后

图 8-105 "面区域"示意图

④使用相切边角度：该选项在加工中应用。

（3）体：该选项生成整个体的关联副本。可以将各种特征添加到抽取体特征上，而不在原先的体上出现。当更改原先的体时，用户还可以决定"抽取体"特征要不要更新。

"抽取体"特征的一个用途是在用户想同时使用一个原先的实体和一个简化形式时（如放置在不同的参考集里）。选择该类型时，对话框如图 8-106 所示。

①固定于当前时间戳记：该选项可更改编辑操作过程中特性放置的时间标记，允许用户控制更新过程中对原先的几何体所作的更改是否反映在抽取的特征中。默认是将抽取的特征放置在所有的已有特征之后。

②隐藏原先项：该选项在生成抽取的特征时，如果原先的几何体是整个对象，或者如果生成"抽取区域"特征，则将隐藏原先的几何体。

图 8-106 "体"类型

8.2　偏置/缩放特征

本节主要介绍"偏置/缩放"子菜单中的特征。

8.2.1　抽壳

选择"菜单"→"插入"→"偏置/缩放"→"抽壳"命令，打开"抽壳"对话框，如图 8-107 所示。利用该对话框可以进行抽壳来挖空实体或在实体周围建立薄壳。

图 8-107 "抽壳"对话框

"抽壳"对话框中部分选项功能说明如下。

（1）开放：选择该类型后，所选目标面在抽壳操作后将被移除。

如果进行等厚度的抽壳，则在选好要抽壳的面和设置好默认厚度后，直接单击"确定"或"应用"按钮即可完成抽壳。

如果进行变厚度的抽壳，则在选好要抽壳的面后，在"交变厚度"栏中单击"选择面"按钮，选择要设定的变厚度抽壳的表面并在"厚度 0"文本框中输入可变厚度值，则该表面抽壳后的厚度为新设定的可变厚度。示意图如图 8-108 所示。

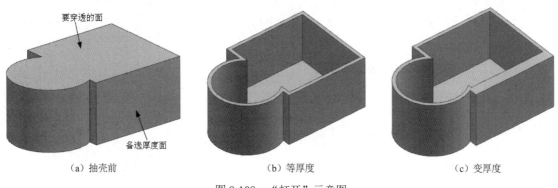

（a）抽壳前   （b）等厚度   （c）变厚度

图 8-108 "打开"示意图

（2）封闭：选择该类型后，需要选择一个实体，系统将按照设置的厚度进行抽壳，抽壳后原实体变成一个空心实体。

如果厚度为正数，则空心实体的外表面为原实体的表面；如果厚度为负数，则空心实体的内表面为原实体的表面。

在"交变厚度"栏中单击"选择面"按钮也可以设置变厚度，设置方法与"打开"类型相同，如图 8-109 所示。

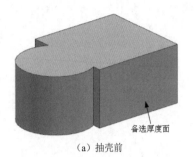

备选厚度面

（a）抽壳前

（b）等厚度

（c）变厚度

图 8-109 "封闭"示意图

扫一扫，看视频

★重点 动手学——创建瓶体

源文件：源文件\8\瓶体.prt

本实例首先采用实体特征建立瓶体外轮廓，通过抽壳操作建立瓶体的内表面，然后进行螺纹操作建立瓶口等，创建如图 8-110 所示的瓶体。

操作步骤 视频文件：动画演示\第 8 章\瓶体.mp4

（1）新建文件。选择"文件"→"新建"命令或单击"主页"选项卡"标准"组中的"新建"按钮，打开"新建"对话框，在"模板"栏中选择"模型"，在"名称"文本框中输入"瓶体"，单击"确定"按钮，进入建模环境。

（2）创建圆柱体。选择"菜单"→"插入"→"设计特征"→"圆柱"命令或单击"主页"选项卡"基本"组"更多"库下"设计特征"库中的"圆柱"按钮，打开如图 8-111 所示的"圆柱"对话框。选择"轴、直径和高度"类型，在"指定矢量"下拉列表中选择"ZC 轴"为圆柱生成方向，在"直径"和"高度"文本框中分别输入 30 和 20，在"点"对话框中输入坐标点为(0,0,0)，连续单击"确定"按钮，在原点上创建圆柱体，如图 8-112 所示。

图 8-110 瓶体

图 8-111 "圆柱"对话框

图 8-112 创建圆柱体

（3）创建圆柱体。同上步骤创建圆柱体 2 和 3，直径和高度参数分别是 20 和 3、18 和 8，圆柱体生成原点分别是上个圆柱体的上端面中心,分别完成求和操作，生成模型如图 8-113 所示。

（4）抽壳。选择"菜单"→"插入"→"偏置/缩放"→"抽壳"命令，打开"抽壳"对话框，如图 8-114 所示。选择"开放"类型，选择最上面凸台的顶端面为要穿透的面，输入"厚度"为 2，单击"确定"按钮，完成抽壳操作，如图 8-115 所示。

图 8-113　创建圆柱　　　　图 8-114　"抽壳"对话框　　　　图 8-115　抽壳

（5）创建瓶口外螺纹。选择"菜单"→"插入"→"设计特征"→"螺纹"命令或单击"主页"选项卡"基本"组"更多"库下"细节特征"库中的"螺纹"按钮，打开"螺纹"对话框，如图 8-116 所示。选择"详细"螺纹类型，设置"输入"为"手动"，选择如图 8-117 所示的最上面凸台的外表面，更改螺纹的外径为 18，内径为 16.5，螺距 1.5，角度 60，螺纹长度为 8，单击"确定"按钮，完成螺纹的创建，如图 8-118 所示。

图 8-116　"螺纹"对话框　　　　图 8-117　选择螺纹放置面　　　　图 8-118　创建螺纹

（6）边倒圆。选择"菜单"→"插入"→"细节特征"→"边倒圆"命令或单击"主页"选项卡"基本"组中的"边倒圆"按钮，打开"边倒圆"对话框，如图 8-119 所示。选择如图 8-120 所示的瓶体底端和中间圆弧边为圆角边，并在"半径 1"文本框中输入 2，单击"确定"按钮，生成如图 8-110 所示的瓶体。

图 8-119 "边倒圆"对话框

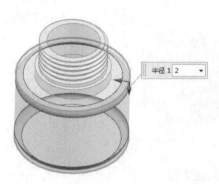

图 8-120 选择圆角边

扫一扫，看视频

练一练——创建油杯

创建如图 8-121 所示的油杯。

✍ 思路点拨：

> 源文件：源文件\8\油杯.prt
> （1）利用"旋转"命令创建旋转实体，创建油杯外轮廓。
> （2）利用"抽壳"命令创建油杯内表面。
> （3）利用"倒圆角"和"倒斜角"命令创建倒角和圆角。

图 8-121 油杯

8.2.2 偏置面

选择"菜单"→"插入"→"偏置/缩放"→"偏置面"命令或单击"主页"选项卡"基本"组"更多"库下"偏置"库中的"偏置面"按钮，打开如图 8-122 所示的"偏置面"对话框。可以使用此选项沿面的法向偏置一个或多个面、体的特征或体。示意图如图 8-123 所示。

其偏置距离可以为正或为负，而体的拓扑不改变。正的偏置距离沿垂直于面而指向远离实体方向的矢量测量。

图 8-122 "偏置面"对话框

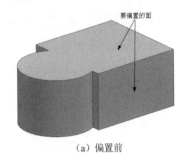

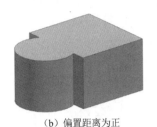

（a）偏置前　　　　　　　　　　（b）偏置距离为正　　　　　　　　　　（c）偏置距离为负

图 8-123　"偏置面"示意图

8.2.3　缩放体

选择"菜单"→"插入"→"偏置/缩放"→"缩放体"命令或单击"主页"选项卡"基本"组"更多"库下"偏置"库中的"缩放体"按钮，打开如图 8-124 所示的"缩放体"对话框。该选项按比例缩放实体和片体，可以使用均匀、轴对称或不均匀的比例方式。此操作完全关联。需要注意的是，比例操作应用于几何体而不应用于组成该体的独立特征。

"缩放体"对话框中部分选项功能介绍如下。

（1）均匀：在所有方向上均匀地按比例缩放。

①要缩放的体：该选项为比例操作选择一个或多个实体或片体。所有的三个类型方法都要求此步骤。

②缩放点：该选项指定一个参考点，比例操作以它为中心。默认的参考点是当前工作坐标系的原点，可以通过使用

图 8-124　"缩放体"对话框

"点方式"子功能指定另一个参考点。该选项只在"均匀"和"轴对称"类型中可用。

③比例因子：让用户指定比例因子（乘数），通过它来改变当前体的大小。

均匀缩放示意图如图 8-125 所示。

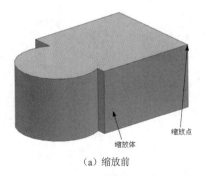

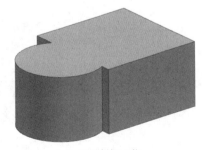

（a）缩放前　　　　　　　　　　　　　　　　　　　（b）缩放 1.5 倍

图 8-125　均匀缩放示意图

（2）轴对称：以指定的比例因子（或乘数）沿指定的轴对称缩放。包括沿指定的轴指定一个比例因子并指定另一个比例因子用在另外两个轴方向，对话框如图 8-126 所示。

缩放轴：该选项为比例操作指定一个参考轴。只在"轴对称"类型中可用。默认值是工作坐标系的 Z 轴。可以通过使用"矢量方法"子功能来改变它。

轴对称缩放示意图如图 8-127 所示。

图 8-126　"轴对称"类型

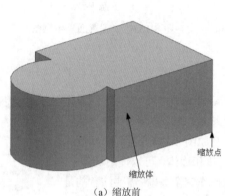 

（a）缩放前　　　　　　　（b）沿 Y 轴缩放 0.5，其他不变

图 8-127　轴对称缩放示意图

（3）不均匀：在所有的 X、Y、Z 三个方向上以不同的比例因子缩放，对话框如图 8-128 所示。示意图如图 8-129 所示。

图 8-128　"不均匀"类型

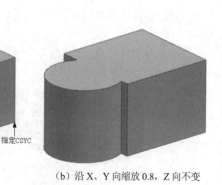

（a）缩放前　　　　　　　（b）沿 X、Y 向缩放 0.8，Z 向不变

图 8-129　不均匀缩放示意图

缩放坐标系：让用户指定一个参考坐标系。选择该步骤会启用"坐标系对话框"按钮。可以单击此按钮打开"坐标系"，用它来指定一个参考坐标系。

8.3　综合实例——创建轴承座

源文件：源文件\8\轴承座.prt

本实例的基本思路是首先创建一个圆柱体作为主体，然后在主体上利用"圆柱"命令创建孔等创建轴承座，如图 8-130 所示。

操作步骤　视频文件：动画演示\第 8 章\轴承座.mp4

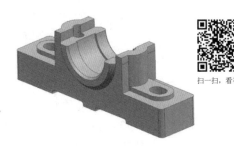

扫一扫，看视频

1．创建新文件

选择"文件"→"新建"命令或单击"主页"选项卡"标准"组中的"新建"按钮，打开"新建"对话框。在"模板"栏中选择"模型"，在"名称"文本框中输入"轴承座"，单击"确定"按钮，进入建模环境。

图 8-130　轴承座

2．创建圆柱体

（1）选择"菜单"→"插入"→"设计特征"→"圆柱"命令或单击"主页"选项卡"基本"组"更多"库下"设计特征"库中的"圆柱"按钮，打开"圆柱"对话框。

（2）在"类型"下拉列表中选择"轴、直径和高度"，在"指定矢量"下拉列表中选择"ZC 轴"，如图 8-131 所示。

（3）单击"点对话框"按钮，打开"点"对话框，将原点坐标设置为(0,0,0)，单击"确定"按钮，返回"圆柱"对话框。

（4）在"直径"和"高度"文本框中分别输入 80 和 65，单击"确定"按钮，生成圆柱体 1。

（5）步骤同上，在坐标点(0,0,5)处创建直径和高度为 110 和 55 的圆柱体 2，并与圆柱体 1 进行求和操作，如图 8-132 所示。

图 8-131　"圆柱"对话框

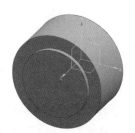

图 8-132　创建圆柱体

3. 绘制草图

（1）选择"菜单"→"插入"→"草图"命令或单击"主页"选项卡"构造"组中的"草图"按钮，在打开的"创建草图"对话框中设置XY平面为草图绘制平面，单击"确定"按钮，进入草图绘制界面。

（2）利用草图命令绘制如图8-133所示的草图。

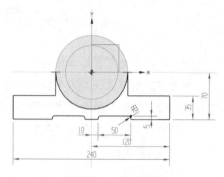

图8-133　绘制草图

4. 拉伸实体

（1）选择"菜单"→"插入"→"设计特征"→"拉伸"命令或单击"主页"选项卡"基本"组中的"拉伸"按钮，打开如图8-134所示的"拉伸"对话框。

（2）选择图8-133绘制的草图为拉伸截面，然后在"指定矢量"下拉列表中选择"ZC轴" **ZC**，在"限制"选项组中将"起始"和"终止"均设置为"值"，将其"距离"分别设置为5和60，在"布尔"下拉列表中选择"合并"选项，系统自动选择实体。最后单击"确定"按钮，完成拉伸操作，如图8-135所示。

图8-134　"拉伸"对话框

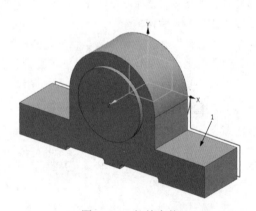

图8-135　拉伸实体

5. 绘制草图

（1）选择"菜单"→"插入"→"草图"命令或单击"主页"选项卡"构造"组中的"草图"按钮，在打开的"创建草图"对话框中设置如图8-135所示的面1为草图绘制平面，单击"确定"按钮，进入草图绘制界面。

（2）利用草图命令绘制如图8-136所示的草图。

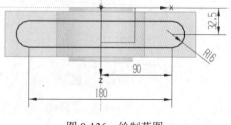

图8-136　绘制草图

6. 拉伸实体

（1）选择"菜单"→"插入"→"设计特征"→"拉伸"命令或单击"主页"选项卡"基本"组中的"拉伸"按钮🏠，打开如图 8-137 所示的"拉伸"对话框。

（2）选择图 8-136 绘制的草图为拉伸截面，然后在"指定矢量"下拉列表中选择"YC 轴"🏹，在"限制"选项组中将"起始"和"终止"均设置为"值"，将其"距离"分别设置为 0 和 5，在"布尔"下拉列表中选择"合并"选项，系统自动选择实体。最后单击"确定"按钮，完成拉伸操作，如图 8-138 所示。

7. 绘制草图

（1）选择"菜单"→"插入"→"草图"命令或单击"主页"选项卡"构造"组中的"草图"按钮🖊️，在打开的"创建草图"对话框中设置如图 8-135 所示的面 1 为草图绘制平面，单击"确定"按钮，进入草图绘制界面。

（2）利用草图命令绘制如图 8-139 所示的草图。

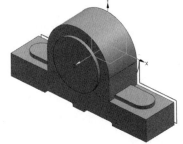

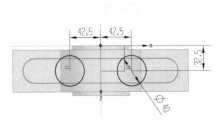

图 8-137　"拉伸"对话框　　　　图 8-138　拉伸实体　　　　图 8-139　绘制草图

8. 拉伸实体

（1）选择"菜单"→"插入"→"设计特征"→"拉伸"命令或单击"主页"选项卡"基本"组中的"拉伸"按钮🏠，打开如图 8-140 所示的"拉伸"对话框。

（2）选择图 8-139 绘制的草图为拉伸截面，然后在"指定矢量"下拉列表中选择"YC 轴"🏹，在"限制"选项组中将"起始"和"终止"均设置为"值"，将其"距离"分别设置为 0 和 80，在"布尔"下拉列表中选择"合并"选项，系统自动选择实体。最后单击"确定"按钮，完成拉伸操作，如图 8-141 所示。

图 8-140　"拉伸"对话框

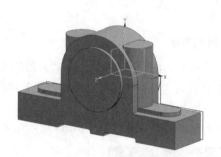

图 8-141　拉伸实体

9. 创建孔

（1）选择"菜单"→"插入"→"设计特征"→"孔"命令或单击"主页"选项卡"基本"组中的"孔"按钮 ，打开如图 8-142 所示的"孔"对话框。

（2）在"类型"下拉列表框中选择"简单"。

（3）捕捉步骤 8 创建的拉伸实体的两端圆弧圆心为孔放置位置，如图 8-143 所示。

（4）在"孔"对话框中，将"孔径"和"深度限制"分别设置为 13、贯通体，单击"确定"按钮，完成孔的创建，如图 8-144 所示。

图 8-142　"孔"对话框

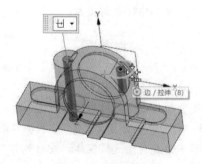

图 8-143　捕捉圆心

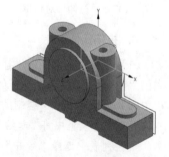

图 8-144　创建简单孔

（5）同上步骤，捕捉如图 8-145 所示的圆柱体圆心为孔放置位置，创建直径为 60 的通孔，结果如图 8-146 所示。

10．绘制草图

（1）选择"菜单"→"插入"→"草图"命令或单击"主页"选项卡"构造"组中的"草图"按钮 ，在打开的"创建草图"对话框中设置 XY 平面为草图绘制平面，单击"确定"按钮，进入草图绘制界面。

（2）利用草图命令绘制如图 8-147 所示的草图。

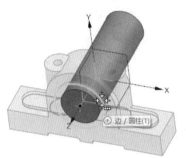

图 8-145　捕捉圆心　　　　图 8-146　创建通孔　　　　图 8-147　绘制草图

11．拉伸实体

（1）选择"菜单"→"插入"→"设计特征"→"拉伸"命令或单击"主页"选项卡"基本"组中的"拉伸"按钮 ，打开如图 8-148 所示的"拉伸"对话框。

（2）选择图 8-147 绘制的草图为拉伸截面，然后在"指定矢量"下拉列表中选择"ZC 轴" ，在"限制"选项组中将"起始"和"终止"均设置为"值"，将其"距离"分别设置为 0 和 65，在"布尔"下拉列表中选择"减去"选项，系统自动选择实体。最后单击"确定"按钮，完成拉伸操作，如图 8-149 所示。

12．绘制草图

（1）选择"菜单"→"插入"→"草图"命令或单击"主页"选项卡"构造"组中的"草图"按钮 ，在打开的"创建草图"对话框中设置如图 8-149 所示的面 2 为草图绘制平面，单击"确定"按钮，进入草图绘制界面。

（2）利用草图命令绘制如图 8-150 所示的草图。

13．拉伸实体

（1）选择"菜单"→"插入"→"设计特征"→"拉伸"命令或单击"主页"选项卡"基本"组中的"拉伸"按钮 ，打开如图 8-151 所示的"拉伸"对话框。

图 8-148　"拉伸"对话框

（2）选择图 8-150 绘制的草图为拉伸截面，然后在"指定矢量"下拉列表中选择"-YC 轴" ，在"限制"选项组中将"终止"设置为"贯通"，在"布尔"下拉列表中选择"减去"选项，系统自动选择实体。最后单击"确定"按钮，完成拉伸操作，如图 8-152 所示。

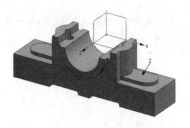

图 8-149　拉伸实体

图 8-150　绘制草图

图 8-151　"拉伸"对话框

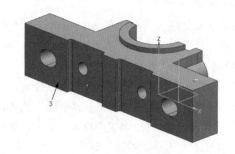

图 8-152　拉伸实体

14. 绘制草图

（1）选择"菜单"→"插入"→"草图"命令或单击"主页"选项卡"构造"组中的"草图"按钮 ，在打开的"创建草图"对话框中设置如图 8-152 所示的面 3 为草图绘制平面，单击"确定"按钮，进入草图绘制界面。

（2）利用草图命令绘制如图 8-153 所示的草图。

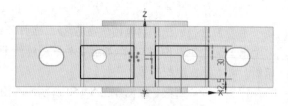

图 8-153　绘制草图

15. 拉伸实体

（1）选择"菜单"→"插入"→"设计特征"→"拉伸"命令或单击"主页"选项卡"基本"组中的"拉伸"按钮 ，打开如图 8-154 所示的"拉伸"对话框。

（2）选择图 8-153 绘制的草图为拉伸截面，然后在"指定矢量"下拉列表中选择"YC 轴" 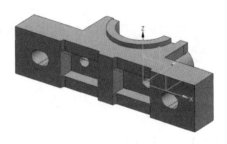，在"限制"选项组中将"起始"和"终止"均设置为"值"，将其"距离"分别设置为 0 和 20，在"布尔"下拉列表中选择"减去"选项，系统自动选择实体。最后单击"确定"按钮，完成拉伸操作，如图 8-155 所示。

图 8-154 "拉伸"对话框

图 8-155 拉伸实体

16．创建槽

（1）选择"菜单"→"插入"→"设计特征"→"圆柱"命令或单击"主页"选项卡"基本"组"更多"库下"设计特征"库中的"圆柱"按钮，打开"圆柱"对话框。

（2）在"类型"下拉列表中选择"轴、直径和高度"，在"指定矢量"下拉列表中选择"ZC 轴"，如图 8-156 所示。

（3）单击"点对话框"按钮，打开"点"对话框，将原点坐标设置为(0,0,17)，单击"确定"按钮，返回"圆柱"对话框。

（4）在"直径"和"高度"文本框中分别输入 65 和 31，在"布尔"下拉列表中选择"减去"选项，单击"确定"按钮，生成槽，如图 8-157 所示。

17．创建倒斜角

（1）选择"菜单"→"插入"→"细节特征"→"倒斜角"命令或单击"主页"选项卡"基本"组中的"倒斜角"按钮，打开"倒斜角"对话框。

（2）在"横截面"下拉列表中选择"对称"，在"距离"文本框中输入 2.5，如图 8-158 所示。

（3）在视图中选择如图 8-159 所示的边。

（4）在"倒斜角"对话框中单击"应用"按钮。

（5）在视图中选择如图 8-160 所示的边，输入距离为 5，单击"确定"按钮，结果如图 8-161 所示。

图 8-156　"圆柱"对话框

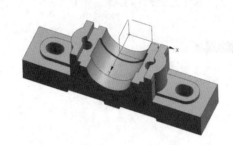

图 8-157　创建槽

图 8-158　"倒斜角"对话框

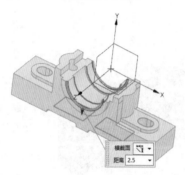

图 8-159　选择倒角边

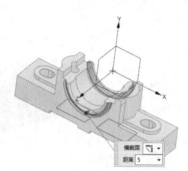

图 8-160　选择倒角边

图 8-161　倒斜角

18. 边倒圆

（1）选择"菜单"→"插入"→"细节特征"→"边倒圆"命令或单击"主页"选项卡"基本"组中的"边倒圆"按钮，打开"边倒圆"对话框，如图 8-162 所示。

（2）在"形状"下拉列表中选择"圆形"，在视图中选择如图 8-163 所示的边，在"半径 1"文本框中输入 5。

（3）在"边倒圆"对话框中单击"确定"按钮，完成倒圆角处理，结果如图 8-130 所示。

图 8-162　"边倒圆"对话框

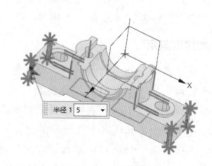

图 8-163　选择边

第 9 章　特征操作

内容简介

特征操作是在特征建模基础上的进一步细化。其中大部分命令也可以在菜单栏中找到，只是 UG NX 中已将其分散在很多子菜单中，如 "插入" → "关联复制" 和 "插入" → "修剪" 及 "插入" → "细节特征" 等子菜单下。

内容要点

- ➥ 细节特征
- ➥ 修剪

9.1　细　节　特　征

本节主要介绍 "细节特征" 子菜单中的特征。

9.1.1　边倒圆

选择 "菜单" → "插入" → "细节特征" → "边倒圆" 命令或单击 "主页" 选项卡 "基本" 组中的 "边倒圆" 按钮 ⬜，打开如图 9-1 所示的 "边倒圆" 对话框。该选项能通过对选定的边进行倒圆来修改一个实体，示意图如图 9-2 所示。

图 9-1　"边倒圆" 对话框

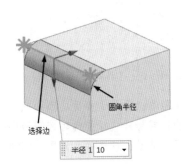

图 9-2　"边倒圆" 示意图

加工圆角时，用一个圆球沿着要倒圆角的边（圆角半径）滚动，并保持紧贴相交于该边的两个面，球将圆角层除去。球将在两个面的内部或外部滚动，这取决于是要生成圆角还是要生成倒过圆角的边。

"边倒圆"对话框中部分选项功能说明如下。

（1）边：选择要倒圆角的边，在打开的浮动对话栏中输入想要的半径值（必须是正值）即可。圆角沿着选定的边生成。

（2）变半径：通过沿着选中的边缘指定多个点并输入每一个点上的半径，可以生成一个可变半径圆角，对话框如图9-3所示；图9-4所示为生成了一个半径沿着其边缘变化的圆角。

选择倒角的边，可以通过弧长取点，如图9-5所示。对于每一处边倒角系统都设置了对应的表达式，用户可以通过它进行倒圆角半径的调整。当在可变窗口区选取某点进行编辑时（右击即可通过"移除"命令删除点），在工作绘图区显示对应的点，可以动态地进行调整。

（3）拐角倒角：该选项可以生成一个拐角圆角，也称为球状圆角。该选项用于指定所有圆角的偏置值（这些圆角一起形成拐角），从而能控制拐角的形状。拐角的用意是作为非类型表面钣金冲压的一种辅助，并不意味着要用于生成曲率连续的面。

（4）拐角突然停止：该选项通过添加中止倒角点限制边上的倒角范围，示意图如图9-6所示。

图9-3　"变半径"栏

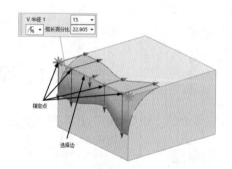

图9-4　"变半径"示意图

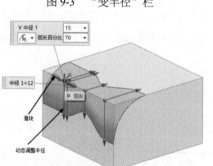

图9-5　"调整点"示意图

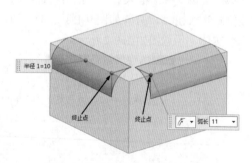

图9-6　"拐角突然停止"示意图

（5）长度限制：可用于修剪所选面或平面的边倒圆。

（6）溢出：在生成边缘圆角时控制溢出的处理方法。

①跨光顺边滚动：该选项允许用户倒角遇到另一表面时，实现光滑倒角过渡，如图9-7所示。

（a）不勾选"跨光顺边滚动"复选框　　　　（b）勾选"跨光顺边滚动"复选框

图 9-7　跨光顺边滚动

②沿边滚动：该选项即以前版本中的"允许陡峭边缘溢出"选项，在溢出区域保留尖锐的边缘，如图 9-8 所示。

（a）不勾选"沿边滚动"复选框　　　　　　（b）勾选"沿边滚动"复选框

图 9-8　沿边滚动

③修剪圆角：该选项允许用户在倒角过程中与定义倒角边的面保持相切，并移除阻碍的边。

（7）设置。

①修补混合凸度拐角：该选项即以前版本中的"柔化圆角顶点"选项，允许 Y 形圆角。当相对凸面的邻近边上的两个圆角相交三次或更多次时，边缘顶点和圆角的默认外形将从一个圆角滚动到另一个圆角上，Y 形顶点圆角提供在顶点处可选的圆角形状。

②移除自相交：由于圆角的创建精度等原因从而导致了自相交面，该选项允许系统自动利用多边形曲面来替换自相交曲面。

扫一扫，看视频

★重点　动手学——创建滚轮

源文件：源文件\9\滚轮.prt

滚轮端面由草图曲线拉伸生成，然后在拉伸实体上创建凸起和球体，生成模型如图 9-9 所示。

操作步骤　视频文件：动画演示\第 9 章\滚轮.mp4

（1）新建文件。选择"文件"→"新建"命令或单击"主页"选项卡"标准"组中的"新建"按钮，打开"新建"对话框，在"模板"栏中选择"模型"，在"名称"文本框中输入"滚轮"，单击"确定"按钮，进入建模环境。

（2）创建草图曲线。选择"菜单"→"插入"→"草图"命令或单击"主页"选项卡"构造"组中的"草图"按钮，打开"创建草图"对话框，选择 XY 平面为草图绘制平面，保持默认选项，单击"确定"按钮，绘制如图 9-10 所示的草图。单击"完成"按钮，完成草图的绘制。

图 9-9　滚轮

（3）拉伸实体。选择"菜单"→"插入"→"设计特征"→"拉伸"命令或单击"主页"选项卡"基本"组中的"拉伸"按钮🏠，打开如图9-11所示的"拉伸"对话框。选择上步绘制的草图为拉伸截面，在起始"距离"中输入0，终止"距离"中输入2，在"指定矢量"下拉列表中选择ZC轴为拉伸方向。单击"确定"按钮，完成拉伸操作，如图9-12所示。

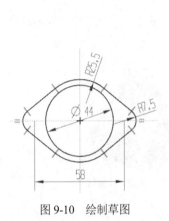

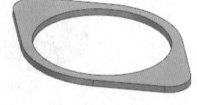

图9-10　绘制草图　　　　　图9-11　"拉伸"对话框　　　　　图9-12　拉伸实体

（4）创建圆柱。选择"菜单"→"插入"→"设计特征"→"圆柱"命令或单击"主页"选项卡"基本"组"更多"库下"设计特征"库中的"圆柱"按钮🔵，打开如图9-13所示的"圆柱"对话框。选择"轴、直径和高度"类型，在"指定矢量"下拉列表中选择ZC轴为圆柱创建方向，捕捉拉伸体的圆孔下端圆心为圆柱中心，在"直径"和"高度"文本框中分别输入44和19，在"布尔"下拉列表中选择"合并"，单击"确定"按钮，完成圆柱1的创建，如图9-14所示。按照同样的方法捕捉圆柱1上端面中心点为圆柱2的中心，绘制直径为28高度为6的圆柱2，如图9-15所示。

图9-13　"圆柱"对话框　　　　　图9-14　创建圆柱1　　　　　图9-15　创建圆柱2

（5）边倒圆。选择"菜单"→"插入"→"细节特征"→"边倒圆"命令或单击"主页"选项卡"基本"组中的"边倒圆"按钮🔵，打开"边倒圆"对话框。选择图 9-16 所示的圆弧边，单击"应用"按钮；选择其他圆角边，半径值如图 9-17 所示。结果如图 9-18 所示。

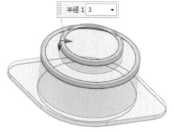

图 9-16　选择边　　　　　　　图 9-17　选择圆角边　　　　　　图 9-18　圆角处理

（6）创建球。选择"菜单"→"插入"→"设计特征"→"球"命令或单击"主页"选项卡"基本"组"更多"库下"设计特征"库中的"球"按钮🔵，打开如图 9-19 所示的"球"对话框。选择"中心点和直径"类型，输入直径为 26。单击"点对话框"按钮⬚，在打开的对话框中输入(0,0,20)，单击"确定"按钮。在"布尔"下拉列表中选择"合并"，单击"确定"按钮，完成球的创建，生成模型如图 9-20 所示。

图 9-19　"球"对话框　　　　　　　图 9-20　创建球体

（7）创建简单孔。选择"菜单"→"插入"→"设计特征"→"孔"命令或单击"主页"选项卡"基本"组中的"孔"按钮🔵，打开如图 9-21 所示的"孔"对话框。选择"简单"类型，在"孔径""孔深"和"顶锥角"文本框中分别输入 5、2 和 0。捕捉如图 9-22 所示的圆弧中心为孔放置位置，单击"确定"按钮，完成简单孔的创建。

图 9-21　"孔"对话框

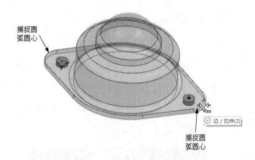

图 9-22　捕捉圆弧圆心

扫一扫，看视频

练一练——创建填料压盖

创建如图 9-23 所示的填料压盖。

✎ **思路点拨：**

> 源文件：源文件\9\填料压盖.prt
> （1）利用"圆柱"和"边倒圆"命令创建填料压盖的安装板。
> （2）利用"凸起"和"孔"命令在安装板上创建凸起和通孔。
> （3）利用"孔"命令创建安装螺栓的通孔。

图 9-23　填料压盖

9.1.2　面倒圆

选择"菜单"→"插入"→"细节特征"→"面倒圆"命令或单击"主页"选项卡"特征"组"倒圆"下拉菜单中的"面倒圆"按钮 ，打开如图 9-24 所示的"面倒圆"对话框。此选项让用户通过可选的圆角面的修剪生成一个相切于指定面组的圆角。

"面倒圆"对话框中部分选项功能说明如下。

1. 类型

（1）双面：选择两个面链和半径来创建倒圆角，示意图如图 9-25 所示。

（2）三面：选择两个面链和中间面来创建完全倒圆角，示意图如图 9-26 所示。

图 9-24　"面倒圆"对话框

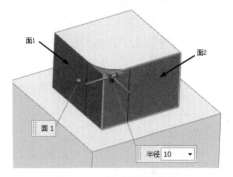

图 9-25　"双面"倒圆角

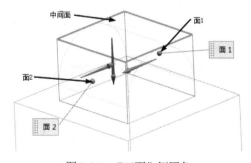

图 9-26　"三面"倒圆角

2. 面

（1）选择面 1：用于选择面倒圆的第一个面。

（2）选择面 2：用于选择面倒圆的第二个面。

3. 方位

（1）滚球：其横截面位于垂直于选定的两组面的平面上。

（2）扫掠圆盘：和滚动球不同的是在倒圆横截面中多了脊曲线。

4. 形状

（1）圆形：用定义好的圆盘与倒角面相切进行倒角。

（2）对称相切：二次曲线面圆角具有二次曲线横截面。

（3）非对称相切：用两个偏置和一个 Rho 来控制横截面。还必须定义一个脊线线串来定义二次曲线截面的平面。

5. 半径方法

（1）恒定：对于恒定半径的圆角，只允许使用正值。

（2）可变：根据规律类型和规律值，基于脊线上两个或多个个体点改变圆角半径。

（3）限制曲线：半径由限制曲线定义，且该限制曲线始终与倒圆保持接触，并且始终与选定曲线或边相切。该曲线必须位于一个定义面链内。

9.1.3 倒斜角

选择"菜单"→"插入"→"细节特征"→"倒斜角"命令或单击"主页"选项卡"基本"组中的"倒斜角"按钮◇，打开如图 9-27 所示的"倒斜角"对话框。该选项通过定义所需的倒角尺寸在实体的边上形成斜角。

"倒斜角"对话框中各选项功能说明如下。

（1）对称：该选项让用户生成一个简单的倒角，它沿着两个面的偏置是相同的。必须输入一个正的偏置值，示意图如图 9-28 所示。

（2）非对称：用于与倒角边邻接的两个面分别采用不同偏置值来创建倒角，必须输入"距离 1"值和"距离 2"值。这些偏置是从选择的边沿着面测量的，这两个值都必须是正值，如图 9-29 所示。在生成倒角以后，如果倒角的偏置和想要的方向相反，可以选择"反向"。

（3）偏置和角度：该选项可以用一个角度来定义简单的倒角。需要输入"距离"值和"角度"值，如图 9-30 所示。

图 9-27　"倒斜角"对话框

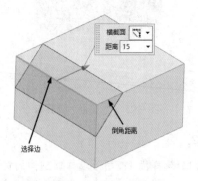

图 9-28　"对称"示意图

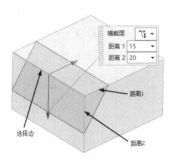

图 9-29 "非对称"示意图

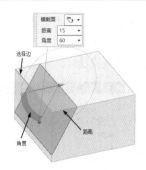

图 9-30 "偏置和角度"示意图

★重点 动手学——创建下阀瓣

源文件：源文件\9\下阀瓣.prt

下阀瓣如同上阀瓣，是一种轴对称实体，既可以使用平面曲线通过旋转操作生成，也可以利用圆柱、凸起以及倒角等实体操作来生成。由于下阀瓣形体简单，本实例采用后一种方法，使用"圆柱""凸起"以及"倒角"等命令完成创建，如图 9-31 所示。

操作步骤 视频文件：动画演示\第 9 章\下阀瓣.mp4

（1）新建文件。选择"文件"→"新建"命令或单击"主页"选项卡"标准"组中的"新建"按钮，打开"新建"对话框，在"模板"栏中选择"模型"，在"名称"文本框中输入"下阀瓣"，单击"确定"按钮，进入建模环境。

图 9-31 下阀瓣

（2）创建圆柱。选择"菜单"→"插入"→"设计特征"→"圆柱"命令或单击"主页"选项卡"基本"组"更多"库下"设计特征"库中的"圆柱"按钮，打开"圆柱"对话框。选择"轴、直径和高度"类型，指定矢量方向为 ZC 轴，设置"直径"为 10，"高度"为 18，如图 9-32 所示。单击"确定"按钮，完成圆柱 1 的创建，结果如图 9-33 所示。

（3）创建圆柱。同上步骤创建圆柱体 2 和 3，直径和高度参数分别是 17 和 4、7 和 18，圆柱体生成原点分别是上个圆柱体的上端面中心,分别完成求和操作，结果如图 9-34 所示。

图 9-32 "圆柱"对话框

图 9-33 创建圆柱 1

图 9-34 创建圆柱

（4）端面倒直角。选择"菜单"→"插入"→"细节特征"→"倒斜角"命令或单击"主页"选项卡"基本"组中的"倒斜角"按钮💿，打开"倒斜角"对话框。在"横截面"下拉列表中选择"对称"选项，设置距离为1，如图9-35所示。单击"确定"按钮，完成端面倒直角，如图9-36所示。

图9-35　"倒斜角"对话框

图9-36　端面倒直角

9.1.4　球形拐角

选择"菜单"→"插入"→"细节特征"→"球形拐角"命令，打开如图9-37所示的"球形拐角"对话框。该对话框用于通过选择三个面创建一个球形角落相切曲面。三个面可以是曲面，也可以不需要相互接触，生成的曲面分别与三个曲面相切，示意图如图9-38所示。

图9-37　"球形拐角"对话框

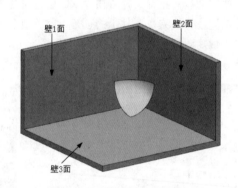

图9-38　"球形拐角"示意图

"球形拐角"对话框中部分选项功能说明如下。

（1）选择步骤。

①选择面作为壁1：用于设置球形拐角的第一个相切曲面。

②选择面作为壁2：用于设置球形拐角的第二个相切曲面。

③选择面作为壁 3：用于设置球形拐角的第三个相切曲面。

（2）半径：用于设置球形拐角的半径值。

（3）反向：使球形拐角曲面的法向反向。

9.1.5　拔模角

选择"菜单"→"插入"→"细节特征"→"拔模"命令或单击"主页"选项卡"基本"组中的"拔模"按钮 ，打开如图 9-39 所示的"拔模"对话框。该选项让用户相对于指定矢量和可选的参考点将拔模应用于面或边。

"拔模"对话框中部分选项功能说明如下。

（1）面：该选项能将选中的面倾斜，示意图如图 9-40 所示。

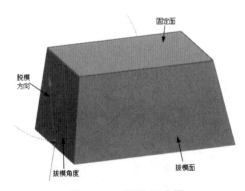

图 9-39　"拔模"对话框　　　　　　图 9-40　"面"示意图

①脱模方向：定义拔模方向矢量。

②固定面：定义拔模时不改变的平面。

③要拔模的面：选择拔模操作所涉及的各个面。

④角度：定义拔模的角度。

⑤距离公差：更改拔模操作的"距离公差"。默认值从建模预设置中取得。

⑥角度公差：更改拔模操作的"角度公差"。默认值从建模预设置中取得。

需要注意的是，用同样的固定面和方向矢量来拔模内部面和外部面，则内部面拔模和外部面拔模是相反的。

（2）边：能沿一组选中的边按指定的角度拔模。该选项能沿选中的一组边按指定的角度和参考点进行拔模，选择"边"选项下的对话框如图 9-41 所示，示意图如图 9-42 所示。

图9-41 "边"选项

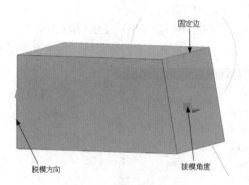

图9-42 "边"示意图

如果选择的边是平滑的，则将被拔模的面是在拔模方向矢量所指一侧的面。

（3）与面相切：能以给定的拔模角拔模，开模方向与所选面相切。该选项按指定的拔模角进行拔模，拔模与选中的面相切，选择"与面相切"选项下的对话框如图9-43所示。用此角度来决定用作参考对象的等斜度曲线，然后在离开方向矢量的一侧生成拔模面，示意图如图9-44所示。

图9-43 "与面相切"选项

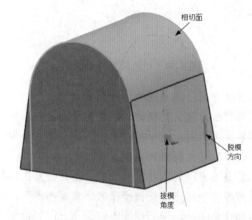

图9-44 "与面相切"示意图

该拔模类型对于模铸件和浇铸件特别有用，可以弥补任何可能的拔模不足。

（4）分型边：能沿一组选中的边，用指定的多个角度和一个参考点进行拔模，选择该选项下的对话框如图 9-45 所示。该选项能沿选中的一组边用指定的角度和一个固定面生成拔模。分隔线拔模生成垂直于参考方向和边的扫掠面，如图 9-46 所示。在这种类型的拔模中，改变了面但不改变分隔线。在处理模铸塑料部件时是一个常用的操作。

图 9-45　"分型边"选项

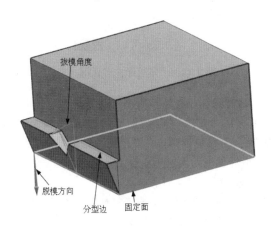

图 9-46　"分型边"示意图

扫一扫，看视频

★重点　动手学——创建耳机插头

源文件：源文件\9\耳机插头.prt

耳机插头形状较为复杂，各部分都是由不规则的形体组成的，本实例综合应用各曲线并进行拉伸，然后对拉伸实体进行拔模和创建圆台等操作，如图 9-47 所示。

操作步骤　视频文件：动画演示\第 9 章\耳机插头.mp4

（1）新建文件。选择"文件"→"新建"命令或单击"主页"选项卡"标准"组中的"新建"按钮，打开"新建"对话框，在"模板"栏中选择"模型"模板，在"名称"文本框中输入"耳机插头"，单击"确定"按钮，进入建模环境。

图 9-47　耳机插头

（2）创建六边形。

①单击"主页"选项卡"构造"组中的"草图"按钮，打开"创建草图"对话框。选择 XY 平面作为草图绘制平面，单击"确定"按钮，进入草图绘制界面。

②选择"菜单"→"插入"→"曲线"→"多边形"命令或单击"主页"选项卡"曲线"组"更多"库中的"多边形"按钮，打开如图 9-48 所示的"多边形"对话框。在"指定点"下拉列表框中选择"现有点"，指定原点为中心点；在"边数"文本框中输入 6；在"大小"下拉列表框中选择"内切圆半径"；在"半径"文本框中输入 4.25；在"旋转"文本框中输入 30。单击"关闭"按钮，单击"完成"按钮，完成六边形的绘制，如图 9-49 所示。

图 9-48　"多边形"对话框

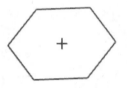

图 9-49　六边形

（3）拉伸实体。选择"菜单"→"插入"→"设计特征"→"拉伸"命令或单击"主页"选项卡"基本"组中的"拉伸"按钮🔲，打开如图 9-50 所示的"拉伸"对话框。在"指定矢量"下拉列表中选择"ZC 轴"为拉伸方向，在"限制"栏的起始"距离"文本框中输入 0，终止"距离"文本框中输入 13.5。选择屏幕中的六边形曲线，注意拉伸方向，目标方向 ZC 轴向，单击"确定"按钮，完成拉伸操作。生成模型如图 9-51 所示。

（4）创建基准平面。选择"菜单"→"插入"→"基准"→"基准平面"命令或单击"主页"选项卡"构造"组"基准"下拉菜单中的"基准平面"按钮◈，打开如图 9-52 所示的"基准平面"对话框。选择"曲线和点"类型，在"子类型"下拉列表中选择"三点"，分别选择图 9-53 所示的三点，单击"确定"按钮，完成基准平面的创建，如图 9-54 所示。

图 9-50　"拉伸"对话框

图 9-51　拉伸实体

图 9-52　"基准平面"对话框

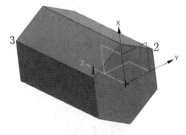

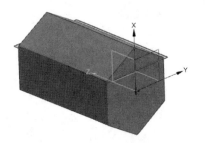

图 9-53　选择点　　　　　　　　　　　　图 9-54　创建基准平面

（5）创建草图。

①单击"主页"选项卡"构造"组中的"草图"按钮 🖉 ，打开"创建草图"对话框，选择上一步创建的基准平面作为草图绘制平面，单击"确定"按钮，进入草图绘制界面。

②选择"菜单"→"插入"→"曲线"→"矩形"命令或单击"主页"选项卡"曲线"组中的"矩形"按钮 ▭ ，打开"矩形"对话框。绘制如图 9-55 所示的草图。单击"完成"按钮 🏁 ，完成草图的绘制。

（6）创建拉伸。

选择"菜单"→"插入"→"设计特征"→"拉伸"命令或单击"主页"选项卡"基本"组中的"拉伸"按钮 🟫 ，打开如图 6-56 所示的"拉伸"对话框。选择上一步创建的草图为拉伸曲线，在"指定矢量"下拉列表框中选择"ZC 轴"为拉伸方向，分别设置起始距离和终止距离为 0 和 6，在"布尔"下拉列表中选择"合并"，单击"确定"按钮，创建如图 9-57 所示拉伸体。

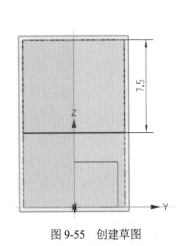

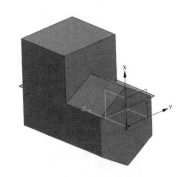

图 9-55　创建草图　　　　　　图 9-56　"拉伸"对话框　　　　　图 9-57　创建拉伸体

（7）拔模。选择"菜单"→"插入"→"细节特征"→"拔模"命令或单击"主页"选项卡"基本"组中的"拔模"按钮 🟫 ，打开"拔模"对话框，如图 9-58 所示。依次选择如图 9-59 所示的拔模面、拔模方向和固定平面，在"角度 1"文本框中输入 30，单击"确定"按钮，完成拔模操作，如图 9-60 所示。

图 9-58 "拔模"对话框

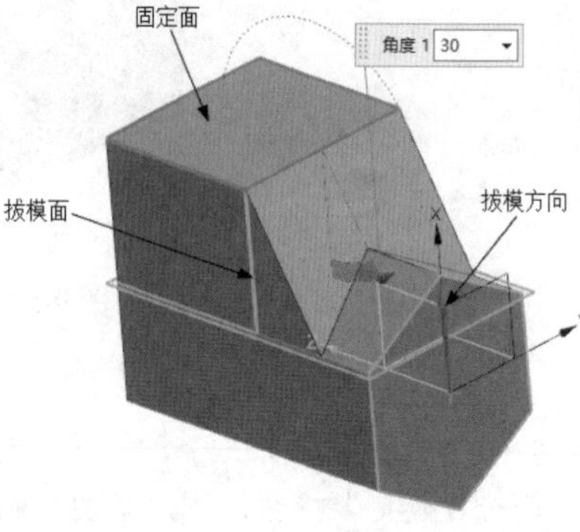

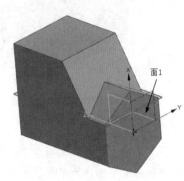

图 9-59 拔模示意图

图 9-60 拔模

（8）创建凸起。

①选择"菜单"→"插入"→"设计特征"→"凸起"命令或单击"主页"选项卡"基本"组"更多"库下"细节特征"库中的"凸起"按钮，打开"凸起"对话框。

②单击"绘制截面"按钮，打开"创建草图"对话框，选择 XC-YC 平面为草图绘制平面，单击"确定"按钮，进入草图绘制环境，绘制如图 9-61 所示的草图，单击"完成"。

③返回到如图 9-62 所示的"凸起"对话框，选择图 9-60 中面 1 为要凸起的面，在"几何体"下拉列表中选择"凸起的面"，"距离"文本框中输入 1，在"拔模"下拉列表中选择"凸起的 面"，在"角度 1"文本框输入 10，单击"应用"按钮，完成凸起 1 的创建，结果如图 9-63 所示。

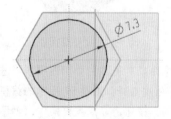

图 9-61 绘制草图

图 9-62 "凸起"对话框

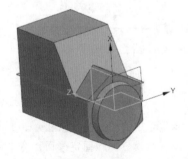

图 9-63 创建凸起 1

④按照同样的方法，在凸起 1 的上端面创建直径、高度和锥角分别为 6.8、1 和 0，且中心位于凸起 1 的上端面中心的凸起 2；在凸起 2 的上端面创建直径、高度和锥角分别为 4.5、10 和 0 的凸起 3；在凸起 3 的上端面创建直径、高度和锥角分别为 3、4 和-3 的凸起 4。生成模型如图 9-64 所示。

（9）创建槽。选择"菜单"→"插入"→"设计特征"→"槽"命令或单击"主页"选项卡"基本"组"更多"库下"细节特征"库中的"槽"按钮 ，打开"槽"对话框，如图 9-65 所示。单击"矩形"按钮，打开"矩形槽"对话框，如图 9-66 所示。选择凸起 3 的侧面，打开"矩形槽"参数设置对话框，如图 9-67 所示。在"槽直径"和"宽度"文本框中分别输入 4.35 和 0.8，单击"确定"按钮，打开"定位槽"对话框。选择凸起 3 的上端面边缘为基准，选择槽上端面边缘为刀具边，打开如图 9-68 所示的"创建表达式"对话框。在对话框中输入 1，单击"确定"按钮，完成槽 1 的创建。同上步骤创建参数相同、定位距离为 3 的槽 2，生成模型如图 9-69 所示。

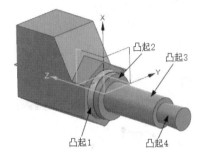

图 9-64 创建凸起

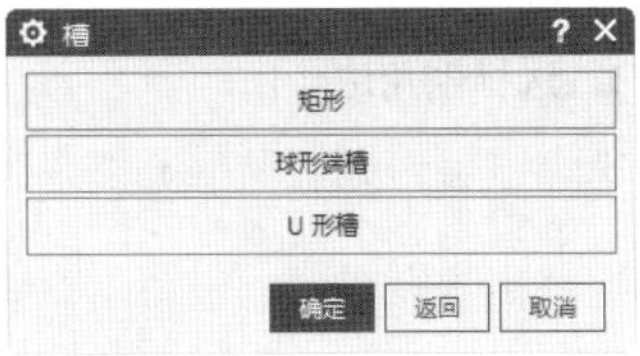

图 9-65 "槽"对话框

图 9-66 "矩形槽"对话框

图 9-67 "矩形槽"参数设置
对话框

图 9-68 "创建表达式"对话框

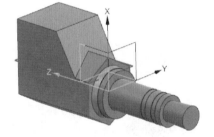

图 9-69 创建槽

（10）边倒角。选择"菜单"→"插入"→"细节特征"→"倒斜角"命令或单击"主页"选项卡"基本"组中的"倒斜角"按钮 ，打开"倒斜角"对话框，如图 9-70 所示。选择凸起 3 的边，设置倒角距离为 0.75，如图 9-71 所示。同理，选择凸起 4 的边，设置倒角距离为 1，如图 9-72 所示，结果如图 9-73 所示。

（11）创建草图曲线。选择"菜单"→"插入"→"草图"命令或单击"主页"选项卡"构造"组中的"草图"按钮 ，打开"创建草图"对话框。选择如图 9-73 所示的面 2 作为基准平面，进入草图绘制界面。绘制如图 9-74 所示的椭圆，长半轴、短半轴和角度分别为 3.5、2.5 和 0，单击"完成"按钮 ，完成草图的绘制。

（12）拉伸实体。选择"菜单"→"插入"→"设计特征"→"拉伸"命令或单击"主页"选项卡"基本"组中的"拉伸"按钮，打开如图 9-75 所示的"拉伸"对话框。在起始"距离"文本框中输入0，终止"距离"文本框中输入 12；选择屏幕中的椭圆曲线，在"指定矢量"下拉列表中选择 XC 轴为拉伸方向；在"拔模"下拉列表中选择"从起始限制"，输入角度为5°，单击"确定"按钮，完成拉伸操作，如图 9-47 所示。

图 9-70 "倒斜角"对话框

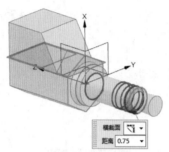

图 9-71 选择倒角边（1）

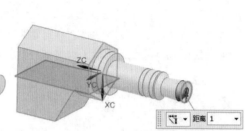

图 9-72 选择倒角边（2）

图 9-73 倒角处理

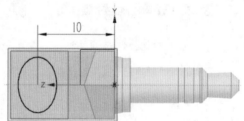

图 9-74 绘制椭圆草图

图 9-75 "拉伸"对话框

扫一扫，看视频

练一练——创建锅盖

创建如图 9-76 所示的锅盖。

✍ **思路点拨：**

源文件：源文件\9\锅盖.prt

图 9-76 锅盖

（1）利用"圆柱"命令创建圆柱。

（2）利用"拔模"命令创建拔模特征。

（3）利用"抽壳"命令完成锅盖的创建。

9.2　修　　剪

本节主要介绍"修剪"子菜单中的特征。这些特征主要对实体或面进行修剪、拆分和分割。

9.2.1　修剪体

选择"菜单"→"插入"→"修剪"→"修剪体"命令或单击"主页"选项卡"基本"组"组合"下拉菜单中的"修剪体"按钮，打开如图 9-77 所示的"修剪体"对话框。使用该选项可以使用一个面、基准平面或其他几何体修剪一个或多个目标体。选择要保留的体部分，并且修剪体将采用修剪几何体的形状。示意图如图 9-78 所示。

由法向矢量的方向确定目标体要保留的部分。矢量方向远离将保留的目标体部分。图 9-78 显示了矢量方向如何影响目标体要保留的部分。

图 9-77　"修剪体"对话框

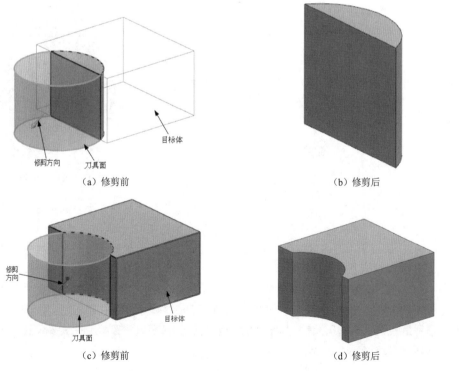

图 9-78　"修剪体"示意图

★重点　动手学——创建茶杯

源文件：源文件\9\茶杯.prt

本实例首先创建圆柱，然后对圆柱进行抽壳操作，生成杯体；然后绘制椭圆曲线，并通过沿曲线扫描操作创作杯手柄，生成模型如图9-79所示。

操作步骤　视频文件：动画演示\第9章\茶杯.mp4

图9-79　茶杯

（1）新建文件。选择"文件"→"新建"命令或单击"主页"选项卡"标准"组中的"新建"按钮，打开"新建"对话框，在"模板"栏中选择适当的模板，在"名称"文本框中输入"茶杯"，单击"确定"按钮，进入建模环境。

（2）创建圆柱。选择"菜单"→"插入"→"设计特征"→"圆柱"命令或单击"主页"选项卡"基本"组"更多"库下"设计特征"库中的"圆柱"按钮，打开如图9-80所示的"圆柱"对话框，在对话框中选择"轴、直径和高度"类型，选择"ZC轴"为生成圆柱矢量方向，单击"点构造器"按钮，在"点"对话框中输入(0,0,0)为圆柱原点，在"直径"和"高度"文本框中输入80和75，单击"确定"按钮完成圆柱1的创建。

同上步骤创建一个直径和高度分别为60和5，位于(0,0,-5)的圆柱2，如图9-81所示。

图9-80　"圆柱"对话框

图9-81　创建圆柱

（3）抽壳。选择"菜单"→"插入"→"偏置/缩放"→"抽壳"命令或单击"主页"选项卡"基本"组中的"抽壳"按钮，打开"抽壳"对话框，如图9-82所示。选择"开放"类型，在"厚度"文本框中输入5，选择如图9-83所示的最上面圆柱的顶端面为移除面，单击"确定"按钮，完成抽壳操作，如图9-84所示。

（4）创建孔。选择"菜单"→"插入"→"设计特征"→"孔"命令或单击"主页"选项卡"基本"组中的"孔"按钮，打开如图9-85所示的"孔"对话框。在"孔径""孔深"和"顶锥角"文本框中分别输入50、5和0，捕捉如图9-86所示的圆柱底面圆弧圆心为孔放置位置，单击"确定"按钮，生成如图9-87所示的模型。

图 9-82 "抽壳"对话框

图 9-83 选择移除面

图 9-84 抽壳

图 9-85 "孔"对话框

图 9-86 捕捉圆心

图 9-87 创建孔

（5）设置工作坐标系。选择"菜单"→"格式"→WCS→"旋转"命令，打开如图 9-88 所示的"旋转 WCS 绕…"对话框，选择"+XC 轴：YC-->ZC"选项，单击"确定"按钮，坐标系绕 XC 轴旋转 90°，如图 9-89 所示。

（6）生成样条曲线。选择"菜单"→"插入"→"曲线"→"艺术样条"命令或单击"曲线"选项卡"基本"组中的"艺术样条"按钮，打开如图 9-90 所示的"艺术样条"对话框。选择"通过点"类型，在"次数"文本框中输入 3，在屏幕中单击选择 5 个位置点，单击"确定"按钮，生成如图 9-91 所示的样条曲线。

（7）设置工作坐标系。选择"菜单"→"格式"→WCS→"原点"命令，选择样条曲线上端点；

选择"菜单"→"格式"→WCS→"旋转"命令，调整坐标系绕YC轴旋转90°。

（8）创建基准平面。选择"菜单"→"插入"→"基准"→"基准平面"命令或单击"主页"选项卡"构造"组"基准"下拉菜单中的"基准平面"按钮◈，打开如图9-92所示的"基准平面"对话框。选择"XC-YC平面"类型，在"距离"文本框中输入"0"，单击"确定"按钮，完成基准平面的创建，如图9-93所示。

图9-88　"旋转WCS绕…"对话框

图9-89　设置工作坐标系

图9-90　"艺术样条"对话框

图9-91　样条曲线　　　　图9-92　"基准平面"对话框

图9-93　创建基准平面

（9）绘制椭圆。选择"菜单"→"插入"→"草图"命令或单击"主页"选项卡"构造"组中的"草图"按钮🖉，选择XY平面作为草图绘制平面，单击"确定"按钮，进入草图绘制界面。在原点位置绘制大半径为9，小半径为4.5的椭圆，然后单击"主页"选项卡"草图"组中的"完成"按钮🏁，草图绘制完毕，结果如图9-94所示。

（10）沿引导线扫掠。选择"菜单"→"插入"→"扫掠"→"沿引导线扫掠"命令或单击"曲面"选项卡"基本"组"更多"库下"扫掠"库中的"沿引导线扫掠"按钮🏠，打开如图9-95所示的"沿引导线扫掠"对话框。选择椭圆为截面，选择样条曲线为引导线，单击"确定"按钮，生成如图9-96所示的杯把。

图 9-94 椭圆

图 9-95 "沿引导线扫掠"对话框

图 9-96 创建杯把

（11）修剪杯把。选择"菜单"→"插入"→"修剪"→"修剪体"命令或单击"主页"选项卡"基本"组"组合"下拉菜单中的"修剪体"按钮 ，打开如图 9-97 所示的"修剪体"对话框。选择杯体内的杯把部分，选择杯体的外表面为修剪工具，并单击"反向"按钮，调整修剪方向，单击"确定"按钮，修剪如图 9-98 所示的杯把。

（12）边倒圆。选择"菜单"→"插入"→"细节特征"→"边倒圆"命令或单击"主页"选项卡"基本"组"倒圆"下拉菜单中的"边倒圆"按钮 ，打开如图 9-99 所示的"边倒圆"对话框，为杯口边、杯底边、杯把和杯身接触处倒圆，倒圆半径为 1.0，结果如图 9-79 所示。

图 9-97 "修剪体"对话框

图 9-98 修剪杯把

图 9-99 "边倒圆"对话框

9.2.2 拆分体

选择"菜单"→"插入"→"修剪"→"拆分体"命令或单击"主页"选项卡"基本"组"更多"库下"修剪"库中的"拆分体"按钮 ，打开如图 9-100 所示的"拆分体"对话框。此选项使用面、基准平面或其他几何体拆分一个或多个目标体。操作过程类似于"修剪体"。其操作示意图如图9-101所示。

该操作从通过拆分生成的体上删除所有参数。

图9-100　"拆分体"对话框

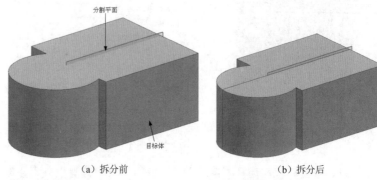

（a）拆分前　　　　　　　　　（b）拆分后

图9-101　"拆分体"示意图

9.2.3　分割面

选择"菜单"→"插入"→"修剪"→"分割面"命令或单击"主页"选项卡"基本"组"更多"库下"修剪"库中的"分割面"按钮，打开如图9-102所示的"分割面"对话框。此选项使用面、基准平面或其他几何体分割一个或多个面。其操作示意图如图9-103所示。

该操作从通过分割生成的面上删除所有参数。

图9-102　"分割面"对话框

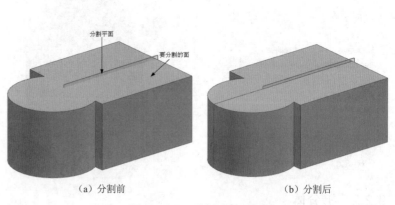

（a）分割前　　　　　　　　　（b）分割后

图9-103　"分割面"示意图

9.3　综合实例——创建泵体

源文件：源文件\9\泵体.prt

泵体是柱塞泵中最主要的零件，也是构型相对复杂的一个零件，因此将泵体再次分解，分为安装板、腔体、底座和肋板、孔系以及内螺纹等 5 个部分分别进行创建，每部分的创建都会用到一些特定的 UG NX 实体建模与编辑的命令，以及一些特殊的绘制技巧和注意事项。本实例创建的泵体如图 9-104 所示。

扫一扫，看视频

**操作步骤　**视频文件：动画演示\第 9 章\泵体.mp4

（1）新建文件。选择"文件"→"新建"命令或单击"主页"选项卡"标准"组中的"新建"按钮，打开"新建"对话框，如图 9-105 所示。在"模板"栏中选择"模型"，在"名称"文本框中输入"泵体"，单击"确定"按钮，进入建模环境。

图 9-104　泵体

图 9-105　"新建"对话框

（2）创建块。选择"菜单"→"插入"→"设计特征"→"块"命令或单击"主页"选项卡"基本"组"更多"库下"设计特征"库中的"块"按钮，打开"块"对话框，如图 9-106 所示。选择"原点和边长"类型，输入"长度"为68，"宽度"为68，"高度"为12，单击"确定"按钮，生成的块如图 9-107 所示。

（3）旋转块。选择"菜单"→"编辑"→"移动对象"命令或单击"工具"选项卡"实用工具"

组中的"移动对象"按钮⊕，打开如图9-108所示的"移动对象"对话框。选择块，选择坐标原点为旋转点，选择ZC轴为旋转轴，设置变换角度为-135°，选择"移动原先的"选项，单击"确定"按钮。旋转后的块如图9-109所示。

图9-106 "块"对话框

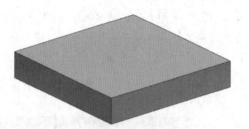

图9-107 创建块

图9-108 "移动对象"对话框

图9-109 旋转块

（4）修剪块。选择"菜单"→"插入"→"修剪"→"修剪体"命令或单击"主页"选项卡"基本"组"组合"下拉菜单中的"修剪体"按钮，打开"修剪体"对话框，如图9-110所示。选择块，在对话框中的工具选项中选择新平面，在"指定平面"下拉列表中选择"曲线和点"，依次选择图9-111中的1、2、3点。单击"反向"按钮，单击"确定"按钮，修剪后的块如图9-112所示。

（5）创建圆柱。选择"菜单"→"插入"→"设计特征"→"圆柱"命令或单击"主页"选项卡"基本"组"更多"库下"设计特征"库中的"圆柱"按钮，打开"圆柱"对话框，如图9-113所示。

选择"轴、直径和高度"类型,输入"直径"为120,"高度"为12,指定矢量方向为ZC轴,单击"点对话框"按钮,打开"点"对话框。输入点坐标为(0,–34,0)。连续单击"确定"按钮,结果如图9-114所示。

图9-110 "修剪体"对话框

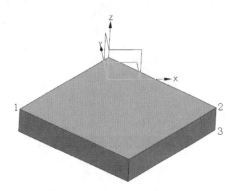

图9-111 选择点

图9-112 修剪后的块

图9-113 "圆柱"对话框

图9-114 创建圆柱

(6)创建圆柱。选择"菜单"→"插入"→"设计特征"→"圆柱"命令或单击"主页"选项卡"基本"组"更多"库下"设计特征"库中的"圆柱"按钮,打开"圆柱"对话框。选择"轴、直径和高度"类型,输入"直径"为120,"高度"为12,指定矢量方向为ZC轴。单击"点对话框"按钮,打开"点"对话框,输入点坐标为(0,34,0)。在"布尔"下拉列表中选择"相交"选项,在绘图窗口中再选择第一个圆柱,使两个圆柱相交,绘制结果如图9-115所示。

(7)布尔运算合并。选择"菜单"→"插入"→"组合"→"合并"命令或单击"主页"选项卡"基本"组中的"合并"按钮,打开"合并"对话框,如图9-116所示。分别选择相交圆柱和块,单击"确定"按钮完成两个实体的并集运算,结果如图9-117所示。

(8)实体边圆角。选择"菜单"→"插入"→"细节特征"→"边倒圆"命令或单击"主页"选项卡"基本"组"倒圆"下拉菜单中的"边倒圆"按钮,打开"边倒圆"对话框,如图9-118所示。输入"半径1"为12,选择如图9-119所示的相交圆柱的尖角棱边,单击"确定"按钮。

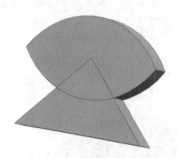

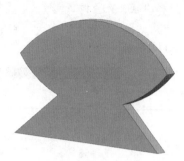

图 9-115　创建另一个圆柱　　　　图 9-116　"合并"对话框　　　　图 9-117　布尔运算合并

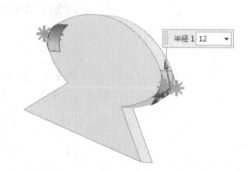

图 9-118　"边倒圆"对话框　　　　　　　图 9-119　选择边圆角

（9）实体边圆角。选择"菜单"→"插入"→"细节特征"→"边倒圆"命令或单击"主页"选项卡"基本"组"倒圆"下拉菜单中的"边倒圆"按钮，选择如图 9-120 所示的三棱柱与圆柱的相交棱边为圆角边，圆角半径为 10，单击"确定"按钮，结果如图 9-121 所示。

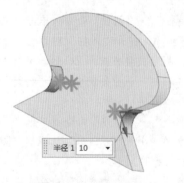

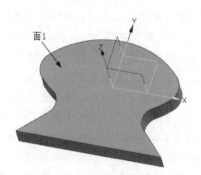

图 9-120　选择圆角边　　　　　　　　　图 9-121　边圆角处理

（10）创建草图。单击"主页"选项卡"构造"组中的"草图"按钮，打开"创建草图"对话框。选择图 9-121 中的面 1 为草图绘制平面，单击"确定"按钮，进入草图绘制界面，绘制如图 9-122 所示的草图。

（11）创建拉伸。选择"菜单"→"插入"→"设计特征"→"拉伸"命令或单击"主页"选项卡"基本"组中的"拉伸"按钮，打开如图 9-123 所示的"拉伸"对话框。选择上步创建的草图为拉伸曲线，在"指定矢量"下拉列表框中选择"ZC 轴"为拉伸方向，分别设置起始距离和终止距离为 0 和 3，在"布尔"下拉列表中选择"合并"，单击"确定"按钮，创建如图 9-124 所示的实体。

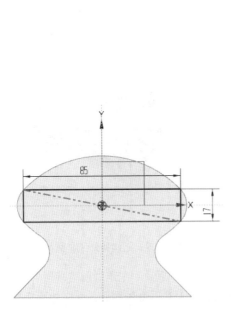

图 9-122　创建草图

图 9-123　"拉伸"对话框

图 9-124　创建拉伸体

（12）实体边圆角。选择"菜单"→"插入"→"细节特征"→"边倒圆"命令或单击"主页"选项卡"基本"组"倒圆"下拉菜单中的"边倒圆"按钮，打开"边倒圆"对话框。输入"半径 1"为 8.5，选择如图 9-125 所示的上一步创建的拉伸体的四条棱边，单击"确定"按钮，结果如图 9-126 所示。

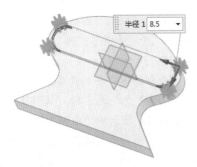

图 9-125　选择圆角边

图 9-126　边圆角

（13）创建圆柱。

①选择"菜单"→"插入"→"设计特征"→"圆柱"命令或单击"主页"选项卡"基本"组"更多"库下"设计特征"库中的"圆柱"按钮 ⬛，打开如图9-127所示的"圆柱"对话框。在"指定矢量"下拉列表框中选择"ZC轴"为圆柱体方向。单击"点对话框"按钮 ⬛，打开"点"对话框。输入原点坐标(0,0,12)，单击"确定"按钮，返回"圆柱"对话框。在"直径"和"高度"文本框中分别输入48和60，在"布尔"下拉列表中选择"合并"，单击"确定"按钮，生成模型如图9-128所示。

②依次选择上一个圆柱的上端面圆心为中心点，绘制Ø36×10和Ø30×6的圆柱，在安装板背面同样创建一个圆柱，圆柱的底面圆心位于(0,0,0)，尺寸为Ø48×3结果如图9-129所示。

图9-127 "圆柱"对话框

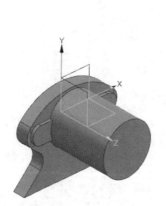

图9-128 创建圆柱1

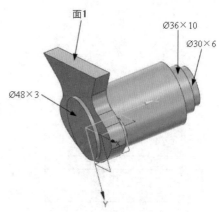

图9-129 创建另外三个圆柱

（14）创建草图。单击"主页"选项卡"构造"组中的"草图"按钮 ✐，打开"创建草图"对话框。选择图9-129中的面1为草图绘制平面，单击"确定"按钮，进入草图绘制界面，绘制如图9-130所示的草图。

（15）创建底座。选择"菜单"→"插入"→"设计特征"→"拉伸"命令或单击"主页"选项卡"基本"组中的"拉伸"按钮 ⬛，打开"拉伸"对话框，如图9-131所示。选择上步创建的草图为拉伸曲线，设置起始距离和终止距离分别为0和6，"指定矢量"为-YC轴。单击"确定"按钮，完成拉伸实体的操作，结果如图9-132所示。

（16）创建块。选择"菜单"→"插入"→"设计特征"→"块"命令或单击"主页"选项卡"基本"组"更多"库下"设计特征"库中的"块"按钮 ⬛，打开"块"对话框，如图9-133所示。输入块的"长度"为12，"宽度"为30，"高度"为85。单击"点对话框"按钮 ⬛，打开"点"对话框，确定块的角点坐标(-6,-50,-13)，完成块的创建，结果如图9-134所示。

（17）修剪块。选择"菜单"→"插入"→"修剪"→"修剪体"命令或单击"主页"选项卡"基本"组"组合"下拉菜单中的"修剪体"按钮 ⬛，打开"修剪体"对话框，如图9-135所示。选择"新平面"选项，单击"平面对话框"按钮 ⬛，打开如图9-136所示的"平面"对话框。选择"曲线和点"类型，将"子类型"设置为"三点"，依次选择块左表面底边上的两点，单击"点对话框"按钮 ⬛，打开"点"对话框。第三点坐标为(0, -24, -3)，确定第一个修剪平面，如图9-137所示。连续单击"确定"按钮，修剪块如图9-138所示。

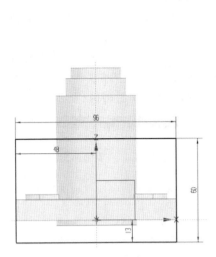

图 9-130 创建草图

图 9-131 "拉伸"对话框

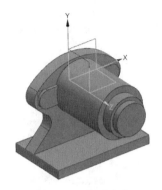

图 9-132 创建底座

图 9-133 "块"对话框

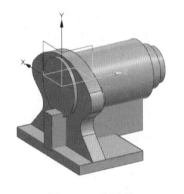

图 9-134 创建块

图 9-135 "修剪体"参数设置对话框

图 9-136 "平面"对话框

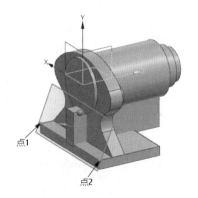

图 9-137 确定第一个修剪平面

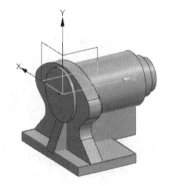

图 9-138 修剪块（1）

同理选择块右表面底边上的两点，第三点坐标为(0，-24，72)，确定第二个修剪平面，如图 9-139 所示。修剪平面确定后，系统会提示修剪平面的哪一侧会被修剪掉，接受默认方向，完成块的修剪操作，结果如图 9-140 所示。

（18）布尔运算合并集。选择"菜单"→"插入"→"组合"→"合并"命令或单击"主页"选项卡"基本"组中的"合并"按钮🔲，打开"合并"对话框，如图 9-141 所示。选择所有实体，单击"确定"按钮完成布尔运算合并操作，使窗口中几个实体合并为一个实体，结果如图 9-142 所示。

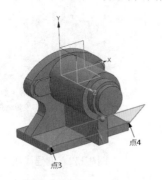

图 9-139　确定第二个修剪平面

图 9-140　修剪块（2）

图 9-141　"合并"对话框

（19）创建左侧膛孔。选择"菜单"→"插入"→"设计特征"→"孔"命令或单击"主页"选项卡"基本"组中的"孔"按钮🔲，打开"孔"对话框，如图 9-143 所示。选择"沉头"类型，设置"孔径"为36，"沉头直径"为44，"沉头深度"为10，"孔深"为65，"顶锥角"为0。捕捉如图 9-144 所示的圆弧圆心为孔放置位置，结果如图 9-145 所示。

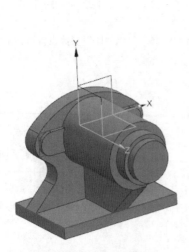

图 9-142　布尔运算合并

图 9-143　"孔"对话框

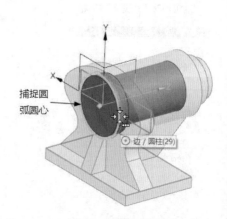

图 9-144　捕捉圆弧圆心

（20）创建右侧膛孔。选择"菜单"→"插入"→"设计特征"→"孔"命令或单击"主页"选项卡"基本"组中的"孔"按钮，打开"孔"对话框。选择"简单"类型，设置"孔径"为 18，"孔深"为 50，"顶锥角"为 0，如图 9-146 所示。捕捉如图 9-147 所示的凸起圆弧圆心为孔放置位置，结果如图 9-148 所示。

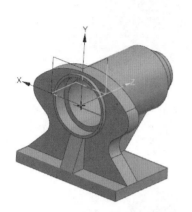

图 9-145　创建左侧膛孔

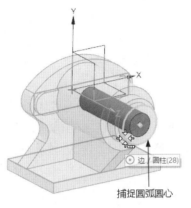

捕捉圆弧圆心

图 9-146　捕捉圆弧圆心

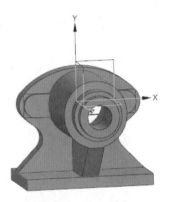

图 9-147　创建右侧膛孔

（21）创建安装板上的安装孔。选择"菜单"→"插入"→"设计特征"→"孔"命令或单击"主页"选项卡"基本"组中的"孔"按钮，打开"孔"对话框。选择"简单"类型，设置"孔径"为 9，"孔深"为 20，"顶锥角"为 0。分别捕捉如图 9-148 所示的安装板圆弧圆心，创建结果如图 9-149 所示。

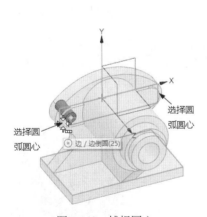

图 9-148　捕捉圆心

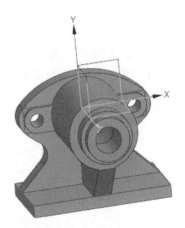

图 9-149　创建安装板上的安装孔

（22）创建底板上的安装孔。选择"菜单"→"插入"→"设计特征"→"孔"命令或单击"主页"选项卡"基本"组中的"孔"按钮，打开"孔"对话框。选择"沉头"选项，设置"孔径"为 11，"沉头直径"为 18，"沉头深度"为 2，"孔深"为 10，"顶锥角"为 0。单击"绘制截面"按钮，选择底板为放置面，绘制草图如图 9-150 所示。完成草图后退回到"孔"对话框，单击"确定"按钮，创建结果如图 9-151 所示。

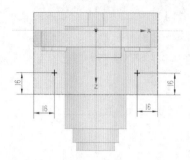

图9-150　绘制草图

图9-151　创建底板上的安装孔

（23）底板倒圆角。选择"菜单"→"插入"→"细节特征"→"边倒圆"命令或单击"主页"选项卡"基本"组"倒圆"下拉菜单中的"边倒圆"按钮，打开"边倒圆"对话框。选择如图 9-152 所示的底座的四条棱边为圆角边，设置"半径1"为5，结果如图9-153所示。

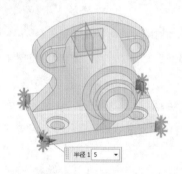

图9-152　选择圆角边

图9-153　底板倒圆角

（24）阶梯轴倒圆角。选择"菜单"→"插入"→"细节特征"→"边倒圆"命令或单击"主页"选项卡"基本"组"倒圆"下拉菜单中的"边倒圆"按钮，打开"边倒圆"对话框。选择如图 9-154 所示的阶梯轴过渡面为圆角边，设置"半径1"为2，结果如图9-155所示。

图9-154　选择圆角边

图9-155　阶梯轴倒圆角

（25）创建草图。单击"主页"选项卡"构造"组中的"草图"按钮，打开"创建草图"对话框。选择图9-155中的面2为草图绘制平面，单击"确定"按钮，进入草图绘制界面，绘制如图9-156所示的草图。

（26）创建底板凹槽。选择"菜单"→"插入"→"设计特征"→"拉伸"命令或单击"主页"选项卡"基本"组中的"拉伸"按钮，打开"拉伸"对话框，如图 9-157 所示。选择上步创建的草图为拉伸曲线，在"指定矢量"下拉列表中选择"-ZC"，设置起始距离为 0，在"终止"下拉列表中选择"贯通"，在"布尔"下拉列表中选择"减去"，单击"确定"按钮，完成拉伸实体的操作，结果如图 9-158 所示。

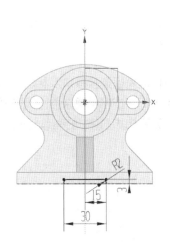

图 9-156　创建草图　　　　图 9-157　"拉伸"对话框　　　　图 9-158　创建底板凹槽

（27）创建螺纹。选择"菜单"→"插入"→"设计特征"→"螺纹"命令或单击"主页"选项卡"基本"组"更多"库下"细节特征"库中的"螺纹"按钮，打开"螺纹"对话框，如图 9-159所示。选择"详细"选项，选择如图 9-160 所示的右侧通孔的螺纹放置面，按图 9-159 所示设置尺寸参数。单击"确定"按钮，完成内螺纹的绘制，结果如图 9-104 所示。

图 9-159　"螺纹"对话框　　　　　　　图 9-160　选择螺纹放置面

第 10 章 曲 面 功 能

内容简介

UG NX 中不仅提供了基本的特征建模模块, 同时提供了强大的自由曲面特征建模模块及相应的编辑和操作功能。其中有 20 多种自由曲面造型的创建方式, 用户可以利用它们完成各种复杂曲面及非规则实体的创建, 以及相关的编辑工作。强大的自由曲面功能是 UG NX 众多模块功能中的亮点之一。

内容要点

- ➥ 自由曲面创建
- ➥ 网格曲面
- ➥ 弯曲曲面
- ➥ 其他曲面
- ➥ 自由曲面编辑

10.1 自由曲面创建

本节主要介绍最基本的曲面命令, 即通过点和曲线构建曲面。再进一步介绍由曲面创建曲面的命令功能, 掌握最基本的曲面造型方法。

10.1.1 通过点生成曲面

由点生成的曲面是非参数化的, 即生成的曲面与原始构造点不关联, 当编辑构造点后, 曲面不会发生更新变化, 但绝大多数命令所构造的曲面都具有参数化的特征。通过点构建的曲面穿过全部用来构建曲面的点。

选择"菜单"→"插入"→"曲面"→"通过点"命令或单击"曲面"选项卡"基本"组"更多"库下"填充"库中的"通过点"按钮 ⬚, 打开如图 10-1 所示的"通过点"对话框。

该对话框中各选项功能说明如下。

1. 补片类型

样条曲线可以由单段或者多段曲线构成, 片体也可以由单个

图 10-1 "通过点"对话框

补片或者多个补片构成。

（1）单侧：所建立的片体只包含单一的补片。单个补片的片体是由一个曲面参数方程来表达的。

（2）多个：所建立的片体是一系列单个补片的阵列。多个补片的片体是由两个以上的曲面参数方程来表达的。一般构建较精密的片体采用多个补片的方法。

2. 沿以下方向封闭

设置多个补片片体是否封闭及封闭方式，包含以下 4 个选项。

（1）两者皆否：片体以指定的点开始和结束，列方向与行方向都不封闭。

（2）行：点的第一列变成最后一列。

（3）列：点的第一行变成最后一行。

（4）两者皆是：在行方向和列方向上都封闭。如果选择在两个方向上都封闭，生成的将是实体。

3. 行次数和列次数

（1）行次数：定义片体 U 方向阶数。

（2）列次数：大致垂直于片体行的纵向曲线方向（V 方向）的阶数。

4. 文件中的点

可以通过选择包含点的文件来定义这些点。

完成"通过点"对话设置后，系统会打开选取点信息的对话框，如图 10-2 所示的"过点"对话框，用户可利用该对话框选取定义点。

该对话框中各选项功能说明如下。

（1）全部成链

全部成链用于链接窗口中已存在的定义点，单击后会打开如图 10-3 所示的"指定点"对话框，用于定义起点和终点，自动快速获取起点与终点之间链接的点。

图 10-2　"过点"对话框　　　　图 10-3　"指定点"对话框

（2）在矩形内的对象成链

通过拖动鼠标形成矩形方框来选取所要定义的点，矩形方框内所包含的"指定点"所有点将被链接。

（3）在多边形内的对象成链

通过鼠标定义多边形框来选取定义点，多边形框内的所有点将被链接。

（4）点构造器

通过点构造器来选取定义点的位置时会打开如图 10-4 所示的"点"对话框，需要用户一点一点地选取，所要选取的点都要单击到。每指定一列点后，系统都会打开如图 10-5 所示的"指定点"对话框，提示是否确定当前所定义的点。

图10-4 "点"对话框

图10-5 "指定点"对话框

例如，想创建包括如图10-6中的定义点，则可以通过"通过点"对话框设置为默认值，选取"全部成链"的选点方式。选点只需选取起点和终点，选好的第一行如图10-7所示。

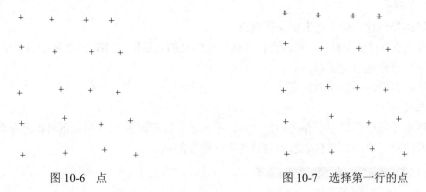

图10-6 点

图10-7 选择第一行的点

当选择好四行的点时（图10-8），系统会打开"过点"对话框，选取"指定另一行"，然后确定第五行的起点和终点，如图10-9所示。再次打开"过点"对话框，这时选取"所有指定的点"，多补片片体如图10-10所示。

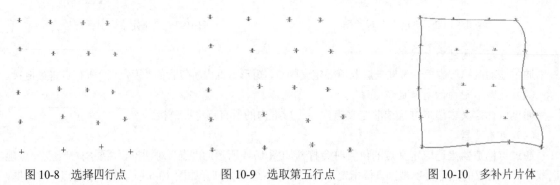

图10-8 选择四行点

图10-9 选取第五行点

图10-10 多补片片体

10.1.2　拟合曲面

选择"菜单"→"插入"→"曲面"→"拟合曲面"命令或单击"曲面"选项卡"基本"组"更多"库下"拟合"库中的"拟合曲面"按钮，打开如图 10-11 所示的"拟合曲面"对话框。

首先需要创建一些数据点，接着选择"菜单"→"格式"→"组"→"新建组"命令，弹出如图 10-12 所示的"新建组"对话框，选取数据点，然后调节各个参数，最后生成所需要的曲面或平面。

图 10-11　"拟合曲面"对话框　　　　　图 10-12　"新建组"对话框

"拟合曲面"对话框中部分选项功能说明如下。

1. 类型

用户可根据需求选择拟合自由曲面、拟合平面、拟合球、拟合圆柱和拟合圆锥共 5 种类型。

2. 目标

目标是指创建曲面的点。

（1）对象：当选中此选项时，让用户选择对象。

（2）小平面区域：当选中此选项时，让用户在小平面体上选择一个或多个区域。

3. 拟合方向

拟合方向指定投影方向与方位，有 4 种用于指定拟合方向的方法。

（1）最适合：如果目标基本上是矩形，具有可识别的长度和宽度方向，以及或多或少的平面性，请选择此选项。拟合方向和 U/Y 方位会自动确定。

（2）矢量：如果目标基本上是矩形，具有可识别的长度和宽度方向，但曲率很大，请选择此选项。

（3）方位：如果目标具有复杂的形状或为旋转对称形状，请选择此选项。使用方位操控器和"矢量"对话框指定拟合方向和大致的 U/V 方位。

（4）坐标系：如果目标具有复杂的形状或为旋转对称形状，并且需要使方位与现有几何体关联，请选择此选项。使用坐标系选项和"坐标系"对话框指定拟合方向和大致的 U/V 方位。

4. 边界

通过指定四个新边界点来延长或限制拟合曲面的边界。

5. 参数设置

改变 U/V 向的次数和补片数从而调节曲面。

（1）次数：指定拟合曲面在 U 向和 V 向的次数。

（2）补片数：指定 U 向和 V 向的曲面补片数。

6. 光顺因子

拖动滑块可直接影响曲面的平滑度。曲面越平滑，与目标的偏差越大。

7. 结果

UG NX 根据用户所生成的曲面计算最大误差和平均误差。

10.2　网　格　曲　面

本节主要介绍"网格曲面"子菜单中的命令。

10.2.1　直纹

选择"菜单"→"插入"→"网格曲面"→"直纹"命令或单击"曲面"选项卡"基本"组"更多"库下"网格"库中的"直纹"按钮 ，打开如图 10-13 所示的"直纹"对话框，示意图如图 10-14 所示。

截面线串可以由单个或多个对象组成，每个对象可以是曲线、实边或实面。也可以选择曲线的点或端点作为两个截面线串中的第一个。

1. 截面1

单击选择第一组截面曲线。

2. 截面2

单击选择第二组截面曲线。

要注意的是，在选取截面 1 和截面 2 时，两组的方向要一致。如果两组截面线串的方向相反，则生成的曲面是扭曲的。

图 10-13 "直纹"对话框

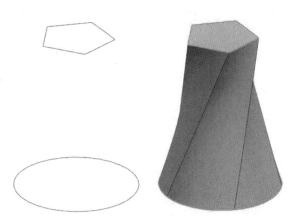

图 10-14 "直纹"示意图

3. 对齐

通过直纹面来构建片体需要在两组截面线上确定对应点后用直线将对应点连接起来，这样一个曲面就形成了。因此对齐方式选取的不同会改变截面线串上对应点分布的情况，从而调整构建的片体。在选取线串后，可以进行对齐方式的设置，对齐方式包括参数、弧长、根据点、距离、角度、脊线和可扩展 7 种方式。

（1）参数：在构建曲面特征时，两条截面曲线上所对应的点是根据截面曲线的参数方程进行计算的，所以两组截面曲线对应的直线部分是根据等弧长来划分连接点的；两组截面曲线对应的曲线部分是根据等角度来划分连接点的。

选用"参数"方式并选取图 10-15 中所显示的截面线串来构建曲面。首先设置栅格线，栅格线主要用于曲面的显示，栅格线也称为等参数曲线。执行"菜单"→"首选项"→"建模"命令，打开"建模首选项"对话框，在"常规"选项卡中，将"显示属性"栏中的"U 形网格线"和"V 形网格线"设置为 6，这样构建的曲面将会显示出网格线。选取线串后，将对齐方式设置为"参数"，单击"确定"或"应用"按钮，生成的片体如图 10-16 所示。

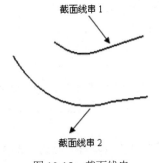

图 10-15 截面线串

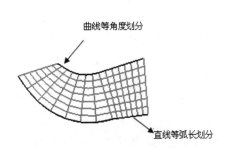

图 10-16 "参数"对齐方式构建曲面（1）

如果选取的截面对象都为封闭曲线，则生成的结果是实体，如图10-17所示。

（2）根据点：在两组截面线串上选取对应的点（同一点允许重复选取）作为强制的对应点，选取的顺序决定着片体的路径走向。一般在截面线串中含有角点时选择应用"根据点"方式。

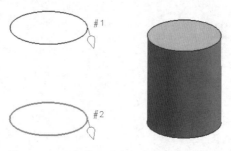

图10-17　"参数"对齐方式构建曲面（2）

4. 设置

"G0（位置）"选项指距离公差，可用于设置选取的截面曲线与生成的片体之间的误差值。设置值为0时，将会完全沿着所选取的截面曲线构建片体。

扫一扫，看视频

★重点　动手学——创建风扇

源文件：源文件\10\风扇.prt

本实例创建的风扇如图10-18所示。首先绘制曲线，根据曲线创建叶片，然后对叶片进行加厚和倒圆角，最后创建圆柱体完成风扇的创建。

操作步骤　视频文件：动画演示\第10章\风扇.mp4

（1）新建文件。选择"文件"→"新建"命令或单击"主页"选项卡"标准"组中的"新建"按钮，打开"新建"对话框，在"模板"栏中选择"模型"，在"名称"文本框中输入"风扇"，单击"确定"按钮，进入建模环境。

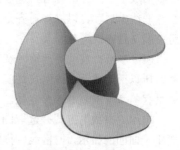

图10-18　风扇

（2）创建圆柱体。选择"菜单"→"插入"→"设计特征"→"圆柱"命令或单击"主页"选项卡"基本"组"更多"库下"设计特征"库中的"圆柱"按钮，打开如图10-19所示的"圆柱"对话框。选择"轴、直径和高度"类型，在"指定矢量"下拉列表中选择"ZC轴"，单击"点对话框"按钮，打开"点"对话框，保持默认的点坐标(0,0,0)作为圆柱体的圆心坐标，单击"确定"按钮。设置"直径"和"高度"为400和120。单击"确定"按钮生成圆柱体，如图10-20所示。

（3）创建孔。选择"菜单"→"插入"→"设计特征"→"孔"命令或单击"主页"选项卡"基本"组中的"孔"按钮，打开如图10-21所示的"孔"对话框。选择"简单"类型，捕捉如图10-22所示的圆柱体上表面圆弧中心为孔放置位置，设置"孔径"为120，"孔深"为120，"顶锥角"为0，单击"确定"按钮，生成的模型如图10-23所示。

（4）绘制直线。选择"菜单"→"插入"→"曲线"→"直线"命令或单击"曲线"选项卡"曲线"组中的"直线"按钮，打开如图10-24所示的"直线"对话框。在"选择条"中单击"象限点"，选取圆柱体上表面边缘曲线和下表面边缘曲线，生成如图10-25所示的直线。

图 10-19 "圆柱"对话框

图 10-20 生成的圆柱体

图 10-21 "孔"对话框

图 10-22 捕捉圆心

图 10-23 创建孔

图 10-24 "直线"对话框

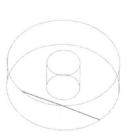

图 10-25 绘制直线

（5）生成投影曲线。选择"菜单"→"插入"→"派生曲线"→"投影"命令或单击"曲线"选项卡"派生"组中的"投影曲线"按钮，打开如图 10-26 所示的"投影曲线"对话框。选择上步绘制的直线为要投影的曲线，选择圆柱实体表面作为第一个要投影的对象，选取圆柱孔的表面作为第二个要投影的对象，单击"确定"按钮，生成如图 10-27 所示的两条投影曲线。

（6）隐藏实体和直线。选择"菜单"→"编辑"→"显示和隐藏"→"隐藏"命令，打开如图 10-28 所示的"类选择"对话框。选取圆柱体和步骤（4）绘制的直线为要隐藏的对象，单击"确定"按钮，结果如图 10-29 所示。

（7）生成直纹面。选择"菜单"→"插入"→"网格曲面"→"直纹"命令或单击"曲面"选项卡"基本"组"更多"库下"网格"库中的"直纹"按钮 ◇ ，打开如图 10-30 所示的"直纹"对话框。选择截面 1 和截面 2，每条线串选取结束后单击鼠标中键，将"对齐"选项设置为"参数"，单击"确定"按钮生成如图 10-31 所示的曲面。

图 10-26　"投影曲线"对话框

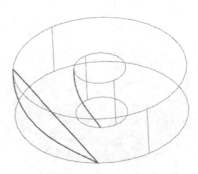

图 10-27　生成的投影曲线

图 10-28　"类选择"对话框

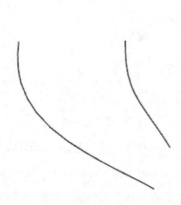

图 10-29　隐藏实体和直线

图 10-30　"直纹"对话框

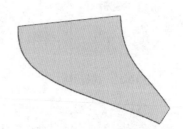

图 10-31　生成的直纹面

（8）加厚曲面。选择"菜单"→"插入"→"偏置/缩放"→"加厚"命令或单击"曲面"选项卡"基本"组中的"加厚"按钮 ◇ ，打开如图 10-32 所示的"加厚"对话框。设置"偏置 1"和"偏置 2"分别为 2 和 -2，选择面后单击"确定"按钮，生成如图 10-33 所示的模型。

图 10-32　"加厚"对话框

图 10-33　生成的加厚体

（9）边倒圆。选择"菜单"→"插入"→"细节特征"→"边倒圆"命令或单击"主页"选项卡"基本"组"倒圆"下拉菜单中的"边倒圆"按钮，打开如图 10-34 所示的"边倒圆"对话框，选择倒圆角边 1 和倒圆角边 2，如图 10-35 所示，设置倒圆角半径为 60，单击"确定"按钮，生成如图 10-36 所示的模型。

图 10-34　"边倒圆"对话框

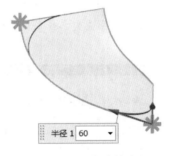

图 10-35　圆角边的选取

图 10-36　创建倒角

（10）创建圆柱体。选择"菜单"→"插入"→"设计特征"→"圆柱"命令或单击"主页"选项卡"基本"组"更多"库下"设计特征"库中的"圆柱"按钮，打开如图 10-37 所示的"圆柱"对话框。选择"轴、直径和高度"类型，在"指定矢量"下拉列表选取"ZC 轴"，单击"点对话框"按钮，打开"点"对话框，设置点坐标为(0,0,-3)，单击"确定"按钮。设置"直径"和"高度"为 132 和 132。单击"确定"按钮生成圆柱体，如图 10-38 所示。

（11）创建其余叶片。选择"菜单"→"编辑"→"移动对象"命令或单击"工具"选项卡"实用工具"组中的"移动对象"按钮，打开"移动对象"对话框，如图 10-39 所示。选择扇叶为移动对象，在"运动"下拉列表中选择"角度"，"指定矢量"为"ZC 轴"，单击"点对话框"按钮[...]，打开"点"对话框，保持默认的点坐标(0,0,0)。在"角度"文本框中输入 120。选择"复制原先的"选项，输入"非关联副本数"为 2。单击"确定"按钮，生成模型如图 10-40 所示。

图 10-37　"圆柱"对话框

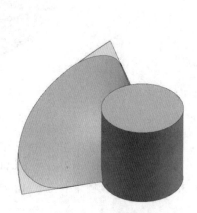

图 10-38　创建圆柱体

图 10-39　"移动对象"对话框

（12）创建组合体。选择"菜单"→"插入"→"组合"→"合并"命令或单击"主页"选项卡"基本"组中的"合并"按钮，打开"合并"对话框，如图 10-41 所示。选择圆柱体为目标，选择 3 个叶片为刀具，单击"确定"按钮生成组合体。

（13）隐藏曲面和曲线。选择"菜单"→"编辑"→"显示和隐藏"→"隐藏"命令，打开"类选择"对话框。单击"类型过滤器"按钮，打开"按类型选择"对话框，如图 10-42 所示。选择"曲线"和"片体"选项，单击"确定"按钮，返回"类选择"对话框。单击"全选"按钮，单击"确定"按钮，最终模型如图 10-18 所示。

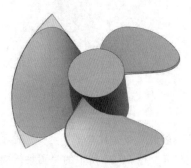

图 10-40　创建其余叶片

图 10-41　"合并"对话框

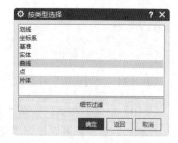

图 10-42　"按类型选择"对话框

10.2.2　通过曲线组

选择"菜单"→"插入"→"网格曲面"→"通过曲线组"命令或单击"曲面"选项卡"基本"组中的"通过曲线组"按钮，打开如图 10-43 所示的"通过曲线组"对话框。

该选项让用户通过同一方向上的一组曲线轮廓线生成一个体，如图 10-44 所示。这些曲线轮廓称为截面线串。用户选择的截面线串定义体的行。截面线串可以由单个对象或多个对象组成，每个对象可以是曲线、实边或实面。

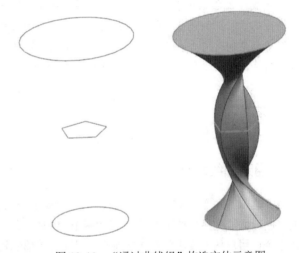

图 10-43　"通过曲线组"对话框　　　图 10-44　"通过曲线组"构造实体示意图

"通过曲线组"对话框中部分选项功能说明如下。

1. 截面

选取曲线或点：选取截面线串时，一定要注意选取次序，而且每选取一条截面线串，都要单击鼠标中键一次，直到所选取截面线串出现在"截面列表"中为止，也可对该列表框中的所选截面线串进行删除、上移、下移等操作，以改变选取次序。

2. 连续性

（1）第一个截面：约束该实体使得它和一个或多个选定的面或片体在第一个截面线串处相切或曲率连续。

（2）最后一个截面：约束该实体使得它和一个或多个选定的面或片体在最后一个截面线串处相切或曲率连续。

3. 对齐

让用户控制选定的截面线串之间的对齐。

（1）参数：沿定义曲线将等参数曲线要通过的点以相等的参数间隔隔开。使用每条曲线的整个长度。

（2）弧长：沿定义曲线将等参数曲线要通过的点以相等的弧长间隔隔开。使用每条曲线的整个长度。

（3）根据点：将不同外形的截面线串间的点对齐。

（4）距离：在指定方向上将点沿每条曲线以相等的距离隔开。

（5）角度：在指定轴线周围将点沿每条曲线以相等的角度隔开。

（6）脊线：将点放置在选定曲线与垂直于输入曲线的平面的相交处。得到的体的宽度取决于这条脊线曲线的限制。

4. 输出曲面选项

（1）补片类型：让用户生成一个包含单个面片或多个面片的体。面片是片体的一部分。使用越多的面片来生成片体则用户可以对片体的曲率进行越多的局部控制。当生成片体时，最好是将用于定义片体的面片的数目降到最低。限制面片的数目可改善后续程序的性能并产生一个更光滑的片体。

（2）V 向封闭：对于多个片体来说，封闭沿行（U 方向）的体状态取决于选定截面线串的封闭状态。如果所选的线串全部封闭，则产生的体将在 U 方向上封闭。勾选此复选框，片体沿列（V 方向）封闭。

5. 公差

输入几何体和得到的片体之间的最大距离。默认值为距离公差建模设置。

10.2.3　通过曲线网格

选择"菜单"→"插入"→"网格曲面"→"通过曲线网格"命令或单击"曲面"选项卡"基本"组中的"通过曲线网格"按钮，打开如图 10-45 所示的"通过曲线网格"对话框。

该命令让用户从沿着两个不同方向的一组现有的曲线轮廓（称为线串）上生成体，如图 10-46 所示。生成的曲线网格体是双三次多项式的。这意味着它在 U 向和 V 向的次数都是三次的（次数为 3）。该选项只在主线串对和交叉线串对不相交时才有意义。如果线串不相交，生成的体会通过主线串或交叉线串，或两者均分。

"通过曲线网格"对话框中部分选项功能说明如下。

（1）第一主线串：让用户约束该实体使得它和一个或多个选定的面或片体在第一主线串处相切或曲率连续。

（2）最后主线串：让用户约束该实体使得它和一个或多个选定的面或片体在最后一条主线串处相切或曲率连续。

（3）第一交叉线串：让用户约束该实体使得它和一个或多个选定的面或片体在第一交叉线串处相切或曲率连续。

（4）最后交叉线串：让用户约束该实体使得它和一个或多个选定的面或片体在最后一条交叉线串处相切或曲率连续。

（5）着重：让用户决定哪一组控制线串对曲线网格体的形状最有影响。

图 10-45　"通过曲线网格"对话框　　　图 10-46　"通过曲线网格"构造曲面示意图

①两者皆是：主线串和交叉线串（即横向线串）有同样的效果。

②主线串：主线串更有影响。

③交叉线串：交叉线串更有影响。

（6）构造。

①法向：使用标准过程建立曲线网格曲面。

②样条点：让用户通过为输入曲线使用点和这些点处的斜率值来生成体。对于此选项，选择的曲线必须是有相同数目定义点的单根 B 曲线。

这些曲线通过它们的定义点临时地重新参数化（保留所有用户定义的斜率值）。然后这些临时的曲线用于生成体。这样有助于用更少的补片生成更简单的体。

③简单：建立尽可能简单的曲线网格曲面。

（7）重新构建：该选项可以通过重新定义主曲线或交叉曲线的次数和节点数来帮助用户构建光滑曲面。仅当"构造"选项为"法向"时，该选项才可用。

①无：不需要重构主曲线或交叉曲线。

②次数和公差：该选项通过手动选取主曲线或交叉曲线来替换原来的曲线，并为生成的曲面指定U/V向次数。节点数会依据 G0、G1、G2 的公差值按需求插入。

③自动拟合：该选项通过指定最小次数和分段数来重构曲面，系统会自动尝试利用最小次数来重构曲面，如果还达不到要求，则会再利用分段数来重构曲面。

（8）G0（位置）/G1（相切）/G2（曲率）：该数值用于限制生成的曲面与初始曲线间的公差。G0默认值为位置公差，G1 默认值为相切公差，G2 默认值为曲率公差。

10.2.4　截面曲面

选择"菜单"→"插入"→"扫掠"→"截面"命令或单击"曲面"选项卡"基本"组"更多"库下"扫掠"库中的"截面曲面"按钮，打开如图 10-47 所示的"截面曲面"对话框。

该命令通过使用二次构造技巧定义的截面来构造体。截面自由形式特征作为位于预先描述平面内的截面曲线的无限族，开始和终止并且通过某些选定控制曲线。

为符合工业标准并且便于数据传递，"截面曲面"选项产生带有 B 曲面的体作为输出。

"截面曲面"对话框中部分选项说明如下。

（1）二次-肩线-按顶点：该选项可以生成起始于第一条选定曲线、通过一条内部曲线（称为肩线）并且终止于第三条选定曲线的截面自由形式特征。每个端点的斜率由选定顶线定义。

（2）二次-肩线-按曲线：该选项可以生成起始于第一条选定曲线、通过一条内部曲线（称为肩线）并且终止于第三条选定曲线的截面自由形式特征。斜率在起始点和终止点由两个不相关的切矢控制曲线定义。

（3）二次-肩线-按面：创建的曲面可以分别在位于两个体的两条曲线之间形成光顺的圆角。该曲面开始于

图 10-47　"截面曲面"对话框

第一条引导曲线，并与第一个体相切；它终止于第二条引导曲线，与第二个体相切，并穿过肩线。

（4）圆形-三点：该选项可以通过选择起始边曲线、内部曲线、终止边曲线和脊线曲线来生成截面自由形式特征。片体的截面是圆弧。

（5）二次-Rho-按顶点：该选项可以生成起始于第一条选定曲线并且终止于第二条曲线的截面自由形式特征。每个端点的切矢由选定的顶线定义。每个二次截面的完整性由相应的 Rho 值控制。

（6）二次-Rho-按曲线：该选项可以生成起始于第一条选定曲线并且终止于第二条曲线的截面自由形式特征。切矢在起始点和终止点由两个不相关的切矢控制曲线定义。每个二次截面的完整性由相应的 Rho 值控制。

（7）二次-Rho-按面：该选项可以生成截面自由形式特征，该特征在分别位于两个体上的两条曲线间形成光顺的圆角。每个二次截面的完整性由相应的 Rho 值控制。

（8）圆形-两点-半径：该选项可以生成带有指定半径圆弧截面的体。对于脊线方向，从第一条选定曲线到第二条选定曲线以逆时针方向生成体。半径必须至少是每个截面的起始边与终止边之间距离的一半。

（9）二次-高亮显示-按顶点：该选项可以生成带有起始于第一条选定曲线并终止于第二条曲线且与指定直线相切的二次截面的体。每个端点的切矢由选定顶线定义。

（10）二次-高亮显示-按曲线：该选项可以生成带有起始于第一条选定曲线并终止于第二条曲线且与指定直线相切的二次截面的体。切矢在起始点和终止点由两个不相关的切矢控制曲线定义。

（11）二次-高亮显示-按面：该选项可以生成在分别位于两个体上的两条曲线之间构成光顺圆角并与指定直线相切的二次截面的体。

（12）圆形-两点-斜率：该选项可以生成起始于第一条选定曲线并且终止于第二条曲线的截面自由形式特征。斜率在起始处由选定的控制曲线决定。片体的截面是圆弧。

（13）二次-四点-斜率：该选项可以生成起始于第一条选定曲线、通过两条内部曲线并且终止于第四条曲线的截面自由形式特征。也需选择定义起始切矢的切矢控制曲线。

（14）三次-两个斜率：该选项生成带有截面的 S 形的体，该截面在两条选定边曲线之间构成光顺的三次圆角。切矢在起始点和终止点由两个不相关的切矢控制曲线定义。

（15）三次-圆角-桥接：该选项生成一个体，该体在位于两组面上的两条曲线之间构成桥接的截面。

（16）圆形-半径-角度-圆弧：该选项可以通过在选定边、相切面、体的曲率半径和体的张角上定义起始点来生成带有圆弧截面的体。角度可以从-170°～0°或从 0°～170°变化，但是禁止通过 0。半径必须大于 0。曲面的默认位置在面法向的方向上，或者可以将曲面反向到相切面的反方向。

（17）二次-五点：该选项可以使用五条已有曲线作为控制曲线来生成截面自由形式特征。体起始于第一条选定曲线，通过三条选定的内部控制曲线，并且终止于第五条选定的曲线。而且提示选择脊线曲线。五条控制曲线必须完全不同，但是脊线曲线可以为先前选定的控制曲线。

（18）线性-相切-相切：使用起始相切面和终止相切面来创建线性截面曲面。

（19）圆形-相切-半径：使用开始曲线和半径值创建圆形截面曲面，开始曲线所在的面将定义起始处的斜率。

（20）圆形-两点-半径：该选项可以生成整圆截面曲面。选择引导线串、可选方向线串和脊线来生成圆截面曲面，然后定义曲面的半径。

10.2.5　艺术曲面

选择"菜单"→"插入"→"网格曲面"→"艺术曲面"命令或单击"曲面"选项卡"基本"组中的"艺术曲面"按钮 ，打开如图 10-48 所示的"艺术曲面"对话框。

该对话框中各选项功能说明如下。

1. 截面（主要）曲线

每选择一组曲线可以通过单击鼠标中键完成，如果方向相反可以单击该面板中的"反向"按钮。

2. 引导（交叉）曲线

在选择交叉线串的过程中，如果选择的交叉曲线方向与已经选择的交叉线串的曲线方向相反，可以通过单击"反向"按钮将交叉曲线的方向反向。如果选择多组引导曲线，则该面板的"列表"中能够将所有选择的曲线都通过列表的方式表示出来。

3. 连续性

可以设定的连续性过渡方式有以下几种。

（1）G0（位置）方式，通过点连接方式和其他部分相连接。

（2）G1（相切）方式，通过该曲线的艺术曲面与其相连接的曲面通过相切方式进行连接。

（3）G2（曲率）方式，通过相应曲线的艺术曲面与其相连接的曲面通过曲率方式进行连接，在公共边上具有相同的曲率半径，且通过相切连接，从而实现曲面的光滑过渡。

4. 对齐

在该下拉列表中包括以下三个选项。

（1）参数：截面曲线在生成艺术曲面时（尤其是在通过截面曲线生成艺术曲面时），系统将根据所设置的参数来完成各截面曲线之间的连接过渡。

（2）弧长：截面曲线将根据各曲线的圆弧长度来计算曲面的连接过渡方式。

（3）根据点：可以在连接的几组截面曲线上指定若干点，两组截面曲线之间的曲面连接关系将会根据这些点来进行计算。

图 10-48　"艺术曲面"对话框

5. 过渡控制

在该下拉列表中包括以下四个选项。

（1）垂直于终止截面：连接的平移曲线在终止截面处，将垂直于此处截面。

（2）垂直于所有截面：连接的平移曲线在每个截面处，都将垂直于此处截面。

（3）三次：系统构造的这些平移曲线是三次曲线，所构造的艺术曲面即通过截面曲线组合这些平移曲线进行连接和过渡。

（4）线形和圆角：系统将通过线形方式对连接生成的曲面进行倒角。

10.2.6　N 边曲面

选择"菜单"→"插入"→"网格曲面"→"N 边曲面"命令或单击"曲面"选项卡"基本"组"更多"库下"网格"库中的"N 边曲面"按钮，打开如图 10-49 所示的"N 边曲面"对话框。

该对话框中部分选项功能说明如下。

（1）类型。

图 10-49　"N 边曲面"对话框

①已修剪：在封闭的边界上生成一张曲面，它覆盖被选定曲面封闭环内的整个区域。

②三角形：在已经选择的封闭曲线线串中，构建一张由多个三角补片组成的曲面，其中的三角补片相交于一点。

（2）选择曲线：选择一个轮廓以组成曲线或边的封闭环。

（3）选择面：选择外部表面来定义相切约束。

10.3　弯曲曲面

本节主要介绍"弯曲曲面"子菜单中的命令。

10.3.1　延伸

选择"菜单"→"插入"→"弯曲曲面"→"延伸"命令或单击"曲面"选项卡"基本"组"更多"库下"弯边"库中的"延伸曲面"按钮 ，打开如图 10-50 所示的"延伸曲面"对话框。

该命令让用户从现有的基片体上生成切向延伸片体、曲面法向延伸片体、角度控制的延伸片体或圆弧控制的延伸片体。

"延伸曲面"对话框中部分选项功能说明如下。

（1）边：选择要延伸的边后，选择延伸方法并输入延伸的长度或百分比延伸曲面，示意图如图 10-51 所示。

①相切：该选项让用户生成相切于面、边或拐角的体。切向延伸通常是相邻于现有基面的边或拐角而生成的，这

图 10-50　"延伸曲面"对话框

是一种扩展基面的方法。这两个体在相应的点处拥有公共的切面，因而，它们之间的过渡是平滑的。

②圆弧：该选项让用户从光顺曲面的边上生成一个圆弧的延伸。该延伸遵循沿着选定边的曲率半径。

要生成圆弧的边界延伸，选定的基本曲线必须是面的未裁剪的边。延伸的曲面边的长度不能大于任何由原始曲面边的曲率的确定半径区域的整圆长度。

（2）拐角：选择要延伸的曲面，在%U和%V长度文本框中输入拐角长度，示意图如图10-52所示。

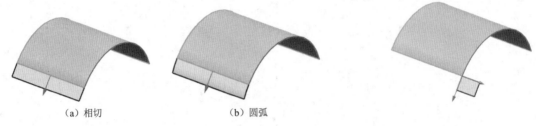

|（a）相切 |（b）圆弧 | |
| 图 10-51　"边"延伸示意图 | | 图 10-52　"拐角"延伸示意图 |

10.3.2　规律延伸

选择"菜单"→"插入"→"弯曲曲面"→"规律延伸"命令或单击"曲面"选项卡"基本"组中的"规律延伸"按钮，打开如图10-53所示的"规律延伸"对话框。

图 10-53　"规律延伸"对话框

该对话框中部分选项功能说明如下。

（1）类型。

①面：指定使用一个或多个面为延伸曲面组成一个参考坐标系。参考坐标系建立在基本曲线线串的中点上，示意图如图 10-54 所示。

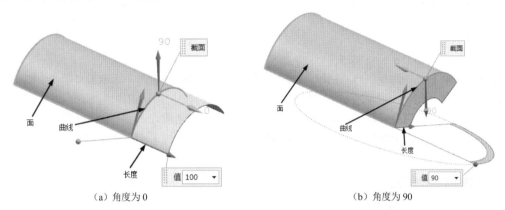

（a）角度为 0　　　　　　　　　　（b）角度为 90

图 10-54　"面"规律延伸示意图

②矢量：指定在沿着基本曲线线串的每个点处计算和使用一个坐标系来定义延伸曲面。此坐标系的方向是这样确定的：使 0° 轴平行于矢量方向，使 90° 轴垂直于由 0° 轴和基本轮廓切线矢量定义的平面。此参考平面的计算是在"基本轮廓"的中点上进行的，示意图如图 10-55 所示。

（2）曲线：让用户选择一条基本曲线或边界线串，系统在它的基边上定义曲面轮廓。

（3）面：让用户选择一个或多个面来定义用于构造延伸曲面的参考方向。

（4）参考矢量：让用户通过使用标准的"矢量方式"或"矢量构造器"指定一个矢量，用它来定义构造延伸曲面时所用的参考方向。该选项仅在选择"矢量"类型时显示。

（5）长度规律：让用户指定用于延伸长度的规律方式以及使用此方式的适当的值。

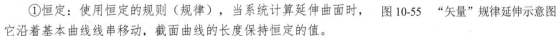

①恒定：使用恒定的规则（规律），当系统计算延伸曲面时，它沿着基本曲线线串移动，截面曲线的长度保持恒定的值。

图 10-55　"矢量"规律延伸示意图

②线性：使用线性的规则（规律），当系统计算延伸曲面时，它沿着基本曲线线串移动，截面曲线的长度从基本曲线线串起始点的起始值到基本曲线线串终点的终止值呈线性变化。

③三次：使用三次的规则（规律），当系统计算延伸曲面时，它沿着基本曲线线串移动，截面曲线的长度从基本曲线线串起始点的起始值到基本曲线线串终点的终止值呈非线性变化。

（6）角度规律：让用户指定用于延伸角度的规律方式以及使用此方式的适当的值。

（7）脊线：（可选的）指定可选的脊线线串会改变系统确定局部坐标系方向的方法，这样，垂直于脊线线串的平面决定了测量"角度"所在的平面。

10.4 其他曲面

本节介绍其他创建曲面的命令。

10.4.1 扫掠

选择"菜单"→"插入"→"扫掠"→"扫掠"命令或单击"曲面"选项卡"基本"组中的"扫掠"按钮 🖊，打开如图 10-56 所示的"扫掠面"对话框。

该命令可以用于构造扫掠体，如图 10-57 所示。用预先描述的方式沿一条空间路径移动的曲线轮廓线将扫掠体定义为扫掠外形轮廓，移动的曲线轮廓线称为截面线串。该路径称为引导线串，因为它引导运动。

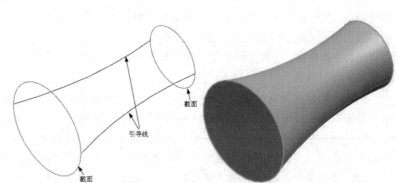

图 10-56　"扫掠面"对话框　　　　　　图 10-57　"扫掠"示意图

引导线串在扫掠方向上控制着扫掠体的方向和比例。引导线串可以由单个或多个分段组成，每个分段可以是曲线、实体边或实体面。每条引导线串的所有对象必须光顺而且连续，必须提供一条、两条或三条引导线串，截面线串不必光顺，而且每条截面线串内对象的数量可以不同，可以输入从 1 到最大数量为 150 的任何数量的截面线串。

如果所有选定的引导线串形成封闭循环,则第一条截面线串可以作为最后一条截面线串重新选定。

"扫掠面"对话框中部分选项功能说明如下。

1. 定向方法

（1）固定：在截面线串沿着引导线串移动时保持固定的方向,并且结果是平行的或平移的简单扫掠。

（2）面的法向：局部坐标系的第二个轴与沿引导线串的各个点处的某基面的法向矢量一致,通过这样来约束截面线串和基面的联系。

（3）矢量方向：局部坐标系的第二个轴与在整个引导线串上指定的矢量一致。

（4）另一曲线：通过连接引导线串上相应的点和另一条曲线来获得局部坐标系的第二个轴（如同在它们之间建立了一个直纹的片体）。

（5）一个点：和"另一曲线"相似,不同之处在于获得第二个轴的方法是通过引导线串和点之间的三面直纹片体的等价物实现。

（6）强制方向：在沿着引导线串扫掠截面线串时,让用户把截面的方向固定在一个矢量上。

2. 缩放方法

（1）恒定：让用户输入一个比例因子,它沿着整个引导线串保持不变。

（2）倒圆功能：在指定的起始和终止比例因子之间允许线性的或三次的比例,那些起始和终止比例因子对应于引导线串的起点和终点。

（3）另一曲线：类似于"定向方法"中的"另一条曲线",但是此处在任意给定点的比例是以引导线串和其他曲线或实边之间的划线长度为基础的。

（4）一个点：与"另一条曲线"相同,但是,是使用点而不是曲线。选择此种形式的比例控制的同时还可以使用同一个点作方向控制（在构造三面扫掠时）。

（5）面积规律：让用户使用规律子功能控制扫掠体的交叉截面面积。

（6）周长规律：类似于"面积规律",不同的是,用户控制扫掠体的交叉截面的周长,而不是它的面积。

★重点　动手学——创建节能灯泡

源文件：源文件\10\节能灯泡.prt

本实例要创建的节能灯泡如图 10-58 所示。首先创建灯座,然后绘制灯管的截面和引导线,最后利用"扫掠"命令创建灯管。

操作步骤　视频文件：动画演示\第 10 章\节能灯泡.mp4

（1）新建文件。选择"文件"→"新建"命令或单击"主页"选项卡"标准"组中的"新建"按钮，打开"新建"对话框。在"模板"栏中选择"模型",在"名称"文本框中输入"节能灯泡",单击"确定"按钮,进入建模环境。

（2）创建圆柱体。选择"菜单"→"插入"→"设计特征"→"圆柱"命令或单击"主页"选项卡"基本"组"更多"库下"设计特征"库中的"圆柱"按钮，打开如图 10-59 所示的"圆柱"对话框。选择"轴、直径和高度"类型，在"指定矢量"下拉列表中选择"ZC轴"。单击"点对话框"
按钮 ，打开"点"对话框，保持默认的点坐标(0,0,0)作为圆柱体的圆心坐标，单击"确定"按钮，
设置"直径"和"高度"分别为62和40。单击"确定"按钮生成圆柱体，如图10-60所示。

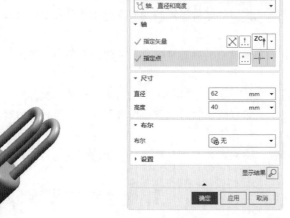

图10-58　节能灯泡　　　　　图10-59　"圆柱"对话框　　　　图10-60　创建圆柱体

（3）圆柱体倒圆角。选择"菜单"→"插入"→"细节特征"→"边倒圆"命令或单击"主页"
选项卡"基本"组"倒圆"下拉菜单中的"边倒圆"按钮 ，打开如图10-61所示的"边倒圆"对话
框，选择倒圆角边1和倒圆角边2，如图10-62所示，设置倒圆角半径为7，单击"确定"按钮，生成
如图10-63所示的模型。

图10-61　"边倒圆"对话框　　　图10-62　选择倒圆角边　　　图10-63　倒圆角后的模型

（4）绘制直线。选择"菜单"→"插入"→"曲线"→"直线"命令或单击"曲线"选项卡"基
本"组中的"直线"按钮 ，打开如图10-64所示的"直线"对话框。单击起点"点对话框"按钮 ，
打开"点"对话框，输入起点坐标为(13,−13,0)；单击终点"点对话框"按钮 ，打开"点"对话框，

输入终点坐标为(13,-13,-60)，单击"确定"按钮生成直线，如图 10-65 所示。按同样的方法创建另一条直线，输入起点坐标为(13,13,0)，终点坐标为(13,13,-60)，生成的直线如图 10-66 所示。

图 10-64　"直线"对话框

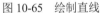

图 10-65　绘制直线

图 10-66　绘制另一条直线

（5）创建圆弧。选择"菜单"→"插入"→"曲线"→"圆弧/圆"命令或单击"曲线"选项卡"基本"组中的"圆弧/圆"按钮，打开如图 10-67 所示的"圆弧/圆"对话框。选择"三点画圆弧"类型，单击两直线的两个端点作为圆弧的起点和端点，单击"中点"栏中的"点对话框"按钮，打开"点"对话框，输入中点坐标为(0,0,-73)，将点参考设置为工作坐标系，单击"确定"按钮。在"圆弧/圆"对话框中单击"确定"按钮，生成圆弧如图 10-68 所示。

（6）创建圆。选择"菜单"→"插入"→"曲线"→"圆弧/圆"命令或单击"曲线"选项卡"基本"组中的"圆弧/圆"按钮，打开"圆弧/圆"对话框。选择"从中心开始的圆弧/圆"类型，勾选"整圆"复选框，单击"中心点"选项中的"点对话框"按钮，打开"点"对话框，输入中点坐标为(13,-13,0)，将点参考设置为"绝对坐标系-工作部件"，单击"确定"按钮。在"圆弧/圆"对话框中，在"终点选项"下拉列表中选择"半径"，在"半径"文本框中输入 5，在"平面选项"下拉列表中选择"选择平面"，在"指定平面"下拉列表中选择"XC-YC 平面"，单击"确定"按钮，生成的圆如图 10-69 所示。

（7）扫掠。选择"菜单"→"插入"→"扫掠"→"扫掠"命令或单击"曲面"选项卡"基本"组中的"扫掠"按钮，打开如图 10-70 所示的"扫掠面"对话框。选择上步创建的圆为扫掠截面，选择直线和圆弧为引导线。在"扫掠面"对话框中单击"确定"按钮，生成扫掠曲面，如图 10-71 所示。

（8）隐藏曲线。选择"菜单"→"编辑"→"显示和隐藏"→"隐藏"命令，打开"类选择"对话框。选择曲线作为要隐藏的对象，如图 10-72 所示，单击"确定"按钮，曲线被隐藏。

（9）创建另一个灯管。选择"菜单"→"编辑"→"移动对象"命令，打开"移动对象"对话框，如图 10-73 所示。选择灯管为移动对象，在"运动"下拉列表中选择"点到点"，单击"指定出发点"的"点对话框"按钮，打开"点"对话框，输入点坐标(13,-13,0)；单击"指定目标点"的"点对话框"按钮，打开"点"对话框，输入点坐标(-13,-13,0)。选择"复制原先的"选项，设置"非关联副本数"为1，单击"确定"按钮，将灯管复制到如图 10-74 所示的位置。

图 10-67 "圆弧/圆"对话框

图 10-68 创建圆弧

图 10-69 创建圆

图 10-70 "扫掠面"对话框

图 10-71 扫掠出灯管

图 10-72 选择要隐藏的对象

（10）创建圆柱体。选择"菜单"→"插入"→"设计特征"→"圆柱"命令或单击"主页"选项卡"基本"组"更多"库下"设计特征"库中的"圆柱"按钮📖，打开如图 10-75 所示的"圆柱"对话框。选择"轴、直径和高度"类型，在"指定矢量"下拉列表中选择"ZC 轴"，单击"指定点"中的"点对话框"按钮⋯，打开"点"对话框，保持默认的点坐标(0,0,40)作为圆柱体的圆心坐标，单击"确定"按钮。设置"直径"和"高度"分别为 38 和 12，在"布尔"下拉列表中选择"合并"选项，选择视图中的实体进行合并。单击"确定"按钮生成圆柱体，如图 10-76 所示。

（11）圆柱体倒圆角。选择"菜单"→"插入"→"细节特征"→"边倒圆"命令或单击"主页"

选项卡"基本"组"倒圆"下拉菜单中的"边倒圆"按钮🍩，打开"边倒圆"对话框。选择倒圆角边，如图 10-77 所示，设置倒圆角半径为 5，单击"确定"按钮，生成如图 10-78 所示的节能灯泡模型。

图 10-73　"移动对象"对话框

图 10-74　创建另一个灯管

图 10-75　"圆柱"对话框

图 10-76　创建圆柱体

图 10-77　选择倒圆角边

图 10-78　节能灯泡模型

10.4.2　偏置曲面

选择"菜单"→"插入"→"偏置/缩放"→"偏置曲面"命令或单击"曲面"选项卡"基本"组中的"偏置曲面"按钮🍩，打开如图 10-79 所示的"偏置曲面"对话框，示意图如图 10-80 所示。

该命令可以从一个或更多已有的面生成偏置曲面。

系统用沿选定面的法向偏置点的方法来生成正确的偏置曲面，指定的距离称为偏置距离，已有面称为基面。可以选择任何类型的面作为基面，如果选择多个面进行偏置，则产生多个偏置体。

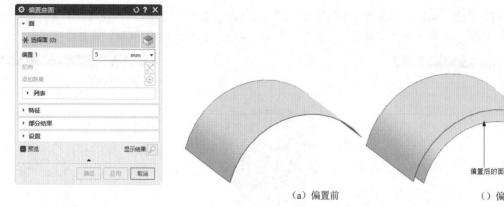

（a）偏置前 （）偏置后

图 10-79　"偏置曲面"对话框 　　　　图 10-80　"偏置曲面"示意图

10.4.3　修剪片体

选择"菜单"→"插入"→"修剪"→"修剪片体"命令或单击"曲面"选项卡"组合"组中的"修剪片体"按钮，打开如图 10-81 所示的"修剪片体"对话框，该命令用于生成相关的修剪片体，示意图 10-82所示。

"修剪片体"对话框中部分选项功能说明如下。

（1）目标：选择目标曲面体。

（2）边界：选择修剪的工具对象，该对象可以是面、边、曲线和基准平面。

（3）允许目标体边作为工具对象：帮助将目标片体的边作为修剪对象过滤掉。

（4）投影方向：可以定义要作标记的曲面/边的投影方向。可以在"垂直于面""垂直于曲线平面"和"沿矢量"间选择。

图 10-81　"修剪片体"对话框

（5）区域：可以定义在修剪曲面时选定的区域是保留还是放弃。在选定目标曲面体、投影方式和修剪对象后，可以选择目前选择的区域是否"保留"或"放弃"。

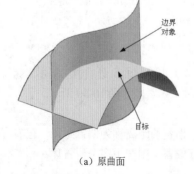

（a）原曲面 　　　　（b）保留 　　　　（c）放弃

图 10-82　"修剪片体"示意图

每个选择用于定义保留或放弃区域的点在空间中固定。如果移动目标曲面体，则点不移动。为防止意外的结果，如果移动为"修剪边界"选择步骤选定的曲面或对象，则应该重新定义区域。

10.4.4 加厚

选择"菜单"→"插入"→"偏置/缩放"→"加厚"命令或单击"曲面"选项卡"基本"组中的"加厚"按钮，打开如图 10-83 所示的"加厚"对话框。

该命令可以偏置或加厚片体来生成实体，在片体的面的法向应用偏置，如图 10-84 所示。部分选项功能说明如下。

（1）面：该选项用于选择要加厚的片体。一旦选择了片体，就会出现法向于片体的箭头矢量来指明法向方向。

（2）偏置 1/偏置 2：指定一个或两个偏置，偏置对实体的影响如图 10-85 所示。

（3）Check-Mate：如果出现加厚片体错误，则此按钮可用。单击此按钮，会识别可能导致加厚片体操作失败的面。

图 10-83 "加厚"对话框

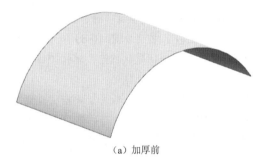

（a）加厚前　　　　　　　　　　　　（b）加厚后

图 10-84 "加厚"示意图

★重点　动手学——创建咖啡壶

源文件：源文件\10\咖啡壶.prt

本实例创建咖啡壶，如图 10-85 所示。首先利用"通过曲线网格"命令创建壶身，然后利用"N 边曲面"命令创建壶底，最后创建壶把。

操作步骤　视频文件：动画演示\第 10 章\咖啡壶.mp4

（1）打开文件。选择"文件"→"打开"命令或单击"主页"选项卡"标准"组中的"打开"按钮，打开"打开"对话框，选择"咖啡壶曲线.prt"文件，单击"确定"按钮，如图 10-86 所示。

（2）通过曲线网格创建曲面。选择"菜单"→"插入"→"网格曲面"→"通过曲线网格"命令或单击"曲面"选项卡"基本"组中的"通过曲线网格"按钮，打开如图 10-87 所示的"通过曲线网格"对话框。选取圆为主线串，选取样条曲线为

图 10-85 咖啡壶

扫一扫，看视频

交叉线串，设置体类型为"片体"，其余选项保持默认状态，单击"确定"按钮，生成曲面如图 10-88 所示。

图 10-86 打开的文件　　　　　图 10-87 "通过曲线网格"对话框　　　　　图 10-88 生成曲面

（3）创建 N 边曲面。选择"菜单"→"插入"→"网格曲面"→"N 边曲面"命令或单击"曲面"选项卡"基本"组"更多"库下"网格"库中的"N 边曲面"按钮，打开如图 10-89 所示的"N 边曲面"对话框。选取类型为"已修剪"，选择外部环为圆 4，其余选项保持默认状态，单击"确定"按钮生成底部曲面，如图 10-90 所示。

（4）修剪底部曲面。选择"菜单"→"插入"→"修剪"→"修剪片体"命令或单击"曲面"选项卡"组合"组中的"修剪片体"按钮，打开如图 10-91 所示的"修剪片体"对话框。选择 N 边曲面为目标体，选择网格曲面为边界对象，选择"放弃"选项，其余选项保持默认状态，单击"确定"按钮修剪底部曲面，如图 10-92 所示。

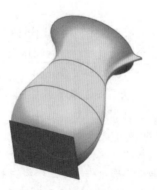

图 10-89 "N 边曲面"对话框　　　　图 10-90 创建 N 边曲面　　　　图 10-91 "修剪片体"对话框

（5）加厚曲面。选择"菜单"→"插入"→"偏置/缩放"→"加厚"命令或单击"曲面"选项卡"基本"组中的"加厚"按钮，打开如图 10-93 所示的"加厚"对话框。选择网格曲面和 N 边曲面为加厚面，设置"偏置 1"为 2，"偏置 2"为 0，如图 10-93 所示，单击"确定"按钮，生成模型。

（6）隐藏曲面。选择"菜单"→"编辑"→"显示和隐藏"→"隐藏"命令，打开"类选择"对话框。单击"类型过滤器"按钮，打开"按类型选择"对话框，选择"曲线"和"片体"选项，单击"确定"按钮，单击"全选"按钮。单击"确定"按钮，片体和曲线被隐藏，模型如图 10-94 所示。

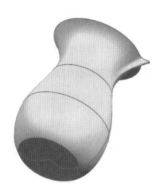

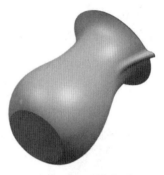

图 10-92　修剪底部曲面　　　　　图 10-93　"加厚"对话框　　　　　图 10-94　隐藏曲面

（7）改变 WCS。选择"菜单"→"格式"→WCS→"旋转"命令，打开如图 10-95 所示的"旋转 WCS 绕…"对话框。选择"+XC 轴：YC-->ZC"选项，输入"角度"为 90，单击"确定"按钮，绕 XC 轴旋转 YC 轴到 ZC 轴，新坐标系位置如图 10-96 所示。

（8）创建样条曲线。选择"菜单"→"插入"→"曲线"→"艺术样条"命令或单击"曲线"选项卡"基本"组中的"艺术样条"按钮，打开"艺术样条"对话框。选择"通过点"类型，单击"点位置"选项中的"点对话框"按钮，打开"点"对话框，输入点坐标(-50,-48,0)，单击"确定"按钮，返回到"艺术样条"对话框，按照同样的方法输入点的坐标(-98,-48,0)、(-167,-77,0)、(-211,-120,0)、(-238,-188,0)，单击"确定"按钮，生成样条曲线。生成的曲线模型如图 10-97 所示。

图 10-95　"旋转 WCS 绕…"对话框　　　图 10-96　旋转坐标系　　　　图 10-97　曲线模型

（9）改变 WCS。选择"菜单"→"格式"→WCS→"原点"命令，打开"点"对话框，捕捉壶把手样条曲线端点，将坐标移动到样条曲线端点。选择"菜单"→"格式"→WCS→"旋转"命令，打开"旋转 WCS 绕…"对话框。选择"-YC 轴：XC-->ZC"选项，输入"角度"为 90，单击"确定"按钮，绕 YC 轴旋转 XC 轴到 ZC 轴，新坐标系位置如图 10-98 所示。

（10）绘制圆。选择"菜单"→"插入"→"曲线"→"圆弧/圆"命令或单击"曲线"选项卡"曲线"组中的"圆弧/圆"按钮，打开"圆弧/圆"对话框。勾选"整圆"复选框，中心点坐标为(0,0,0)，通过点坐标为(16,0,0)，在"平面选项"下拉列表中选择"选择平面"，在"指定平面"下拉列表中选择"XC-YC 平面"，单击"确定"按钮完成圆的绘制，如图 10-99 所示。

（11）创建壶把手实体模型。选择"菜单"→"插入"→"扫掠"→"沿引导线扫掠"命令或单击"曲面"选项卡"基本"组"更多"库下"扫掠"库中的"沿引导线扫掠"按钮，打开如图 10-100 所示的"沿引导线扫掠"对话框。选择上一步绘制的圆为截面线，选择壶把手样条曲线为引导线，在"第一偏置"和"第二偏置"文本框中均输入 0，单击"确定"按钮，生成模型如图 10-101 所示。

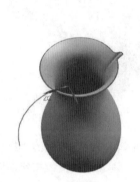

图 10-98　新坐标系位置　　　　图 10-99　绘制圆　　　　图 10-100　"沿引导线扫掠"对话框

（12）隐藏曲线。选择"菜单"→"编辑"→"显示和隐藏"→"隐藏"命令，打开"类选择"对话框。单击"类型过滤器"按钮，打开"按类型选择"对话框，选择"曲线"，单击"确定"按钮，单击"全选"按钮。单击"确定"按钮，曲线被隐藏，如图 10-102 所示。

（13）修剪体。选择"菜单"→"插入"→"修剪"→"修剪体"命令或单击"主页"选项卡"基本"组"组合"下拉菜单中的"修剪体"按钮，打开如图 10-103 所示的"修剪体"对话框。首先选取目标体，选择扫掠实体壶把手，单击鼠标中键，进入工具的选取，将提示行中的"面规则"设置为单个面，选择咖啡壶外表面，方向指向咖啡壶内侧，单击"确定"按钮，生成的模型如图 10-104 所示。

图 10-101　扫掠体　　　　图 10-102　隐藏曲线　　　　图 10-103　"修剪体"对话框

（14）创建球体。选择"菜单"→"插入"→"设计特征"→"球"命令或单击"主页"选项卡"基本"组"更多"库下"设计特征"库中的"球"按钮，打开如图 10-105 所示的"球"对话框。选择"中心点和直径"类型，输入"直径"为 32。单击"点对话框"按钮，打开"点"对话框，输入圆心为(0,–140,188)，连续单击"确定"按钮，生成的模型如图 10-106 所示。

图 10-104　修剪体　　　　　图 10-105　"球"对话框　　　　　图 10-106　创建球体

（15）合并操作。选择"菜单"→"插入"→"组合"→"合并"命令或单击"主页"选项卡"基本"组中的"合并"按钮，打开如图 10-107 所示的"合并"对话框。选择目标体为壶把手实体，选择工具体为球实体和壶实体，单击"确定"按钮，生成的模型如图 10-108 所示。

图 10-107　"合并"对话框　　　　　图 10-108　最终模型

10.5　自由曲面编辑

通过对自由曲面创建的学习，在用户创建一个自由曲面特征之后，还需要对其进行相关的编辑工作。接下来主要讲述部分常用的自由曲面的编辑操作，这些编辑操作是曲面造型后期修整的常用技术。

10.5.1　X 型

选择"菜单"→"编辑"→"曲面"→"X 型"命令或单击"曲面"选项卡"编辑"组中的"X

型"按钮，打开如图 10-109 所示的"X 型"对话框。该对话框中部分选项功能说明如下。

（1）曲线或曲面。

1）选择对象：选择单个或多个要编辑的面，或使用面查找器选择，打开或绘制任意一个曲面，如图 10-110 所示。

图 10-109　"X 型"对话框

图 10-110　曲面

2）操控。

①任意：移动单个极点、同一行上的所有点或同一列上的所有点。

②极点：指定要移动的单个点。

③行：移动同一行内的所有点。

（2）参数设置：在更改面的过程中，调节面的次数与补片数量。

（3）方法：控制极点的运动，可以是移动、旋转、比例缩放，以及将极点投影到某一平面。

1）移动：通过 WCS、视图、矢量、平面、法向和多边形等方法来移动极点。

2）旋转：通过 WCS、视图、矢量和平面等方法来旋转极点。

3）比例：通过 WCS、均匀、曲线所在平面、矢量和平面等方法来缩放极点。

4）平面化：当极点不在一个平面内时，可以通过此方法将极点控制到一个平面上。

（4）边界约束：允许在保持边缘处曲率或相切的情况下，沿切矢方向对成行或成列的极点进行交换。

（5）特征保存方法。

1）相对：在编辑父特征时保持极点相对于父特征的位置。

2）静态：在编辑父特征时保持极点的绝对位置。

（6）微定位：指定使用微调选项时动作的精细度。

这里取消勾选"比率"选项，输入步长值为 100，单击 □ 按钮，曲面发生变化，如图 10-111 所示。其他选项为默认值，单击"确定"按钮，完成曲面的编辑，如图 10-112 所示。

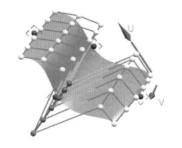
图 10-111 变化的曲面

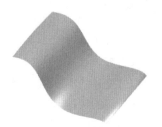
图 10-112 编辑后的曲面

10.5.2 扩大

选择"菜单"→"编辑"→"曲面"→"扩大"命令或单击"曲面"选项卡"编辑"组"更多"库下"边界"库中的"扩大"按钮 🔽，打开如图 10-113 所示的"扩大"对话框，该选项让用户改变未修剪片体的大小，方法是生成一个新的特征，该特征与原始的、覆盖的未修剪面相关。

用户可以根据给定的百分比改变特征的每个未修剪边。

当使用片体生成模型时，将片体生成得过大是一个良好的习惯，以消除后续实体建模的问题。如果用户没有把这些原始片体构造得足够大，则用户如果不使用"等参数修剪/分割"功能就不会增加它们的大小。然而，"等参数修剪"是不相关的，并且在使用时会打断片体的参数化。"扩大"命令让用户生成一个新片体，它既和原始的未修剪面相关，又允许用户改变各个未修剪边的尺寸。

"扩大"对话框中部分选项功能说明如下。

（1）全部：让用户把所有的 U/V 向起点/终点百分比滑尺作为一个组来控制。当勾选该复选框时，移动任一单个的滑尺，所有的滑尺会同时移动并保持它们之间已有的百分比。若取消勾选该复选框，用户可以拖动滑尺对各个未修剪的边进行单独控制。

图 10-113 "扩大"对话框

（2）U 向起点百分比/U 向终点百分比/V 向起点百分比/V 向终点百分比：使用滑尺或它们各自的数据输入字段来改变片体的未修剪边的大小。在数据输入字段中输入的值或拖动滑尺达到的值是原始尺寸的百分比。可以在数据输入字段中输入数值或表达式。

（3）重置调整大小参数：把所有的滑尺重设为初始位置。

（4）模式。

①线性：在一个方向上线性地延伸扩大片体的边。使用线性的类型可以增大扩大特征的大小，但不能减小。

②自然：沿着边的自然曲线延伸扩大片体的边。如果用自然的类型来设置扩大特征的大小，则既可以增大也可以减小。

10.5.3　更改次数

选择"菜单"→"编辑"→"曲面"→"次数"命令或单击"曲面"选项卡"编辑"组"更多"库下"光顺"库中的"更改次数"按钮x^{z^3}，打开"更改次数"对话框，如图10-114所示。

该命令可以改变体的次数，但只能增加带有底层多面片曲面的体的次数以及所生成的"封闭"体的次数。

图10-114　"更改次数"对话框

增加体的次数不会改变它的形状，却能增加其自由度。这可增加对编辑体可用的极点数。

降低体的次数会降低试图保持体的全形和特征的次数。降低次数的公式（算法）是这样设计的：如果增加次数随后又降低，那么所生成的体将与开始时一样。这样做的结果是，降低次数有时会导致体的形状发生剧烈改变。如果对这种改变不满意，可以放弃并恢复到以前的体。何时发生这种改变是可以预知的，因此完全可以避免。

通常，除非原先体的控制多边形与更低次数体的控制多边形类似，因为低次数体的拐点（曲率的反向）少，否则都要发生剧烈改变。

10.5.4　更改刚度

更改刚度是更改曲面U和V方向参数线的次数，使曲面的形状有所变化。

选择"菜单"→"编辑"→"曲面"→"刚度"命令或单击"曲面"选项卡"编辑"组"更多"库下"光顺"库中的"更改刚度"按钮，打开如图10-115所示的"更改刚度"对话框。该对话框中选项的含义和"更改次数"对话框中的一样，此处不再赘述。

在视图区选择要进行操作的曲面后，打开"确认"对话框，提示用户该操作将会移除特征参数，是否继续在菜单栏中选择，单击"确定"按钮，打开"更改刚度"参数输入对话框。

图10-115　"更改刚度"对话框

使用更改刚度功能，增加曲面次数，曲面的极点不变，补片减少，曲面更接近它的控制多边形，反之则相反。封闭曲面不能改变硬度。

10.5.5　法向反向

"法向反向"命令用于创建曲面的反法向特征。

选择"菜单"→"编辑"→"曲面"→"法向反向"命令或单击"曲面"选项卡"编辑"组"更多"库下"方向"库中的"法向反向"按钮，打开如图10-116所示的"法向反向"对话框。

图10-116　"法向反向"对话框

使用法向反向功能，创建曲面的反法向特征。改变曲面的法线方向，可以解决因表面法线方向不一致造成的表面着色问题，以及进行曲面修剪操作时因表面法线方向不一致而引起的更新故障。

10.6　综合实例——创建饮料瓶

源文件：源文件\10\饮料瓶.prt

前几节已经介绍了曲面的各种编辑命令，本节将通过设计饮料瓶的外形来综合应用曲面的编辑命令。

创建的饮料瓶如图 10-117 所示。

扫一扫，看视频

图 10-117　饮料瓶

操作步骤　视频文件：动画演示\第 10 章\饮料瓶.mp4

1. 创建新文件

选择"文件"→"新建"命令或单击"主页"选项卡中的"新建"按钮，打开"新建"对话框。在"模板"栏中选择"模型"，在"名称"文本框中输入"饮料瓶"，单击"确定"按钮，进入建模环境。

2. 绘制直线

（1）选择"菜单"→"插入"→"曲线"→"直线"命令或单击"曲线"选项卡"基本"组中的"直线"按钮╱，打开如图 10-118 所示的"直线"对话框。

（2）在"开始"栏中，单击"点对话框"按钮，打开"点"对话框。设置起点坐标为(22,0,0)，单击"确定"按钮。

（3）在"结束"栏中，单击"点对话框"按钮，打开"点"对话框。设置终点坐标为(30,0,0)，单击"确定"按钮。返回"直线"对话框，单击"应用"按钮，生成直线 1。

（4）以同样的方法绘制直线 2，起点为(30,0,0)，终点为(30,0,8)，结果如图 10-119 所示。

图 10-118　"直线"对话框　　　　　　图 10-119　绘制直线

3. 创建圆角

（1）选择"菜单"→"插入"→"派生曲线"→"圆形圆角曲线"命令或单击"曲线"选项卡"派生"组"更多"库中的"圆形圆角曲线"按钮，打开如图 10-120 所示的"圆形圆角曲线"对话框。

（2）设置半径为 5，生成圆角如图 10-121 所示。

图 10-120　"圆形圆角曲线"对话框

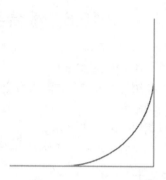

图 10-121　创建圆角

4. 修剪曲线

（1）选择"菜单"→"编辑"→"曲线"→"修剪"命令或单击"曲线"选项卡"编辑"组中的"修剪曲线"按钮 $+$ ，打开如图 10-122 所示的"修剪曲线"对话框。

（2）选择两条直线为要修剪的曲线，圆角为边界对象，选择如图 10-123 所示的区域为要放弃的区域。

（3）单击"确定"按钮，完成曲线的修剪，结果如图 10-124 所示。

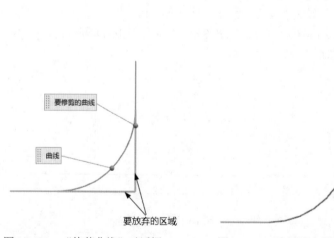

图 10-122　"修剪曲线"对话框　　　图 10-123　选择放弃的区域　　　图 10-124　生成的圆角

5. 旋转曲面

（1）选择"菜单"→"插入"→"设计特征"→"旋转"命令或单击"主页"选项卡"基本"组中的"旋转"按钮 ，打开如图 10-125 所示的"旋转"对话框。

（2）选择如图 10-125 所示的图形为旋转截面。

（3）在"旋转"对话框的"指定矢量"下拉列表中选择"ZC 轴"，然后在视图中选择原点为基准点，或者单击"点对话框"按钮 ⬚，在打开的"点"对话框中设置坐标点为(0,0,0)，单击"确定"按钮。

（4）在"旋转"对话框中，将"限制"选项组中的"起始"和"结束"均设置为"值"，其"角度"分别设置为-30 和 30。

（5）单击"确定"按钮，生成的旋转曲面如图 10-126 所示。

图 10-125　"旋转"对话框

图 10-126　旋转曲面

6. 创建规律延伸曲面

（1）选择"菜单"→"插入"→"弯边曲面"→"规律延伸"命令或单击"曲面"选项卡"基本"组中的"规律延伸"按钮 ，打开如图 10-127 所示的"规律延伸"对话框。

（2）在"类型"下拉列表中选择"面"，选择旋转曲面的上边线为基本轮廓，选择旋转曲面为参考面，输入长度规律值为 100，角度规律值为 0。

（3）单击"确定"按钮，生成的规律延伸曲面如图 10-128 所示。

7. 更改曲面阶次

（1）选择"菜单"→"编辑"→"曲面"→"次数"命令或单击"曲面"选项卡"编辑"组"更多"库下"光顺"库中的"更改次数"按钮 x^{z^3}，打开"更改次数"对话框。

（2）选中"编辑原片体"单选按钮，选择要编辑的曲面为规律延伸曲面，如图 10-129 所示。

（3）打开如图 10-130 所示的"更改次数"对话框，将"U 向次数"更改为 20，"V 向次数"更改为 5，单击"确定"按钮。

图 10-127　"规律延伸"对话框

图 10-128　规律延伸曲面

图 10-129　选择要编辑的曲面

图 10-130　"更改次数"对话框

8. 编辑曲面

（1）选择"菜单"→"编辑"→"曲面"→"X型"命令或单击"曲面"选项卡"编辑"组中的"X型"按钮，打开如图 10-131 所示的"X型"对话框。

（2）选择规律延伸曲面为要编辑的曲面，如图 10-132 所示。

（3）在"操控"下拉列表中选择"行"选项，选择要编辑的行，系统自动进行判别，如图 10-133 所示。

图 10-131　"X型"对话框

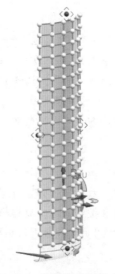
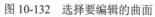

图 10-132　选择要编辑的曲面

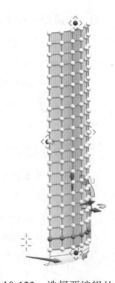

图 10-133　选择要编辑的行

（4）在选择完被移动的点后，在"移动"中选择"矢量"选项，指定矢量为 XC 轴。

（5）在对话框中更改"步长值"为 10 并单击"负增量"按钮 $\boxed{-}$，单击"确定"按钮，该行的所有点被移动编辑后的曲面如图 10-134 所示。

9．曲面缝合

（1）选择"菜单"→"插入"→"组合"→"缝合"命令或单击"曲面"选项卡"组合"组中的"缝合"按钮，打开如图 10-135 所示的"缝合"对话框。

（2）选择旋转曲面和规律延伸曲面，单击"确定"按钮，两曲面即被缝合。

图 10-134　编辑后的曲面　　　　　　　　图 10-135　"缝合"对话框

10．曲面边倒圆

（1）选择"菜单"→"插入"→"细节特征"→"边倒圆"命令或单击"主页"选项卡"基本"组"倒圆"下拉菜单中的"边倒圆"按钮，打开如图 10-136 所示的"边倒圆"对话框。

（2）选择倒圆角边，如图 10-137 所示，设置倒圆角半径为 1，单击"确定"按钮，生成如图 10-138 所示的模型。

图 10-136　"边倒圆"对话框　　　图 10-137　选择倒圆角边　　　图 10-138　曲面边倒圆

11. 绘制直线

（1）选择"菜单"→"插入"→"曲线"→"直线"命令或单击"曲线"选项卡"基本"组中的"直线"按钮✓，打开"直线"对话框。

（2）单击"开始"选项组中的"点对话框"按钮，在打开的"点"对话框中设置起点坐标为(26,10,35)，单击"确定"按钮。

（3）单击"结束"选项组中的"点对话框"按钮，在打开的"点"对话框中设置终点坐标为(26,10,75)，单击"确定"按钮。

（4）在"直线"对话框中单击"应用"按钮，生成直线1。

（5）以同样的方法生成直线2，起点为(26,-10,35)，终点为(26,-10,75)，结果如图10-139所示。

12. 创建圆弧

（1）选择"菜单"→"插入"→"曲线"→"圆弧/圆"命令或单击"曲线"选项卡"基本"组中的"圆弧/圆"按钮✓，打开"圆弧/圆"对话框。在"类型"下拉列表中选择"三点画圆弧"，如图10-140所示。

（2）捕捉两直线的端点，设置"半径"为10，创建圆弧，如图10-141所示。

图10-139　绘制直线

图10-140　选择"三点画圆弧"类型

图10-141　生成的圆弧

13. 修剪片体

（1）选择"菜单"→"插入"→"修剪"→"修剪片体"命令，打开如图10-142所示的"修剪片体"对话框。

（2）选择曲面为目标片体，选择绘制的曲线为边界对象，其余选项保持默认设置，单击"确定"按钮，修剪片体如图10-143所示。

图 10-142　"修剪片体"对话框　　　　　图 10-143　修剪片体

14．通过曲线网格创建曲面

（1）选择"菜单"→"插入"→"网格曲面"→"通过曲线网格"命令或单击"曲面"选项卡"基本"组中的"通过曲线网格"按钮，打开如图 10-144 所示的"通过曲线网格"对话框。

（2）选取两个圆弧为主曲线，选择两条竖直线为交叉曲线，其余选项保持默认设置，单击"确定"按钮，生成的曲面如图 10-145 所示。

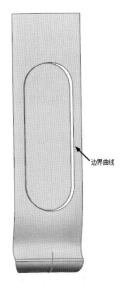

图 10-144　"通过曲线网格"对话框　　　图 10-145　生成的曲面

15．创建 N 边曲面

（1）选择"菜单"→"插入"→"网格曲面"→"N 边曲面"命令或单击"曲面"选项卡"基本"

组"更多"库下"网格"库中的"N边曲面"按钮，打开如图10-146所示的"N边曲面"对话框。

（2）选择"三角形"类型，选择如图10-145所示的边界曲线为外环，然后勾选"尽可能合并面"复选框。

（3）在"形状控制"选项组中，从"中心控制"的"控制"下拉列表中选择"位置"，拖动滑块将 Z 设置为 42，其余选项保持默认设置，单击"确定"按钮，生成如图10-147所示的多个三角补片类型的 N 边曲面。

16. 修剪片体

（1）选择"菜单"→"插入"→"修剪"→"修剪片体"命令，打开"修剪片体"对话框。

（2）选择步骤14创建的 N 边曲面为目标曲面，选择网格曲面为边界对象，选择网格曲面与目标曲面交叉的外部部分为选择区域，选中"放弃"单选按钮，其余选项保持默认设置，单击"应用"按钮。

（3）选择网格曲面为目标曲面，选择 N 边曲面为边界对象，选择网格曲面与目标曲面交叉的多余部分为选择区域，选中"放弃"单选按钮，其余选项保持默认设置，单击"应用"按钮。

（4）重复上述步骤，选择 N 边曲面为目标曲面，选择网格曲面为边界对象，修剪片体如图10-148所示。

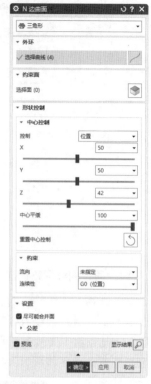

图10-146　"N边曲面"对话框

17. 缝合曲面

（1）选择"菜单"→"插入"→"组合"→"缝合"命令或单击"主页"选项卡"组合"组中的"缝合"按钮，打开"缝合"对话框。

（2）选择"类型"为"片体"，选择旋转曲面为目标曲面，选择其余曲面为工具，单击"确定"按钮，曲面被缝合，如图10-149所示。

图10-147　多个三角补片类型的N边曲面

图10-148　修剪片体

图10-149　缝合曲面

18. 曲面边倒圆

（1）选择"菜单"→"插入"→"细节特征"→"边倒圆"命令或单击"主页"选项卡"基本"

组"倒圆"下拉菜单中的"边倒圆"按钮 ，打开如图 10-150 所示的"边倒圆"对话框。

（2）选择倒圆角边，如图 10-151 所示，设置倒圆角半径为 1.5，单击"确定"按钮，生成如图 10-152 所示的模型。

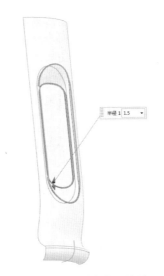

图 10-150　"边倒圆"对话框　　　　图 10-151　选择倒圆角边　　　　图 10-152　倒圆角后的模型

19. 绘制直线

（1）选择"菜单"→"插入"→"曲线"→"直线"命令或单击"曲线"选项卡"基本"组中的"直线"按钮 ╱，打开"直线"对话框。

（2）单击"开始"选项组中的"点对话框"按钮，在打开的"点"对话框中设置起点坐标为 (30,0,108)，单击"确定"按钮。

（3）单击"结束"选项组中的"点对话框"按钮，在打开的"点"对话框中设置终点坐标为 (28,0,108)，单击"确定"按钮。在"直线"对话框中单击"应用"按钮，生成直线 1。

（4）以同样的方法绘制直线 2，起点为 (28,0,108)，终点为 (28,0,110)；接着绘制直线 3，起点为 (28,0,110)，终点为 (30,0,110)；再绘制直线 4，起点为 (30,0,110)，终点为 (30,0,120)；然后绘制直线 5，起点为 (30,0,120)，终点为 (25,0,125)；接下来绘制直线 6，起点为 (25,0,125)，终点为 (25,0,128)；最后绘制直线 7，起点为 (25,0,128)，终点为 (30,0,133)。生成的直线如图 10-153 所示。

20. 创建圆弧

（1）选择"菜单"→"插入"→"曲线"→"圆弧/圆"命令或单击"曲线"选项卡"基本"组中的"圆弧/圆"按钮 ╱，打开"圆弧/圆"对话框。

（2）选择"三点画圆弧"类型，单击"起点"选项组中的"点对话框"按钮，在打开的"点"对话框中设置起点为 (30,0,133)；单击"端点"选项组中的"点对话框"按钮，在打开的"点"对话框中设置端点为 (12,0,163)，单击"确定"按钮；在"中点选项"下拉列表中选择"相切"选项，然后选择步骤 18 创建的直线 4，双击箭头改变生成圆弧的方向，如图 10-154 所示；单击"确定"按钮，生成的圆弧如图 10-155 所示。

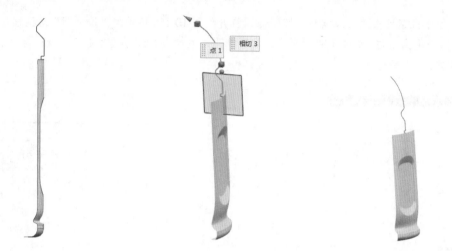

图 10-153　生成的直线　　　　图 10-154　改变圆弧生成方向　　　　图 10-155　生成的圆弧

21．绘制直线

（1）选择"菜单"→"插入"→"曲线"→"直线"命令或单击"曲线"选项卡"基本"组中的"直线"按钮/，打开"直线"对话框。

（2）单击"开始"选项组中的"点对话框"按钮⨀，在打开的"点"对话框中设置起点坐标为(12,0,163)，单击"确定"按钮；单击"结束"选项组中的"点对话框"按钮⨀，在打开的"点"对话框中设置终点坐标为(12,0,168)，单击"确定"按钮。在"直线"对话框中单击"应用"按钮，生成直线1。

（3）以同样的方法绘制直线 2～11。其中，直线 2 的起点为(12,0,168)，终点为(15,0,168)；直线 3 的起点为(15,0,168)，终点为(15,0,170)；直线 4 的起点为(15,0,170)，终点为(12,0,170)；直线 5 的起点为(12,0,170)，终点为(12,0,171.5)；直线 6 的起点为(12,0,171.5)，终点为(13,0,171.5)；直线 7 的起点为(13,0,171.5)，终点为(13,0,173)；直线 8 的起点为(13,0,173)，终点为(14,0,173)；直线 9 的起点为(14,0,173)，终点为(14,0,174)；直线 10 的起点为(14,0,174)，终点为(12,0,175)；直线 11 的起点为(12,0,175)，终点为(12,0,188)。生成的直线如图 10-156 所示。

图 10-156　生成的直线

22．旋转直线

（1）选择"菜单"→"插入"→"设计特征"→"旋转"命令或单击"主页"选项卡"基本"组中的"旋转"按钮🗕，打开如图 10-157 所示的"旋转"对话框。

（2）选择如图 10-156 所示的直线为旋转轴。

（3）在"旋转"对话框中的"指定矢量"下拉列表中选择"ZC轴"，在视图中选择原点为基准点，或者单击"点对话框"按钮⨀，在打开的"点"对话框中设置坐标点为(0,0,0)，单击"确定"按钮。

（4）在"旋转"对话框中，将"限制"选项组中的"起始"和"结束"均设置为"值"，其"角度"分别设置为-30和30。

（5）单击"确定"按钮，生成的旋转体如图 10-158 所示。

图 10-157　"旋转"对话框

图 10-158　生成的旋转体

23. 曲面缝合

（1）选择"菜单"→"插入"→"组合"→"缝合"命令或单击"曲面"选项卡"组合"组中的"缝合"按钮，打开"缝合"对话框。

（2）选择"类型"为"片体"，选择旋转曲面为目标曲面，选择其余曲面为工具曲面，单击"确定"按钮，曲面被缝合。

24. 曲面边倒圆

（1）选择"菜单"→"插入"→"细节特征"→"边倒圆"命令或单击"主页"选项卡"基本"组"倒圆"下拉菜单中的"边倒圆"按钮，打开"边倒圆"对话框。

（2）选择倒圆角边，如图 10-159 所示，设置半径为 1，单击"确定"按钮，生成如图 10-160 所示的模型。

25. 旋转复制曲面

（1）选择"菜单"→"编辑"→"移动对象"命令，打开"移动对象"对话框，选择屏幕中的曲面为移动对象。

（2）在"运动"下拉列表中选择"角度"，在"指定矢量"下拉列表中选择"ZC 轴"，如图 10-161 所示。

（3）单击"点对话框"按钮，在打开的"点"对话框中设置坐标为 (0,0,0)，单击"确定"按钮。

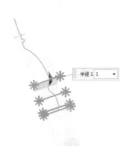

图 10-159　选择倒圆角边

（4）返回"移动对象"对话框，设置"角度"为 60，选中"复制原先的"单选按钮，在"非关联副本数"文本框中输入 5，单击"确定"按钮，生成模型如图 10-162 所示。

图 10-160　倒圆角后的模型　　　图 10-161　"移动对象"对话框　　　图 10-162　生成模型图

26．曲面缝合

（1）选择"菜单"→"插入"→"组合"→"缝合"命令或单击"曲面"选项卡"组合"组中的"缝合"按钮，打开"缝合"对话框。

（2）选择"类型"为"片体"，选择旋转曲面为目标曲面，选择其余曲面为工具曲面，单击"确定"按钮，曲面被缝合。

27．创建 N 边曲面

（1）选择"菜单"→"插入"→"网格曲面"→"N 边曲面"命令或单击"曲面"选项卡"基本"组"更多"库下"网格"库中的"N 边曲面"按钮，打开"N 边曲面"对话框。

（2）选择"三角形"类型，然后选择如图 10-163 所示的曲线为外环，再选择如图 10-163 所示的曲面为约束面，并勾选"尽可能合并面"复选框。

（3）在"形状控制"选项组中，从"中心控制"的"控制"下拉列表中选择"位置"，拖动滑块将 Z 设置为 58，其余选项保持默认设置，单击"确定"按钮，生成如图 10-164 所示的多个三角补片类型的 N 边曲面。

图 10-163　选择外环和约束面　　　　　图 10-164　多个三角补片类型的 N 边曲面

第 11 章　钣 金 特 征

内容简介

UG NX 钣金应用提供了一个直接操作钣金零件设计的集中的环境。UG NX 钣金基于工业领先的 Solid Edge 方法建立，目的是设计 machinery、enclosures、brake-press manufactured parts 和其他具有线性折弯线的零件。

内容要点

- ❯ 钣金概述
- ❯ 钣金基本特征
- ❯ 钣金高级特征

11.1　钣 金 概 述

本节主要介绍如何进入钣金环境，并介绍钣金特征的创建流程。

启动 UG NX 后，选择"文件"→"新建"命令或单击"主页"选项卡中的"新建"按钮，打开"新建"对话框，如图 11-1 所示。在"模板"列表中选择"NX 钣金"，输入文件名称和文件路径，单击"确定"按钮，进入钣金环境，如图 11-2 所示。它提供了 UG NX 专门面向钣金件的直接的钣金设计环境。

图 11-1　"新建"对话框

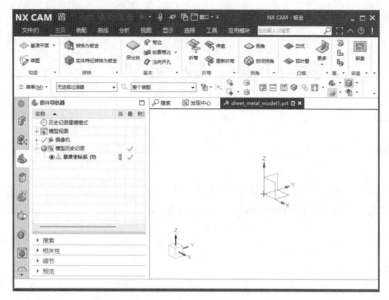

图 11-2　UG NX 钣金设计环境

或者在其他环境中，单击"应用模块"选项卡"设计"组中的"钣金"按钮，进入钣金设计环境，如图 11-3 所示。

图 11-3　"应用模块"选项卡

11.1.1　钣金流程

典型的钣金流程如下。

（1）设置钣金属性的默认值。

（2）草绘基本特征形状，或者选择已有的草图。

（3）创建基本特征（常用标签特征）。

创建钣金零件的典型工作流程一开始就是创建基本特征，基本特征是要创建的第一个特征，典型地定义零件形状。在钣金中，常使用突出块特征来创建基本特征，但也可以使用轮廓弯边和放样弯边进行创建。

（4）添加特征（如弯边、凹坑）和使用折弯等进一步定义已经成形的钣金零件的基本特征。

在创建了基本特征之后，使用 UG NX 钣金和成形特征命令来完成钣金零件，这些命令有弯边、凹坑、折弯、孔、腔体等。

（5）根据需要采用取消折弯展开折弯区域，在钣金零件上添加孔、除料、压花和百叶窗等特征。

（6）重新折弯展开的折弯面来完成钣金零件。

（7）生成零件平板实体，便于设计图样和以后的加工。

"展平实体"  命令用于在零件文件中创建新的实体，同时保持最初的实体。

平板实体在时间次序表总是放在最后。每当有新特征添加到父特征上时，将平板实体都放在最后，更新父特征来考虑更改。

11.1.2　钣金首选项

钣金应用提供了材料厚度、折弯半径和折弯缺口等默认属性设置，也可以根据需要更改这些设置。选择"菜单"→"首选项"→"钣金"命令，打开如图 11-4 所示的"钣金首选项"对话框，在该对话框中可以改变钣金默认设置选项。默认设置选项包括部件属性、展平图样处理和展平图样显示等七项，其中部分选项功能说明如下。

1. 部件属性

（1）材料厚度：钣金零件默认厚度，可以在图 11-4 所示的"钣金首选项"对话框中进行设置。

（2）弯曲半径：折弯默认半径（基于折弯时发生断裂的最小极限来定义），在图 11-4 所示的"钣金首选项"对话框中可以根据所选材料的类型来更改折弯半径。

图 11-4　"钣金首选项"对话框

（3）让位槽深度/让位槽宽度：从折弯边开始计算折弯缺口延伸的距离称为折弯深度（D），跨度称为宽度（W）。可以在图 11-4 所示的"钣金首选项"对话框中设置让位槽深度和宽度，其含义如图 11-5 所示。

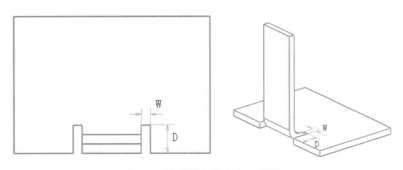

图 11-5　让位槽参数含义示意图

（4）折弯定义方法：中性因子是指折弯外侧拉伸应力等于内侧挤压应力处，用于表示平面展开处理的折弯需要公式。由折弯材料的机械特性决定，用材料厚度的百分比来表示，从内侧折弯半径来测量，默认为 0.33，有效范围为 0～1。

2. 展平图样处理

单击"展平图样处理"属性页，可以设置平面展开图处理参数，如图11-6所示。

（1）处理选项：对于平面展开图处理的内拐角和外拐角进行倒角和倒圆。在后面的数值框中输入倒角的边长或倒圆半径。

（2）展平图样简化：对圆柱表面或者折弯线上具有裁剪特征的钣金零件进行平面展开时，生成B样条曲线，该选项可以将B样条曲线转化为简单直线和圆弧。用户可以在如图11-6所示的对话框中定义最小圆弧和偏差的公差值。

（3）移除系统生成的折弯止裂口：当创建没有止裂口的封闭拐角时，系统在3D模型上生成一个非常小的折弯止裂口。在如图11-6所示的对话框中设置在定义平面展开图实体时，是否移除系统生成的折弯止裂口。

图11-6 "展平图样处理"属性页

3. 展平图样显示

单击"展平图样显示"属性页，可以设置平面展开图显示参数，如图11-7所示，包括各种曲线的显示颜色、线形、线宽和标注等。

图11-7 "展平图样显示"属性页

4. 钣金验证

在此属性页中设置最小工具间隙和最小腹板长度的验证参数。

11.2　钣金基本特征

UG NX 钣金包括基本的钣金特征，如突出块、弯边、法向开孔、轮廓弯边以及改进生产力的自动折弯缺口等。在钣金设计中，系统也提供了通用的典型建模特征（如孔、拉伸）和其他基本编辑方法（如复制、粘贴和镜像）。

11.2.1　突出块特征

"突出块"命令可以使用封闭轮廓创建任意形状的扁平特征。

突出块是在钣金零件上创建平板特征，可以使用该命令来创建基本特征或者在已有钣金零件的表面添加材料。

选择"菜单"→"插入"→"突出块"命令或单击"主页"选项卡"基本"组中的"突出块"按钮◇，打开如图 11-8 所示的"突出块"对话框，示意图如图 11-9 所示。

该对话框中部分选项功能说明如下。

（1）截面。

①曲线⟨o⟩：用于指定使用已有的草图来创建平板特征。

②绘制截面↕：可以在参考平面上绘制草图来创建平板特征。

（2）厚度：输入突出块的厚度。

图 11-8　"突出块"对话框

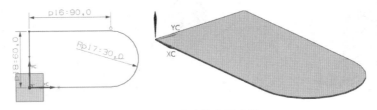

图 11-9　"突出块"示意图

11.2.2　弯边特征

弯边特征可以创建简单折弯和弯边区域。弯边包括圆柱区域，即通常所说的折弯区域和矩形区域，也称为网格区域。

选择"菜单"→"插入"→"折弯"→"弯边"命令或单击"主页"选项卡"基本"组中的"弯边"按钮◆，打开如图 11-10 所示的"弯边"对话框。

该对话框中部分选项功能说明如下。

图 11-10　"弯边"对话框

1. 宽度选项

用于设置定义弯边宽度的测量方式。宽度选项包括完整、在中心、在端点、从端点和从两端 5 种方式，示意图如图 11-11 所示。

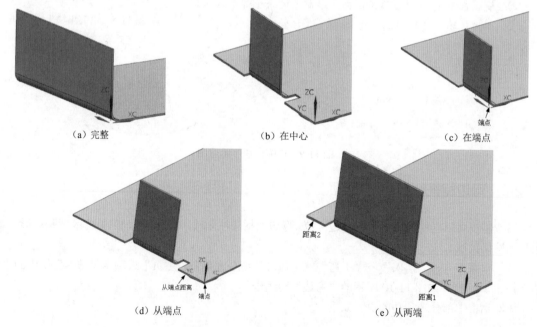

（a）完整　　　　　　　（b）在中心　　　　　　　（c）在端点

（d）从端点　　　　　　　（e）从两端

图 11-11　"宽度选项"示意图

（1）完整：指沿着所选择折弯边的边长来创建弯边特征。当选择该选项创建弯边特征时，弯边的主要参数有长度、角度和偏置。

（2）在中心：指在所选择的折弯边中部创建弯边特征，可以编辑弯边宽度值和使弯边居中，默认宽度是所选择折弯边长的三分之一。当选择该选项创建弯边特征时，弯边的主要参数有长度、偏置、角度和宽度（两宽度相等）。

（3）在端点：指从所选择的端点开始创建弯边特征。当选择该选项创建弯边特征时，弯边的主要参数有长度、偏置、角度和宽度。

（4）从端点：指从所选折弯边的端点定义距离来创建弯边特征。当选择该选项创建弯边特征时，弯边的主要参数有长度、偏置、角度、从端点（从端点到弯边的距离）和宽度。

（5）从两端：指从所选择折弯边的两端定义距离来创建弯边特征，默认宽度是所选择折弯边长的三分之一。当选择该选项创建弯边特征时，弯边的主要参数有长度、偏置、角度、距离 1 和距离 2。

2．角度

创建弯边特征的折弯角度，可以在视图区动态更改角度值。

3．参考长度

用于设置定义弯边长度的度量方式，长度选项包括内侧、外侧、腹板和相切 4 种方式，示意图如图 11-12 所示。

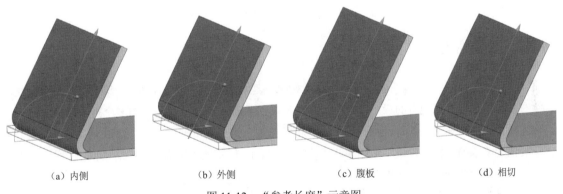

（a）内侧　　　　　（b）外侧　　　　　（c）腹板　　　　　（d）相切

图 11-12　"参考长度"示意图

（1）内侧：指从已有材料的内侧测量弯边长度。
（2）外侧：指从已有材料的外侧测量弯边长度。
（3）腹板：指从已有材料的折弯处测量弯边长度。
（4）相切：指根据 DIN6935 标准测量弯边长度。

4．内嵌

用于表示弯边嵌入基础零件的距离。嵌入类型包括材料内侧、材料外侧、折弯外侧和材料内侧 OML 4 种，示意图如图 11-13 所示。

（1）材料内侧：指弯边嵌入到基本材料的里面，使突出块区域的外侧表面与所选的折弯边平齐。

（2）材料外侧：指弯边嵌入到基本材料的里面，使突出块区域的内侧表面与所选的折弯边平齐。

（3）折弯外侧：指将材料添加到所选中的折弯边上形成弯边。

（4）材料内侧OML：指将弯边嵌入基本材料中，使突出块区域的外侧表面与所选的折弯边平齐，并指出材料来自与所选参考边缘相对的边缘。

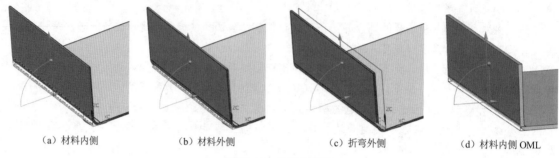

（a）材料内侧　　　　（b）材料外侧　　　　（c）折弯外侧　　　　（d）材料内侧OML

图 11-13　内嵌示意图

5. 止裂口

（1）折弯止裂口：定义是否折弯止裂口到零件的边。

（2）拐角止裂口：定义要创建的弯边特征所邻接的特征是否采用拐角止裂口。

①仅折弯：指仅对邻接特征的折弯部分应用拐角止裂口。

②折弯/面：指对邻接特征的折弯部分和平板部分应用拐角止裂口。

③折弯/面链：指对邻接特征的所有折弯部分和平板部分应用拐角止裂口。

11.2.3　轮廓弯边特征

"轮廓弯边"命令通过拉伸表示弯边截面轮廓来创建弯边特征。可以使用"轮廓弯边"命令创建新零件的基本特征或者在现有的钣金零件上添加轮廓弯边特征，创建任意角度的多个折弯特征。

选择"菜单"→"插入"→"折弯"→"轮廓弯边"命令或单击"主页"选项卡"基本"组"弯边"下拉菜单中的"轮廓弯边"按钮▊，打开如图11-14所示的"轮廓弯边"对话框。

该对话框中部分选项功能说明如下。

（1）柱基：可以使用基部轮廓弯边命令创建新零件的基本特征。

（2）宽度选项：包括"有限"和"对称"范围选项。示意图如图11-15所示。

①有限：指创建有限宽度的轮廓弯边的方法。

②对称：指用二分之一的轮廓弯边宽度值来定义轮廓两侧的距离。

（3）斜接：可以设置轮廓弯边端（两侧）包括开始端和结束端选项的斜接选项和参数。

斜接角：设置轮廓弯边开始端和结束端的斜接角度。

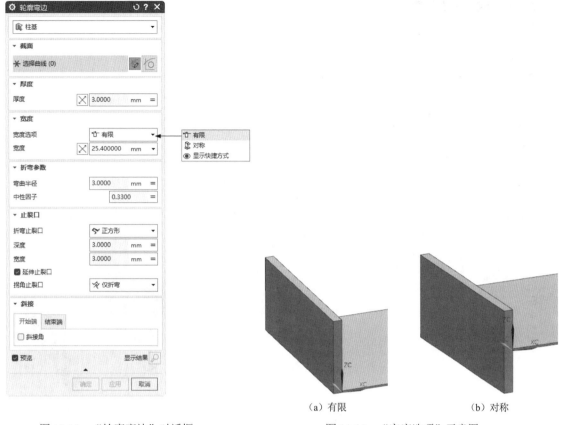

图 11-14　"轮廓弯边"对话框　　　　　图 11-15　"宽度选项"示意图

11.2.4　放样弯边特征

放样弯边功能提供了在平行参考面上的轮廓或草图之间过渡连接的功能。可以使用"放样弯边"命令创建新零件的基本特征。

选择"菜单"→"插入"→"折弯"→"放样弯边"命令或单击"主页"选项卡"基本"组"弯边"下拉菜单中的"放样弯边"按钮 ，打开如图 11-16 所示的"放样弯边"对话框，示意图如图 11-17 所示。

该对话框中部分选项功能说明如下。

（1）柱基：可以使用基本放样弯边选项创建新零件的基本特征。

（2）选择曲线：用于指定使用已有的轮廓作为放样弯边特征的起始轮廓来创建放样弯边特征。

（3）绘制起始截面 ：在参考平面上绘制轮廓草图作为放样弯边特征的起始轮廓来创建放样弯边特征。

（4）指定点：用于指定放样弯边起始轮廓的顶点。

图 11-16 "放样弯边"对话框

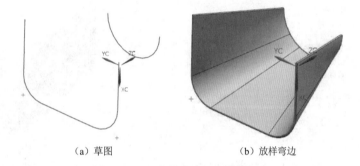

（a）草图 （b）放样弯边

图 11-17 "放样弯边"示意图

11.2.5 二次折弯特征

二次折弯功能可以在钣金零件平面上创建两个 90°的折弯，并添加材料到折弯特征。二次折弯功能的轮廓线必须是一条直线，并且位于放置平面上。

选择"菜单"→"插入"→"折弯"→"二次折弯"命令或单击"主页"选项卡"折弯"组"更多"库下"折弯"库中的"二次折弯"按钮 ，打开如图 11-18 所示的"二次折弯"对话框。

该对话框中部分选项功能说明如下。

（1）高度：创建二次折弯特征时可以在视图区中动态更改高度值。

（2）参考高度：包括内侧和外侧两个选项，如图 11-19 所示。

①内侧：指定义选择放置面到二次折弯特征最近表面的高度。

②外侧：指定义选择放置面到二次折弯特征最远表面的高度。

（3）内嵌：包括材料内侧、材料外侧和折弯外侧三个选项，如图 11-20 所示。

①材料内侧：指凸凹特征垂直于放置面的部分在轮廓面内侧。

②材料外侧：指凸凹特征垂直于放置面的部分在轮廓面外侧。

③折弯外侧：指凸凹特征垂直于放置面的部分和折弯部分都在轮廓面外侧。

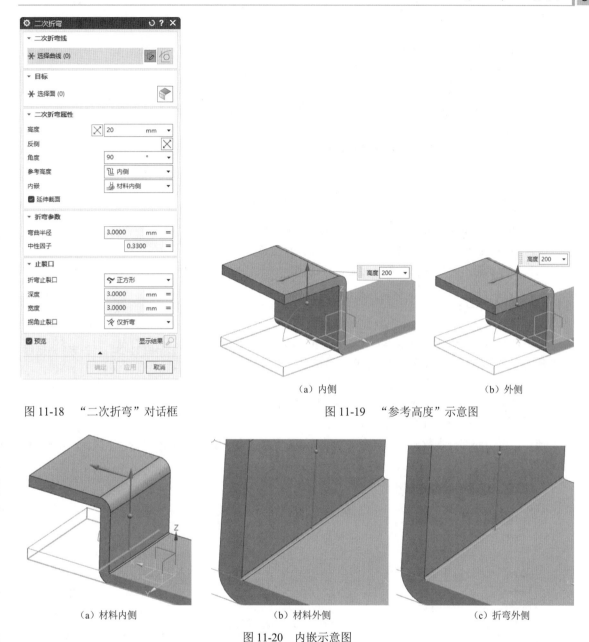

图 11-18　"二次折弯"对话框　　　图 11-19　"参考高度"示意图

（a）材料内侧　　　　　（b）材料外侧　　　　　（c）折弯外侧

图 11-20　内嵌示意图

（4）延伸截面：勾选该复选框，定义是否延伸直线轮廓到零件的边。

11.2.6　折弯特征

"折弯"命令可以在钣金零件的平面区域上创建折弯特征。

选择"菜单"→"插入"→"折弯"→"折弯"命令或单击"主页"选项卡"折弯"组中的"折

弯"按钮 📐，打开如图 11-21 所示的"折弯"对话框。

该对话框中部分选项功能说明如下。

（1）内嵌：包括外模线轮廓、折弯中心线轮廓、内模线轮廓、材料内侧和材料外侧五种。

①外模线轮廓：指在展开状态时轮廓线表示的平面静止区域和圆柱折弯区域之间连接的直线。

②折弯中心线轮廓：指轮廓线表示折弯中心线，在展开状态时折弯区域均匀分布在轮廓线两侧。

③内模线轮廓：指在展开状态时轮廓线表示的平面区域和圆柱折弯区域之间连接的直线。

④材料内侧：指在成形状态下轮廓线在平面区域外侧平面内。

⑤材料外侧：指在成形状态下轮廓线在平面区域内侧平面内。

（2）延伸截面：定义是否延伸截面到零件的边。

11.2.7 凹坑特征

凹坑是指用一组连续的曲线作为成形面的轮廓线，沿着钣金零件体表面的法向成形，同时在轮廓线上建立成形钣金部件的过程，它和冲压开孔有一定的相似之处，主要不同在于浅成形不裁剪由轮廓线生成的平面。

选择"菜单"→"插入"→"冲孔"→"凹坑"命令或单击"主页"选项卡"凸模"组中的"凹坑"按钮 ◆，打开如图 11-22 所示的"凹坑"对话框。

该对话框中的部分参数和二次折弯功能的相应参数含义相同，这里不再详述。"凹坑"示意图如图 11-23 所示。

图 11-21　"折弯"对话框

图 11-22　"凹坑"对话框

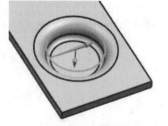

（a）材料内侧

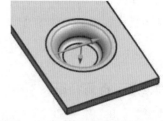

（b）材料外侧

图 11-23　"凹坑"示意图

11.2.8　法向开孔特征

法向开孔是指用一组连续的曲线作为裁剪的轮廓线，沿着钣金零件体表面的法向进行裁剪。

选择"菜单"→"插入"→"切割"→"法向开孔"命令或单击"主页"选项卡"基本"组中的"法向开孔"按钮，打开如图 11-24 所示的"法向开孔"对话框。

该对话框中部分选项功能说明如下。

（1）切割方法：包括厚度、中位面和最近的面三种。

①厚度：指在钣金零件体放置面沿着厚度方向进行裁剪。

②中位面：指在钣金零件体放置面的中间面向钣金零件体的两侧进行裁剪。

③最近的面：指在钣金零件体放置面的最近的面向钣金零件体的另一侧进行裁剪。

图 11-24　"法向开孔"对话框

（2）限制：包括值、所处范围、直至下一个和贯通四种。

①值：指沿着法向，穿过至少指定一个厚度的深度尺寸的裁剪。

②所处范围：指沿着法向从开始面穿过钣金零件的厚度，延伸到指定结束面的裁剪。

③直至下一个：指沿着法向穿过钣金零件的厚度，延伸到最近面的裁剪。

④贯通：指沿着法向，穿过钣金零件所有面的裁剪。

★重点　动手学——创建微波炉内门

源文件：源文件\11\微波炉内门.prt

扫一扫，看视频

首先利用"突出块"命令创建基本钣金件，然后利用"弯边"命令创建四周的附加壁，利用"法向开孔"命令修剪 4 个角的部分料和切除槽，最后利用"突出块"命令在钣金件上添加实体，并用"折弯"命令折弯添加的视图。微波炉内门效果图如图 11-25 所示。

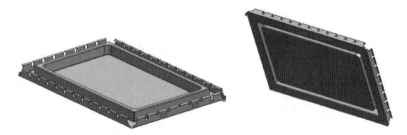

图 11-25　微波炉内门效果图

操作步骤　视频文件：动画演示\第 11 章\微波炉内门.mp4

（1）创建钣金文件。选择"文件"→"新建"命令或单击"主页"选项卡"标准"组中的"新建"按钮，打开"新建"对话框，如图 11-26 所示。在"名称"文本框中输入"微波炉内门"，在"文件夹"文本框中输入保存路径，单击"确定"按钮进入钣金设计环境。

图 11-26 "新建"对话框

（2）钣金参数预设置。选择"菜单"→"首选项"→"钣金"命令，打开如图 11-27 所示的"钣金首选项"对话框。设置"全局参数"列表框中的"材料厚度"为 0.6，"弯曲半径"为 0.6，"让位槽深度"和"让位槽宽度"均为 1；设置"折弯定义方法"列表框中的"方法"为"公式"，"公式"为"折弯余量"，单击"确定"按钮，完成钣金参数预设置。

（3）创建突出块特征。选择"菜单"→"插入"→"突出块"命令或单击"主页"选项卡"基本"组中的"突出块"按钮◈，打开如图 11-28 所示的"突出块"对话框。选择"基本"类型，单击"绘制截面"按钮◈，打开如图 11-29 所示的"创建草图"对话框。选择 XY 平面，单击"确定"按钮，进入草图绘制环境，绘制如图 11-30 所示的草图。单击"主页"选项卡"草图"组中的"完成"按钮▓，草图绘制完毕。单击"确定"按钮，创建突出块特征，如图 11-31 所示。

图 11-27 "钣金首选项"对话框

图 11-28 "突出块"对话框

图 11-29 "创建草图"对话框

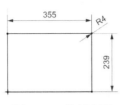

图 11-30 绘制草图

图 11-31 创建突出块特征

（4）创建弯边特征。选择"菜单"→"插入"→"折弯"→"弯边"命令或单击"主页"选项卡"基本"组中的"弯边"按钮，打开如图 11-32 所示的"弯边"对话框。设置"宽度选项"为"完整"，"长度"为 18.5，"角度"为 90，"参考长度"为"外侧"，"内嵌"为"材料外侧"；在"止裂口"列表框中的"折弯止裂口"下拉列表中选择"无"。选择突出块的任意一边，单击"应用"按钮，创建弯边特征 1，如图 11-33 所示。

同上步骤，分别选择其他三边，设置相同的参数，创建弯边特征，如图 11-34 所示。

图 11-32 "弯边"对话框

图 11-33 创建弯边特征 1

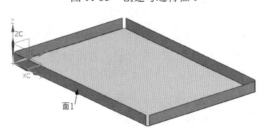

图 11-34 创建其他三处弯边特征

（5）创建法向开孔特征 1。选择"菜单"→"插入"→"切割"→"法向开孔"命令或单击"主页"选项卡"基本"组中的"法向开孔"按钮，打开如图 11-35 所示的"法向开孔"对话框。单击"绘制截面"按钮，打开"创建草图"对话框。在视图区选择如图 11-34 所示的面 1 作为草图绘制平面，绘制如图 11-36 所示的草图。单击"主页"选项卡"草图"组中的"完成"按钮，草图绘制完毕。单击"确定"按钮，创建法向开孔特征 1，如图 11-37 所示。

（6）创建法向开孔特征 2。选择"菜单"→"插入"→"切割"→"法向开孔"命令或单击"主页"选项卡"基本"组中的"法向开孔"按钮，打开"法向开孔"对话框。单击"绘制截面"按钮，打开"创建草图"对话框。在视图区选择如图 11-37 所示的面 2 作为草图绘制平面，绘制如图 11-38

所示的草图。单击"主页"选项卡"草图"组中的"完成"按钮![icon]，草图绘制完毕。单击"确定"按钮，创建法向开孔特征2，如图11-39所示。

图 11-35 "法向开孔"对话框

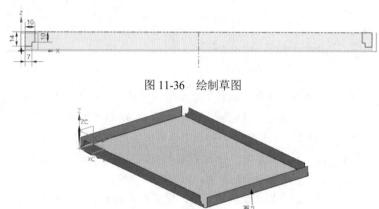

图 11-36 绘制草图

图 11-37 创建法向开孔特征 1

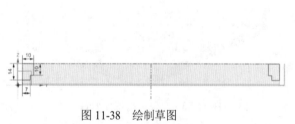

图 11-38 绘制草图

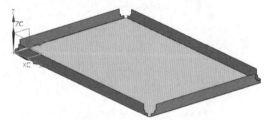

图 11-39 创建法向开孔特征 2

（7）创建弯边特征。选择"菜单"→"插入"→"折弯"→"弯边"命令或单击"主页"选项卡"基本"组中的"弯边"按钮![icon]，打开如图 11-40 所示的"弯边"对话框。设置"宽度选项"为"完整"，"长度"为6，"角度"为128，"参考长度"为"外侧"，"内嵌"为"材料外侧"；在"折弯半径"文本框中输入 1.5，在"折弯止裂口"下拉列表中选择"无"。选择如图 11-41 所示的边，单击"应用"按钮，创建弯边特征。

步骤同上，分别选择其他三边，创建"折弯半径"为 1.2、其他参数相同的弯边特征，如图 11-42 所示。

（8）创建伸直特征。选择"菜单"→"插入"→"成形"→"伸直"命令或单击"主页"选项卡"折弯"组中的"伸直"按钮![icon]，打开如图 11-43 所示的"伸直"对话框。在视图区选择如图 11-44 所示的固定面，选择所有的折弯，单击"确定"按钮，创建伸直特征，如图 11-45 所示。

（9）创建法向开孔特征3。选择"菜单"→"插入"→"切割"→"法向开孔"命令或单击"主页"选项卡"基本"组中的"法向开孔"按钮![icon]，打开"法向开孔"对话框。单击"绘制截面"按钮![icon]，打开"创建草图"对话框。选择如图 11-45 所示的面 3 作为草图绘制平面，绘制如图 11-46 所示的草图。单击"主页"选项卡"草图"组中的"完成"按钮![icon]，草图绘制完毕。单击"确定"按钮，创建法向开孔特征 3，如图 11-47 所示。

图 11-40　"弯边"对话框

图 11-41　选择弯边

图 11-42　创建弯边特征

图 11-43　"伸直"对话框

图 11-44　选择固定面

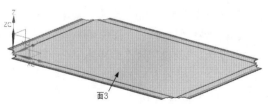

图 11-45　创建伸直特征

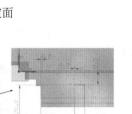

图 11-46　绘制草图

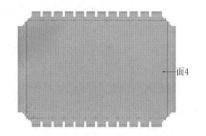

图 11-47　创建法向开孔特征 3

（10）创建法向开孔特征4。选择"菜单"→"插入"→"切割"→"法向开孔"命令或单击"主页"选项卡"基本"组中的"法向开孔"按钮◎，打开"法向开孔"对话框。单击"绘制截面"按钮◎，打开"创建草图"对话框。选择如图11-47所示的面4作为草图绘制平面，绘制如图11-48所示的草图。单击"主页"选项卡"草图"组中的"完成"按钮▧，草图绘制完毕。单击"确定"按钮，创建法向开孔特征4，如图11-49所示。

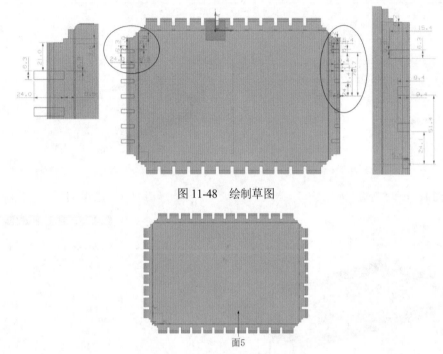

图11-48　绘制草图

图11-49　创建法向开孔特征4

（11）创建凹坑特征1。选择"菜单"→"插入"→"冲孔"→"凹坑"命令或单击"主页"选项卡"凸模"组中的"凹坑"按钮◈，打开如图11-50所示的"凹坑"对话框1。设置"深度"为20，"侧角"为0，"侧壁"为"材料外侧"；勾选"倒圆凹坑边"和"倒圆截面拐角"复选框，设置"冲压半径""冲模半径"和"拐角半径"均为1。单击"绘制截面"按钮◎，打开"创建草图"对话框。选择如图11-49所示的面5作为草图绘制平面，绘制如图11-51所示的草图。单击"主页"选项卡"草图"组中的"完成"按钮▧，草图绘制完毕。单击"确定"按钮，创建凹坑特征1，如图11-52所示。

（12）创建凹坑特征2。选择"菜单"→"插入"→"冲孔"→"凹坑"命令或单击"主页"选项卡"凸模"组中的"凹坑"按钮◈，打开如图11-53所示的"凹坑"对话框2。设置"深度"为20，"侧角"为3，"侧壁"为"材料外侧"；勾选"倒圆凹坑边"和"倒圆截面拐角"复选框，设置"冲压半径""冲模半径"和"拐角半径"均为1。选择如图11-52所示的面6作为草图绘制平面，绘制如图11-54所示的草图。单击"主页"选项卡"草图"组中的"完成"按钮▧，单击"确定"按钮，创建凹坑特征2，如图11-55所示。

图 11-50 "凹坑"对话框 1

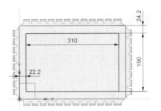

图 11-51 绘制草图

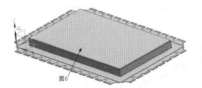

图 11-52 创建凹坑特征 1

图 11-53 "凹坑"对话框 2

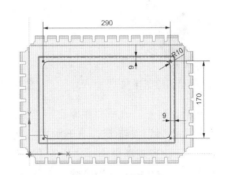

图 11-54 绘制草图

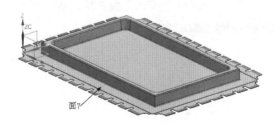

图 11-55 创建凹坑特征 2

（13）创建重新折弯特征。选择"菜单"→"插入"→"成形"→"重新折弯"命令或单击"主页"选项卡"折弯"组中的"重新折弯"按钮 ，打开如图 11-56 所示的"重新折弯"对话框。选择如图 11-55 所示的面 7 作为固定面，选择所有折弯，单击"确定"按钮，创建重新折弯特征，如图 11-57 所示。

（14）创建突出块特征。选择"菜单"→"插入"→"突出块"命令或单击"主页"选项卡"基本"组中的"突出块"按钮 ，打开"突出块"对话框。选择如图 11-58 所示的面 8 作为草图绘制平面，绘制如图 11-59 所示的草图。单击"主页"选项卡"草图"组中的"完成"按钮 ，单击"确定"按钮，创建突出块特征，如图11-60所示。

图11-56　"重新折弯"对话框

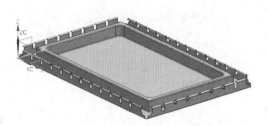

图11-57　创建重新折弯特征

图11-58　选择草图绘制平面

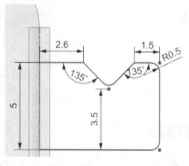

图11-59　绘制草图

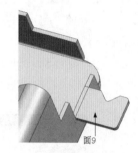

图11-60　创建突出块特征

（15）创建折弯特征。选择"菜单"→"插入"→"折弯"→"折弯"命令或单击"主页"选项卡"折弯"组中的"折弯"按钮，打开如图11-61所示的"折弯"对话框。在"角度"文本框中输入70，在"内嵌"下拉列表框中选择"折弯中心线轮廓"，设置"折弯止裂口"为"圆形"，"宽度"为1.5。选择如图11-60所示的面9作为草图绘制平面，绘制如图11-62所示的折弯线。单击"主页"选项卡"草图"组中的"完成"按钮，单击"确定"按钮，创建折弯特征，如图11-63所示。

图11-61　"折弯"对话框

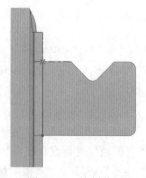

图11-62　绘制草图

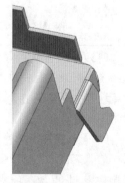

图11-63　创建折弯特征

（16）绘制草图。选择"菜单"→"插入"→"草图"命令或单击"曲线"选项卡"构造"组中的"草图"按钮，打开"创建草图"对话框。选择如图 11-64 所示的面 10 作为草图绘制平面，绘制如图 11-65 所示的草图。单击"主页"选项卡"草图"组中的"完成"按钮，草图绘制完毕。

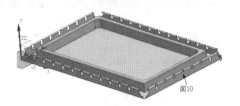

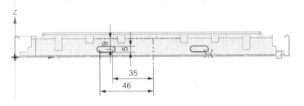

图 11-64　选择草图绘制平面　　　　　　　图 11-65　绘制草图

（17）创建拉伸特征。选择"菜单"→"插入"→"切割"→"拉伸"命令或单击"主页"选项卡"建模"组中的"拉伸"按钮，打开如图 11-66 所示的"拉伸"对话框。在"拉伸"对话框中的起始"距离"文本框中输入 0，终止"距离"文本框中输入 0.6，选择上步绘制的草图为拉伸曲线，设置"布尔"运算为"合并"。单击"确定"按钮，创建拉伸特征，如图 11-67 所示。

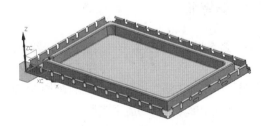

图 11-66　"拉伸"对话框　　　　　　　图 11-67　创建拉伸特征

11.3　钣金高级特征

在 11.2 节讲述钣金的基本特征的基础上，本节将继续讲述钣金的一些高级特征，包括冲压开孔、筋、百叶窗、倒角、裂口、转换为钣金件、封闭拐角、展平实体等特征。

11.3.1 冲压开孔特征

冲压开孔是指用一组连续的曲线作为裁剪的轮廓线，沿着钣金零件体表面的法向进行裁剪，同时在轮廓线上建立弯边的过程。

选择"菜单"→"插入"→"冲孔"→"冲压开孔"命令或单击"主页"选项卡"凸模"组"更多"库下"凸模"库中的"冲压开孔"按钮◇，打开如图 11-68 所示的"冲压开孔"对话框。

该对话框中部分选项功能说明如下。

（1）深度：指钣金零件放置面到弯边底部的距离。

（2）侧角：指弯边在钣金零件放置面法向倾斜的角度。

（3）侧壁：示意图如图 11-69 所示。

①材料外侧：指冲压开孔特征所生成的弯边位于轮廓线外部。

②材料内侧：指冲压开孔特征所生成的弯边位于轮廓线内部。

（4）冲模半径：指钣金零件放置面转向折弯部分内侧圆柱面的半径大小。

（5）拐角半径：指折弯部分内侧圆柱面的半径大小。

图 11-68　"冲压开孔"对话框

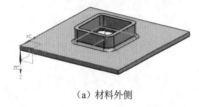
（a）材料外侧

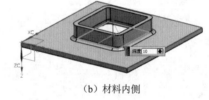
（b）材料内侧

图 11-69　"侧壁"示意图

11.3.2 筋特征

"筋"命令提供了在钣金零件表面的引导线上添加加强筋的功能。

选择"菜单"→"插入"→"冲孔"→"筋"命令或单击"主页"选项卡"凸模"组"更多"库下"凸模"库中的"筋"按钮◇，打开如图 11-70～图 11-72 所示的"筋"对话框。

该对话框中部分选项功能说明如下。

横截面：包括圆形、U 形和 V 形 3 种类型，示意图如图 11-73 所示。

（1）圆形：创建圆形筋的示意图如图 11-73（a）所示。

①深度：是指圆的筋的底面和圆弧顶部之间的高度差值。

②半径：是指圆的筋的截面圆弧半径。

③冲模半径：是指圆的筋的侧面或端盖与底面倒角的半径。

（2）U 形：选择 U 形筋，系统显示如图 11-71 所示的参数，效果如图 11-73（b）所示。

①深度：是指 U 形筋的底面和顶面之间的高度差值。

②宽度：是指 U 形筋顶面的宽度。

图 11-70 "筋"对话框

图 11-71 U 形筋参数

图 11-72 V 形筋参数

③角度：是指 U 形筋的底面法向和侧面或者端盖之间的夹角。

④冲模半径：是指 U 形筋的顶面和侧面或者端盖的倒角半径。

⑤冲压半径：是指 U 形筋的底面和侧面或者端盖的倒角半径。

（3）V 形：选择 V 形筋，系统显示如图 11-72 所示的参数，效果如图 11-73（c）所示。

①深度：是指 V 形筋的底面和顶面之间的高度差值。

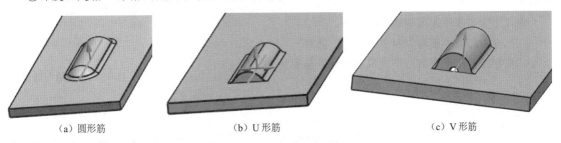

（a）圆形筋　　　　　　（b）U 形筋　　　　　　（c）V 形筋

图 11-73 "筋"示意图

②半径：是指 V 形筋的两个侧面或者两个端盖之间的倒角半径。

③角度：是指 V 形筋的底面法向和侧面或者端盖之间的夹角。

④冲模半径：是指 V 形筋的底面和侧面或者端盖的倒角半径。

11.3.3 百叶窗特征

百叶窗功能提供了在钣金零件平面上创建通风窗的功能。

选择"菜单"→"插入"→"冲孔"→"百叶窗"命令或单击"主页"选项卡"凸模"组中的"百

叶窗"按钮，打开如图11-74所示的"百叶窗"对话框。

该对话框中部分选项功能说明如下。

1．切割线

（1）曲线：用于指定使用已有的单一直线作为百叶窗特征的轮廓线来创建百叶窗特征。

（2）选择截面：选择零件平面作为参考平面绘制直线草图作为百叶窗特征的轮廓线，来创建切开端百叶窗特征。

2．百叶窗属性

（1）深度：百叶窗特征最外侧点距钣金零件表面（百叶窗特征一侧）的距离。

（2）宽度：百叶窗特征在钣金零件表面投影轮廓的宽度。

（3）百叶窗形状：包括"成形的"和"冲裁的"两种类型选项。

3．圆角百叶窗边

图 11-74　"百叶窗"对话框

勾选此复选框，此时"冲模半径"输入框可用，可以根据需求设置冲模半径。

11.3.4　倒角特征

倒角就是对钣金件进行圆角或者倒角处理。

选择"菜单"→"插入"→"拐角"→"倒角"命令或单击"主页"选项卡"拐角"组中的"倒角"按钮，打开如图11-75所示的"倒角"对话框。

该对话框中部分选项功能说明如下。

（1）方法：有"圆角"和"倒斜角"两种。

（2）半径：指倒圆的外半径或者倒角的偏置尺寸。

图 11-75　"倒角"对话框

11.3.5　裂口特征

裂口是指在钣金实体上，沿着草绘直线或者钣金零件体已有边缘创建开口或缝隙。

选择"菜单"→"插入"→"转换"→"裂口"命令或单击"主页"选项卡"转换"组"更多"库下"转换"库中的"裂口"按钮，打开如图11-76所示的"裂口"对话框。

该对话框中部分选项功能说明如下。

（1）选择边：指定使用已有的边缘来创建裂口特征。

（2）选择曲线：指定使用已有的边缘曲线来创建裂口特征。

（3）绘制截面：可以在钣金零件放置面上绘制边缘草图来创建裂口特征。

图 11-76　"裂口"对话框

11.3.6 转换为钣金件特征

转换为钣金件是指将非钣金件转换为钣金件，但钣金件必须是等厚度的。

选择"菜单"→"插入"→"转换"→"转换为钣金"命令或单击"主页"选项卡"转换"组中的"转换为钣金"按钮，打开如图 11-77 所示的"转换为钣金"对话框。

该对话框中部分选项功能说明如下。

（1）全局转换：在全局转换过程中，指定选择钣金零件平面作为固定位置来创建转换为钣金件特征。

（2）局部转换。

①在局部转换过程中，指定选择钣金零件平面作为固定位置来创建转换为钣金件特征。

②在局部转换过程中，指定一个或多个面来创建转换为钣金件特征。

（3）拐角移除：用于选择相邻折弯面以移除拐角。

图 11-77 "转换为钣金"对话框

11.3.7 封闭拐角特征

封闭拐角是指在钣金件基础面和以其相邻的两个具有相同参数的弯曲面，在基础面同侧所形成的拐角处，创建一定形状拐角的过程。

选择"菜单"→"插入"→"拐角"→"封闭拐角"命令或单击"主页"选项卡"拐角"组中的"封闭拐角"按钮，打开如图 11-78 所示的"封闭拐角"对话框。

该对话框中部分选项功能说明如下。

（1）处理：包括"打开""封闭""圆形开孔""U 形开孔""V 形开孔"和"矩形开孔"六种类型，示意图如图 11-79 所示。

（2）重叠：有"无""第 1 侧"和"第 2 侧"三种方式，示意图如图 11-80 所示。

①无：指对应弯边的内侧边重合。

②第 1 侧：指第一次选择的弯边叠加在第二次选择弯边的上面。

③第 2 侧：指第二次选择的弯边叠加在第一次选择弯边的上面。

（3）缝隙：指两弯边封闭或者重叠时铰链之间的最短距离。

图 11-78 "封闭拐角"对话框

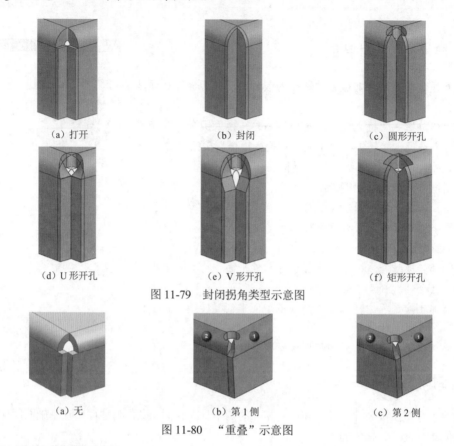

（a）打开　　　　　　　　　　（b）封闭　　　　　　　　　　（c）圆形开孔

（d）U形开孔　　　　　　　　（e）V形开孔　　　　　　　　（f）矩形开孔

图 11-79　封闭拐角类型示意图

（a）无　　　　　　　　　（b）第 1 侧　　　　　　　　（c）第 2 侧

图 11-80　"重叠"示意图

11.3.8　展平实体特征

　　采用"展平实体"命令可以在同一钣金零件文件中创建平面展开图，展平实体特征版本与成形特征版本相关联。当采用"展平实体"命令展开钣金零件时，将展平实体特征作为"引用集"在部件导航器中显示。如果钣金零件包含变形特征，这些特征将保持原有的状态；如果钣金模型更改，平面展开图也自动更新并包含新的特征。

　　选择"菜单"→"插入"→"展平图样"→"展平实体"命令或单击"主页"选项卡"展平图样"组中的"展平实体"按钮🠋，打开如图 11-81 所示的"展平实体"对话框。

　　该对话框中部分选项功能说明如下。

　　（1）固定面：可以选择钣金零件的平面表面作为展平实体的参考面，在选定参考面后系统将以该平面为基准展开钣金零件。

图 11-81　"展平实体"对话框

　　（2）方位：可以选择钣金零件边作为展平实体的参考轴（X 轴）方向及原点，并在视图区中显示参考轴方向，在选定参考轴后，系统将以该参考轴和（1）中选择的参考面为基准，展开钣金零件，创建钣金实体。

11.4 综合实例——创建三相电表盒

源文件：源文件\11\三相电表盒.prt

首先利用"轮廓弯边"命令创建基本钣金件，利用"法向开孔"命令修剪和创建弯边，利用"镜像"命令对其进行镜像，然后利用"百叶窗"命令创建百叶窗，最后进行镜像。三相电表盒效果图如图11-82 所示。

操作步骤 视频文件：动画演示\第 11 章\三相电表盒.mp4

图 11-82 三相电表盒效果图

（1）创建钣金文件。选择"文件"→"新建"命令或单击"主页"选项卡"标准"组中的"新建"按钮，打开"新建"对话框，如图 11-83 所示。在"名称"文本框中输入"三相电表盒"，在"文件夹"文本框中输入保存路径，单击"确定"按钮，进入钣金设计环境。

图 11-83 "新建"对话框

（2）钣金参数预设置。选择"菜单"→"首选项"→"钣金"命令，打开如图 11-84 所示的"钣金首选项"对话框。设置"全局参数"列表框中的"材料厚度"为 1，"弯曲半径"为 1，"让位槽深度"为 2，"让位槽宽度"为 2；设置"折弯定义方法"列表框中的"方法"为"公式"，"公式"为"折弯余量"。单击"确定"按钮，完成钣金参数预设置。

（3）创建轮廓弯边特征。选择"菜单"→"插入"→"折弯"→"轮廓弯边"命令或单击"主页"选项卡"基本"组"弯边"下拉菜单中的"轮廓弯边"按钮，打开如图11-85所示的"轮廓弯边"对话框。设置"类型"为"柱基"，设置"宽度选项"为"对称"，"宽度"为400，"折弯止裂口"和"拐角止裂口"均为"无"。单击"截面"列表框中的"绘制截面"按钮，打开如图11-86所示的"创建草图"对话框。选择XY平面为草图平面，绘制如图11-87所示的草图。单击"主页"选项卡"草图"组中的"完成"按钮，单击"确定"按钮，创建轮廓弯边特征，如图11-88所示。

图11-84 　"钣金首选项"对话框

图11-85 　"轮廓弯边"对话框

图11-86 　"创建草图"对话框

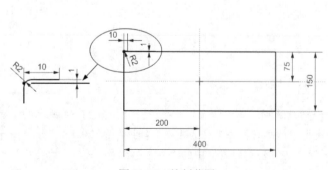

图11-87 　绘制草图

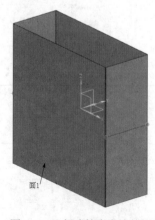

图11-88 　创建轮廓弯边特征

（4）创建法向开孔特征。选择"菜单"→"插入"→"切割"→"法向开孔"命令或单击"主页"选项卡"基本"组中的"法向开孔"按钮，打开如图 11-89 所示的"法向开孔"对话框。单击"绘制截面"按钮，打开"创建草图"对话框。选择如图 11-88 所示的面 1 作为草图绘制平面，绘制如图 11-90 所示的裁剪轮廓。单击"主页"选项卡"草图"组中的"完成"按钮，单击"确定"按钮，创建法向开孔特征，如图 11-91 所示。

图 11-89　"法向开孔"对话框

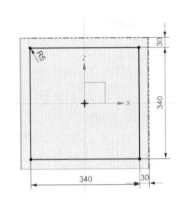

图 11-90　绘制裁剪轮廓

图 11-91　创建法向开孔特征

（5）创建弯边特征。选择"菜单"→"插入"→"折弯"→"弯边"命令或单击"主页"选项卡"基本"组中的"弯边"按钮，打开如图 11-92 所示的"弯边"对话框。选择如图 11-91 所示的边 1，设置"宽度选项"为"完整"，"长度"为 146，"角度"为 90，"参考长度"为"内侧"，"内嵌"为"材料外侧"；在"折弯止裂口"和"拐角止裂口"下拉列表框中均选择"无"。单击"应用"按钮，创建弯边特征 1，如图 11-93 所示。

图 11-92　"弯边"对话框

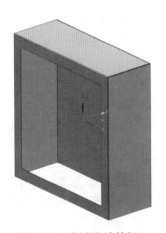

图 11-93　创建弯边特征 1

步骤同上，选择弯边特征1的边，设置"宽度选项"为"完整"，"长度"为10，其他参数相同。单击"确定"按钮，创建弯边特征2，如图11-94所示。

（6）创建孔特征。选择"菜单"→"插入"→"设计特征"→"孔"命令或单击"主页"选项卡"建模"组"更多"库下"设计特征"库中的"孔"按钮🔲，打开如图11-95所示的"孔"对话框。在"孔径"和"孔深"文本框中分别输入30和10。选择如图11-94所示的面2作为草图绘制平面，绘制如图11-96所示的草图。单击"确定"按钮，完成孔1的创建，如图11-97所示。

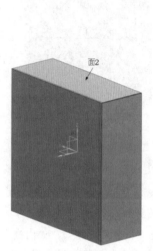

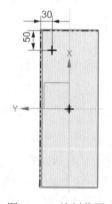

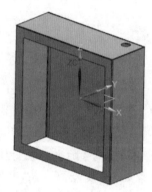

图11-94　创建弯边特征2　　图11-95　"孔"对话框　　图11-96　绘制草图　　图11-97　创建孔1

（7）阵列孔1。选择"菜单"→"插入"→"关联复制"→"阵列特征"命令或单击"主页"选项卡"建模"组中的"阵列特征"按钮🔳，打开如图11-98所示的"阵列特征"对话框。在"布局"下拉列表中选择"线性"，在"指定矢量"下拉列表中选择"XC轴"，在"数量"和"间隔"文本框中输入7和-50，单击"确定"按钮，完成孔1的阵列，如图11-99所示。

（8）镜像弯边1、2和阵列孔1。选择"菜单"→"插入"→"关联复制"→"镜像特征"命令或单击"主页"选项卡"建模"组中"镜像特征"按钮🔳，打开如图11-100所示的"镜像特征"对话框。选择步骤（5）~（7）创建的弯边和孔特征为要镜像的特征，在"平面"下拉列表框中选择"新平面"，选择XC-YC平面为镜像平面，单击"确定"按钮，创建镜像特征后的钣金件，如图11-101所示。

（9）绘制草图。选择"菜单"→"插入"→"草图"命令或单击"主页"选项卡"构造"组中的"草图"按钮🖊️，打开"创建草图"对话框。选择如图11-101所示的面3作为草图绘制平面，绘制如图11-102所示的草图。单击"主页"选项卡"草图"组中的"完成"按钮🏁，草图绘制完毕。

（10）创建百叶窗特征。选择"菜单"→"插入"→"冲孔"→"百叶窗"命令或单击"主页"选项卡"凸模"组中的"百叶窗"按钮🔷，打开如图11-103所示的"百叶窗"对话框。选择图11-102所示的草图中的第一条线作为切割线。在"深度"和"宽度"文本框中分别输入4和10。设置"百叶窗形状"为"成形的"，单击"应用"按钮，创建百叶窗特征，如图11-104所示。

图 11-98　"阵列特征"对话框

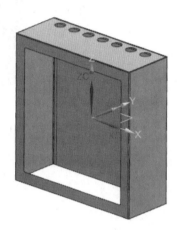

图 11-99　阵列孔 1

图 11-100　"镜像特征"对话框

图 11-101　创建镜像特征后的钣金件

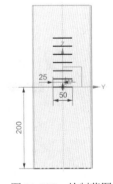

图 11-102　绘制草图

同理，创建分割线为其他直线的百叶窗，完成百叶窗创建的钣金件如图 11-105 所示。

（11）镜像百叶窗。选择"菜单"→"插入"→"关联复制"→"镜像特征"命令或单击"主页"选项卡"建模"组中"镜像特征"按钮，打开如图 11-106 所示的"镜像特征"对话框。选择上步创建的百叶窗为镜像特征，在"平面"下拉列表框中选择"新平面"，选择 YC-ZC 平面为镜像平面，单击"确定"按钮，创建镜像特征后的钣金件如图 11-107 所示。

（12）创建弯边特征。选择"菜单"→"插入"→"折弯"→"弯边"命令或单击"主页"选项卡"基本"组中的"弯边"按钮，打开如图 11-108 所示的"弯边"对话框。设置"宽度选项"为"完整"，"长度"为 20，"角度"为 90，"参考长度"为"内侧"，"内嵌"为"材料外侧"，在"折弯止裂口"和"拐角止裂口"下拉列表框中均选择"无"。选择步骤（4）创建的法向开孔特征的边，单击"确定"按钮，创建如图 11-109 所示的弯边特征。

图 11-103　"百叶窗"对话框

图 11-104　创建百叶窗特征

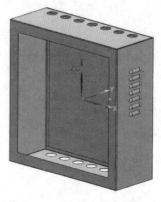

图 11-105　完成百叶窗创建的钣金件

图 11-106　"镜像特征"对话框

图 11-107　创建镜像特征后的钣金件

图 11-108　"弯边"对话框

图 11-109　创建弯边特征

（13）创建孔特征。选择"菜单"→"插入"→"设计特征"→"孔"命令或单击"主页"选项卡"建模"组"更多"库下"设计特征"库中的"孔"按钮，打开如图 11-110 所示的"孔"对话框。在"孔径"和"孔深"文本框中分别输入 5 和 5，选择如图 11-111 所示的面 5 为孔放置面，绘制如图 11-112 所示的草图为孔放置位置。单击"确定"按钮，创建孔 2，如图 11-113 所示。

（14）镜像孔 2。选择"菜单"→"插入"→"关联复制"→"镜像特征"命令或单击"主页"选项卡"建模"组中"镜像特征"按钮，打开如图 11-114 所示的"镜像特征"对话框。选择上步创建的孔 2 为要镜像的特征。在"平面"下拉列表框中选择"新平面"，选择 XC-YC 平面为镜像平面，单击"确定"按钮，创建镜像特征后的钣金件，如图 11-115 所示。

图 11-110　"孔"对话框

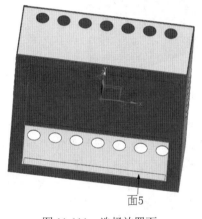

面5

图 11-111　选择放置面

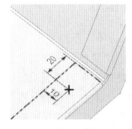

图 11-112　选择定位参考对象

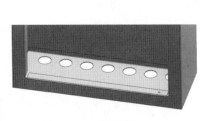

图 11-113　创建孔 2

图 11-114　"镜像特征"对话框　图 11-115　创建镜像特征后的钣金件

（15）创建孔 3。选择"菜单"→"插入"→"设计特征"→"孔"命令或单击"主页"选项卡"建模"组"更多"库下"设计特征"库中的"孔"按钮 ，打开如图 11-116 所示的"孔"对话框。在"孔径"和"孔深"文本框中分别输入 10 和 5。选择如图 11-117 所示的面 6 为孔放置面，绘制如图 11-118 所示的草图为孔放置位置。单击"确定"按钮，创建孔 3，如图 11-119 所示。

面6

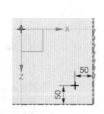

图 11-116 "孔"对话框   图 11-117 选择定位参考对象   图 11-118 选择定位边   图 11-119 创建孔 3

（16）阵列孔 3。选择"菜单"→"插入"→"关联复制"→"阵列特征"命令或单击"主页"选项卡"建模"组中的"阵列特征"按钮 ，打开如图 11-120 所示的"阵列特征"对话框，选择上步创建的孔 3 为阵列对象，在"布局"下拉列表中选择"圆形"，在"指定矢量"下拉列表中选择"YC轴"，单击"点构造器"按钮，打开"点"对话框，在 X、Y 和 Z 文本框中都输入 0。单击"确定"按钮，返回"阵列特征"对话框，在"数量"和"间隔角"文本框中输入 4 和 90，单击"确定"按钮，完成孔 3 的阵列，如图 11-121 所示。

（17）创建法向开孔特征。选择"菜单"→"插入"→"切割"→"法向开孔"命令或单击"主页"选项卡"基本"组中的"法向开孔"按钮 ，打开"法向开孔"对话框。单击"绘制截面"  按钮，打开"创建草图"对话框。选择如图 11-122 所示的面 8 为草图绘制平面，绘制如图 11-123 所示的裁剪轮廓。单击"主页"选项卡"草图"组中的"完成"按钮 ，草图绘制完毕，单击"确定"按钮，创建法向开孔特征，如图 11-124 所示。

图 11-120　"阵列特征"对话框

图 11-121　阵列孔 3

图 11-122　选择草图绘制平面

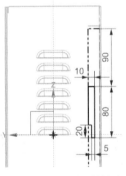

图 11-123　绘制裁剪轮廓

图 11-124　创建法向开孔特征

第 12 章　装　配　建　模

内容简介

UG NX 的装配模块不仅能快速组合零部件成为产品，而且在装配过程中，可以参考其他部件进行部件关联设计，并可以对装配模型进行间隙分析、重量管理等相关操作。在完成装配模型后，还可以建立爆炸视图，将其导入到装配工程图中。同时，可以在装配工程图中生成装配明细表，并能对轴测图进行局部剖切。

本章主要讲解装配过程的基础知识和常用模块及方法，让用户对装配建模能有进一步的认识。

内容要点

- ↳ 装配概述
- ↳ 装配导航器
- ↳ 自底向上装配
- ↳ 自顶向下装配
- ↳ 装配爆炸图
- ↳ 部件族
- ↳ 装配信息查询
- ↳ 装配序列化

12.1　装　配　概　述

在进行装配前先介绍装配的相关术语和概念。

12.1.1　相关术语和概念

下面介绍装配中的常用术语。

（1）装配：是指在装配过程中建立部件之间的连接功能。由装配部件和子装配组成。

（2）装配部件：由零件和子装配构成的部件。在 UG NX 中允许在任何一个 prt 文件中添加部件构成装配，因此任何一个 prt 文件都可以作为装配部件。UG NX 中零件和部件不必严格区分。需要注意的是，当存储一个装配时，各部件的实际几何数据并不是储存在装配部件文件中，而是储存在相应的部件（即零件文件）中。

（3）子装配：是在高一级装配中被用作组件的装配，子装配也拥有自己的组件。子装配是一个相对概念，任何一个装配均可在更高级的装配中作为子装配。

（4）组件对象：是一个从装配部件链接到部件主模型的指针实体。一个组件对象记录的信息有部件名称、层、颜色、线型、线宽、引用集和配对条件等。

（5）组件部件：装配里组件对象所指的部件文件。组件部件可以是单个部件（即零件），也可以是子装配。需要注意的是，组件部件是装配体引用而不是复制到装配体中的。

（6）单个零件：是指在装配外存在的零件几何模型，它可以添加到一个装配中去，但它本身不能含有下级组件。

（7）主模型：利用 Master Model 功能创建的装配模型，它是由单个零件组成的装配组件。是供 UG NX 模块共同引用的部件模型。同一主模型，可同时被工程图、装配、加工、机构分析和有限元分析等模块引用，当主模型修改时，相关引用自动更新。

（8）自顶向下装配：在装配级中创建与其他部件相关的部件模型，是在装配部件的顶级向下生成子装配和部件（即零件）的装配方法。

（9）自底向上装配：先创建部件几何模型，再组合成子装配，最后生成装配部件的装配方法。

（10）混合装配：是将自顶向下装配和自底向上装配结合在一起的装配方法。例如，先创建几个主要部件模型，再将其装配到一起，然后在装配中设计其他部件，即为混合装配。

12.1.2　引用集

在装配中，各部件含有草图、基准平面及其他辅助图形对象，如果在装配中列出显示所有对象，不但容易混淆图形，而且还会占用大量内存，不利于装配工作的进行。通过"引用集"命令能够限制加载于装配图中不必要的装配部件的信息量。

引用集是用户在零部件中定义的部分几何对象，代表相应的零部件参与装配。引用集可以包含下列数据对象：零部件名称、原点、方向、几何体、坐标系、基准轴、基准平面和属性等。创建完引用集后，就可以单独装配到部件中。一个零部件可以有多个引用集。

选择"菜单"→"格式"→"引用集"命令，打开如图 12-1 所示的"引用集"对话框。

该对话框中部分选项功能说明如下。

（1）添加新的引用集：可以创建新的引用集。输入用于引用集的名称，并选取对象。

（2）移除：已创建的引用集的项目中可以选择性地移除，移除引用集只是在目录中删除。

（3）设为当前：将对话框中选取的引用集设定为当前的引用集。

（4）属性：编辑引用集的名称和属性。

（5）信息：显示工作部件的全部引用集的名称、属性和个数等信息。

图 12-1　"引用集"对话框

12.2 装配导航器

装配导航器也叫装配导航工具，提供了一个装配结构的图形显示界面，也被称为"树形表"，如图 12-2 所示。掌握了装配导航器的使用方法才能灵活地运用装配的功能。

图 12-2 "树形表"示意图

12.2.1 功能概述

1. 节点显示

采用装配树形结构显示，非常清楚地表达了各个组件之间的装配关系。

2. 装配导航器图标

装配结构树中用不同的图标来表示装配中子装配和组件的不同。同时，各零部件不同的装载状态也用不同的图标表示。

（1）🗂️：表示装配或子装配。

①如果图标是黄色，则此装配在工作部件内。

②如果图标是黑色实线图标，则此装配不在工作部件内。

③如果图标是灰色虚线图标，则此装配已被关闭。

（2）📦：表示装配结构树组件。

①如果图标是黄色，则此组件在工作部件内。

②如果图标是黑色实线图标，则此组件不在工作部件内。

③如果图标是灰色虚线图标，则此组件已被关闭。

3. 检查盒

检查盒提供了快速确定部件工作状态的方法，允许用户用一个非常简单的方法装载并显示部件。部件工作状态用检查盒指示器显示。

（1）☐：表示当前组件或子装配处于关闭状态。

（2）☑：表示当前组件或子装配处于隐藏状态，此时检查框显示为灰色。

（3）☑：表示当前组件或子装配处于显示状态，此时检查框显示为红色。

4. 打开菜单选项

如果将光标移动到装配结构树的一个节点或选择若干个节点并右击，则打开快捷菜单，其中提供了很多便捷命令，以方便用户操作，如图 12-3 所示。

图 12-3 打开的快捷菜

12.2.2 "预览"面板和"相关性"面板

"预览"面板是装配导航器的一个扩展区域，显示装载或未装载的组件。此功能在处理大装配时，有助于用户根据需要打开组件，更好地掌握其装配性能。

　　"相关性"面板是装配导航器和部件导航器的一个特殊扩展。装配导航器的"相关性"面板允许查看部件或装配内选定对象的相关性，包括配对约束和 WAVE 相关性，可以用它来分析修改计划对部件或装配的潜在影响。

12.3　自底向上装配

　　自底向上装配的设计方法是常用的装配方法，即先设计装配中的部件，再将部件添加到装配中，由底向上逐级进行装配。

　　选择"菜单"→"装配"→"组件"下拉菜单，如图 12-4 所示。

　　采用自底向上的装配方法，选择添加已经存在的部件有两种方式：绝对坐标定位方式和配对定位方式。一般来说，第一个部件采用绝对坐标定位方式添加，其余部件采用配对定位方式添加。

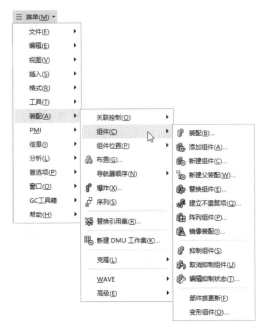

图 12-4　"组件"子菜单命令

12.3.1　添加已经存在的部件

　　选择"菜单"→"装配"→"组件"→"添加组件"命令或单击"装配"选项卡"基本"组中的"添加组件"按钮，打开如图 12-5 所示的"添加组件"对话框。如果要进行装配的部件还没有打开，可以单击"打开"按钮，从磁盘目录中选择；已经打开的部件名字会出现在"已加载的部件"列表框中，可以从中直接选择。

　　"添加组件"对话框中部分选项功能说明如下。

（1）保持选定：勾选此复选框，维护部件的选择，可以在下一个添加操作中快速添加相同的部分。

（2）位置。

1）组件锚点：坐标系来自用于定位装配中组件的组件，可以通过在组件内创建产品接口来定义其他组件系统。

2）装配位置：即装配中组件的目标坐标系。该下拉列表中提供了"对齐""绝对坐标系-工作部件""绝对坐标系-显示部件"和"工作坐标系"4种装配位置。

①对齐：通过选择位置来定义坐标系。

②绝对坐标系-工作部件：将组件放置于当前工作部件的绝对原点。

③绝对坐标系-显示部件：将组件放置于显示装配的绝对原点。

④工作坐标系：将组件放置于工作坐标系。

（3）组件名：可以为组件重新命名，默认为组件的零件名。

（4）引用集：用于改变引用集。默认引用集是模型，表示只包含整个实体的引用集。用户可以通过该下拉列表选择所需的引用集。

（5）图层选项：该选项用于指定部件放置的目标层。

1）工作的：用于将部件放置到装配图的工作层中。

2）原始的：用于将部件放置到部件原来的层中。

3）按指定的：用于将部件放置到指定的层中。选择该选项，在其下端的指定"层"文本框中输入需要的层号即可。

图12-5　"添加组件"对话框

12.3.2　组件的装配

1.移动组件

选择"菜单"→"装配"→"组件位置"→"移动组件"命令或单击"装配"选项卡"位置"组中的"移动组件"按钮，打开如图12-6所示的"移动组件"对话框。

该对话框中部分选项功能说明如下。

（1）角度：用于绕轴和点旋转组件。在"运动"下拉列表框中选择"角度"时，"移动组件"对话框将变为如图12-7所示。选择旋转轴，然后选择旋转点，在"角度"文本框中输入要旋转的角度值，单击"确定"按钮即可。

（2）点到点：用于采用点到点的方式移动组件。在"运动"下拉列表框中选择"点对点"，然后选择两个点，系统便会根据这两点构成的矢量和两点间的距离，沿着其矢量方向移动组件。

（3）将轴与矢量对齐：用于在选择的两轴之间旋转所选的组件。在"运动"下拉列表框中选择"将轴与矢量对齐"时，"移动组件"对话框的"变换"栏将

图12-6　"移动组件"对话框

变为如图 12-8 所示。选择要定位的组件，然后指定起始矢量、终止矢量和枢轴点，单击"确定"按钮即可。

图 12-7　选择"角度"时的"移动组件"
对话框

图 12-8　选择"将轴与矢量对齐"时的
"移动组件"对话框的"变换"栏

（4）坐标系到坐标系：用于采用移动坐标系的方式重新定位所选组件。在"运动"下拉列表框中选择"坐标系到坐标系"时，"移动组件"对话框的"变换"栏将变为如图 12-9 所示。首先选择要定位的组件，然后指定起始坐标系和目标坐标系。选择一种坐标定义方式定义起始坐标系和目标坐标系后，单击"确定"按钮，则组件从起始坐标系的相对位置移动到目标坐标系中的对应位置。

（5）XYZ 增量：用于平移所选组件。在"运动"下拉列表框中选择"XYZ 增量"，"移动组件"对话框将变为如图 12-10 所示。该对话框用于沿 X、Y 和 Z 坐标轴方向移动一个距离。如果输入的值为正，则沿坐标轴正向移动；反之，则沿负向移动。

图 12-9　选择"坐标系到坐标系"时的
"移动组件"对话框的"变换"栏

图 12-10　选择"XYZ 增量"时的
"移动组件"对话框

2．装配约束

选择"菜单"→"装配"→"组件位置"→"约束"子菜单（如图 12-11 所示）或单击"装配"选项卡"位置"组中的约束选项如图 12-12 所示，该命令通过配对约束确定组件在装配中的相对位置。

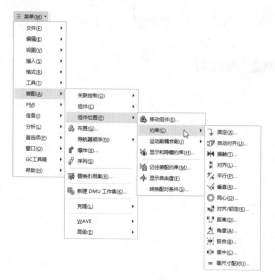

图 12-11　约束子菜单

图 12-12　约束选项

（1）▶◀接触：约束选定的对象与上一个选定对象接触，如图 12-13 所示。

（2）▶对齐：约束选定的对象与上一个选定对象对齐，如图 12-14 所示。

图 12-13　"接触"示意图

图 12-14　"对齐"示意图

（2）◎同心：用于将相配组件中的一个对象定位到基础组件中的一个对象的中心上，其中一个对象必须是圆柱或轴对称实体，如图 12-15 所示。

（3）▶◀距离：用于指定两个相配对象间的最小三维距离。距离可以是正值，也可以是负值，正负号确定相配对象是在目标对象的哪一边，如图 12-16 所示。

（4）⌐固定：用于将对象固定在其当前位置。

（5）⫽平行：用于约束两个对象的方向矢量彼此平行，如图 12-17 所示。

（6）⟨垂直：用于约束两个对象的方向矢量彼此垂直，如图 12-18 所示。

图 12-15　"同心"示意图

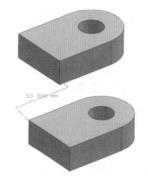

图 12-16　"距离"示意图

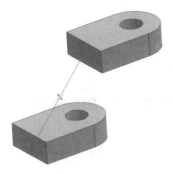

图 12-17　"平行"示意图

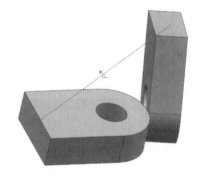

图 12-18　"垂直"示意图

（7）对齐/锁定：用于对齐不同对象中的两个轴，同时防止绕公共轴旋转。通常，当需要将螺栓完全约束在孔中时，这将作为约束条件之一。

（8）＝等尺寸配对：用于约束半径相同的两个对象，如圆边或椭圆边、圆柱面或球面。如果半径变为不相等，则该约束无效。

（9）胶合：用于将对象约束到一起，使它们作为刚体移动。

（10）居中：用于约束两个对象的中心，使其中心对齐。

①1 对 2：用于将相配组件中的一个对象定位到基础组件中的两个对象的对称中心上。

②2 对 1：用于将相配组件中的两个对象定位到基础组件中的一个对象的中心上，并与其对称。

③2 对 2：用于将相配组件中的两个对象与基础组件中的两个对象呈对称布置。

提示：

> 相配组件是指需要添加约束进行定位的组件，基础组件是指位置固定的组件。

（11）角度：用于在两个对象之间定义角度尺寸，约束相配组件到正确的方位上，如图 12-19 所示。角度约束可以在两个具有方向矢量的对象间产生，角度是两个方向矢量间的夹角。这种约束允许配对不同类型的对象。

图 12-19　"角度"示意图

扫一扫，看视频

★重点　动手学——柱塞泵装配

源文件： 源文件\12\柱塞泵.prt

本实例将介绍柱塞泵装配的具体过程和方法，将柱塞泵的
7个零部件：泵体、填料压盖、柱塞、阀体、阀盖，以及上、
下阀瓣等装配成完整的柱塞泵。具体操作步骤：首先创建一个
新文件，用于绘制装配图；然后，将泵体以绝对坐标定位方式
添加到装配图中；最后，将余下的6个柱塞泵零部件以配对定
位方式添加到装配图中，如图12-20所示。

图12-20　柱塞泵装配

操作步骤　视频文件：动画演示\第12章\柱塞泵装配.mp4

1. 新建文件

选择"文件"→"新建"命令或单击"主页"选项卡"标准"组中的"新建"按钮，打开"新
建"对话框，选择"装配"模板，输入文件名为"柱塞泵"，如图12-21所示。单击"确定"按钮，
进入装配环境。

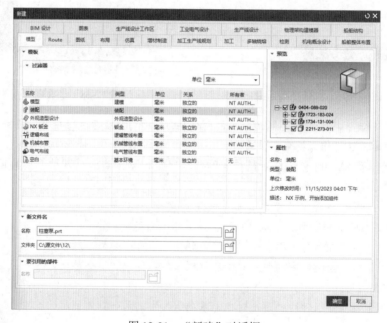

图12-21　"新建"对话框

2. 添加泵体零件

（1）选择"菜单"→"装配"→"组件"→"添加组件"命令或单击"装配"选项卡"基本"组
中的"添加组件"按钮，打开"添加组件"对话框，如图12-22所示。

（2）在没有进行装配前，此对话框的"已加载的部件"列表中是空的，但是随着装配的进行，该
列表中将显示所有加载进来的零部件文件的名称，便于管理和使用。单击"打开"按钮，打开"部
件名"对话框，如图12-23所示。

图 12-22　"添加组件"对话框

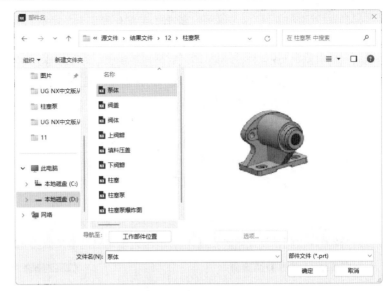

图 12-23　"部件名"对话框

（3）在"部件名"对话框中选择已存的零部件文件，勾选右侧的"预览"复选框，可以预览已存的零部件。选择"泵体.prt"文件，右侧预览窗口中显示出该文件中保存的泵体实体，单击"确定"按钮。在"添加组件"对话框中勾选"设置"栏的"预览窗口"复选框，将显示"组件预览"窗口，如图 12-24 所示。

（4）在"添加组件"对话框中，设置"装配位置"为"绝对坐标系-工作部件"，"引用集"为"模型"，"图层选项"为"原始的"，单击"确定"按钮，完成按绝对坐标定位方式添加泵体零件，结果如图 12-25 所示。

图 12-24　"组件预览"窗口（1）

图 12-25　添加泵体

3. 添加填料压盖零件

（1）选择"菜单"→"装配"→"组件"→"添加组件"命令或单击"装配"选项卡"基本"组中的"添加组件"按钮，打开"添加组件"对话框，单击"打开"按钮，打开"部件名"对话框，选择"填料压盖.prt"文件，右侧预览窗口中显示出填料压盖实体的预览图。单击"确定"按钮，打开"组件预览"窗口，如图 12-26 所示。

（2）在"添加组件"对话框中，设置"装配位置"为"对齐"，"引用集"为"模型"，"图层选项"为"原始的"。在绘图区指定放置组件的位置，设置"放置"为"约束"，"约束类型"为"接触对齐"类型，在"方位"下拉列表中选择"接触"，选择填料压盖的右侧圆台端面和泵体左侧膛孔中的端面，如图 12-27 所示。

（3）在"方位"下拉列表中选择"自动判断中心/轴"，选择填料压盖的圆台圆柱面和泵体膛体的圆柱面，如图 12-28 所示。

（4）在"方位"下拉列表中选择"自动判断中心/轴"，选择填料压盖的前侧螺栓安装孔的圆柱面，选择泵体安装板上的螺栓孔的圆柱面，如图 12-29 所示。

图 12-26　"组件预览"窗口（2）

（5）对于填料压盖与泵体的装配，由一个配对约束和两个中心约束可以使填料压盖形成完全约束，单击"确定"按钮，完成填料压盖与泵体的配对装配，结果如图 12-30 所示。

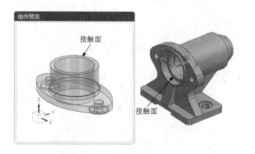

图 12-27　配对约束（1）

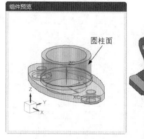

图 12-28　中心对齐约束（1）

图 12-29　中心对齐约束（2）

图 12-30　填料压盖与泵体的配对装配

4．添加柱塞零件

（1）选择"菜单"→"装配"→"组件"→"添加组件"命令或单击"装配"选项卡"基本"组中的"添加组件"按钮，打开"添加组件"对话框。单击"打开"按钮，打开"部件名"对话框，选择"柱塞.prt"文件，右侧预览窗口中显示出柱塞实体的预览图。单击"确定"按钮，打开"组件预览"窗口，如图 12-31 所示。

（2）在"添加组件"对话框中使用默认设置值，在绘图区指定放置组件的位置。设置"放置"为"约束"，"约束类型"为"接触对齐"类型，在"方位"下拉列表中选择"接触"，选择柱塞底面端面和泵体左侧膛孔中的第二个内端面，如图 12-32 所示。

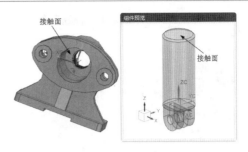

图 12-31 "组件预览"窗口（3）　　　　　图 12-32 配对约束（2）

（3）在"方位"下拉列表中选择"自动判断中心/轴"，选择柱塞外环面和泵体膛体的圆环面，如图 12-33 所示。

（4）现有的两个约束依然不能防止柱塞在膛孔中以自身中心轴线作旋转运动，因此继续添加配对约束以限制柱塞的回转。选择"平行"类型，选择柱塞右侧凸垫的侧平面和泵体肋板的侧平面，如图12-34 所示。

（5）对于柱塞与泵体的装配，由一个配对约束、一个中心对齐约束和一个平行约束，可以使柱塞形成完全约束，单击"确定"按钮，完成柱塞与泵体的配对装配，结果如图 12-35 所示。

图 12-33 中心对齐约束（3）　　　图 12-34 平行约束（1）　　　图 12-35 柱塞与泵体的
　　　　　　　　　　　　　　　　　　　　　　　　　　　　　　　　　　　　配对装配

5. 添加阀体零件

（1）选择"菜单"→"装配"→"组件"→"添加组件"命令或单击"装配"选项卡"基本"组中的"添加组件"按钮，打开"添加组件"对话框。单击"打开"按钮，打开"部件名"对话框，选择"阀体.prt"文件，右侧预览窗口中显示出阀体实体的预览图。单击"确定"按钮，打开 "组件预览"窗口，如图 12-36 所示。

图 12-36 "组件预览"窗口（4）

（2）在"添加组件"对话框中，设置"装配位置"为"对齐"，"引用集"为"模型"，"图层选项"为"原始的"。在绘图区指定放置组件的位置，设置"放置"为"约束"，"约束类型"为"接触对齐"类型，在"方位"下拉列表中选择"接触"，选择阀体左侧圆台端面和泵体膛体的右侧端面，如图12-37 所示。

（3）在"方位"下拉列表中选择"自动判断中心/轴"，选择阀体左侧圆台圆柱面和泵体膛体的圆柱面，如图12-38 所示。

图 12-37　配对约束（3）

图 12-38　中心对齐约束（4）

（4）在"约束类型"选项中选择"平行"类型，继续添加约束。用鼠标首先在组件预览窗口中选择阀体圆台的端面，然后在绘图窗口中选择泵体底板的上平面，如图 12-39 所示。

（5）对于阀体与泵体的装配，由一个配对约束、一个中心约束和一个平行约束，可以使阀体形成完全约束，单击"确定"按钮，完成阀体与泵体的配对装配，结果如图 12-40 所示。

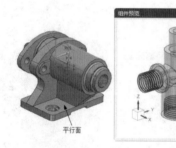

图 12-39　平行约束（2）

图 12-40　阀体与泵体的配对装配

（6）在约束导航器中选择泵体和阀体的"平行"约束，右击，打开如图 12-41 所示的快捷菜单，选择"反向"命令，调整阀体的方向，如图 12-42 所示。

图 12-41　快捷菜单

图 12-42　调整阀体的方向

6. 添加下阀瓣零件

（1）选择"菜单"→"装配"→"组件"→"添加组件"命令或单击"装配"选项卡"基本"组中的"添加组件"按钮🧊，打开"添加组件"对话框。单击"打开"按钮🗁，打开"部件名"对话框，选择"下阀瓣.prt"文件，右侧预览窗口中显示出下阀瓣实体的预览图。单击"确定"按钮，打开"组件预览"窗口，如图 12-43 所示。

（2）在"添加组件"对话框中，设置"引用集"为"模型"，"装配位置"为"对齐"，在绘图区指定放置组件的位置，设置"图层选项"为"原始的"，"放置"为"约束"，"约束类型"为"接触对齐"类型，在"方位"下拉列表中选择"接触"，选择下阀瓣中间圆台端面和阀体内孔端面，如图 12-44 所示。

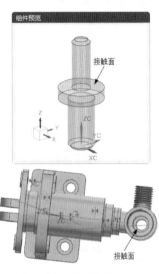

图 12-43　"组件预览"窗口（5）　　　　图 12-44　配对约束（4）

（3）在"方位"下拉列表中选择"自动判断中心/轴"，选择下阀瓣圆台外环面和阀体的外圆环面，如图 12-45 所示。

（4）对于下阀瓣与阀体的装配，由一个配对约束和一个中心约束，可以使下阀瓣形成欠约束，下阀瓣可以绕自身中心轴线旋转，单击"装配条件"对话框中的"确定"按钮，完成下阀瓣与阀体的配对装配，结果如图 12-46 所示。

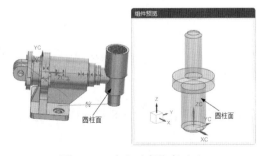

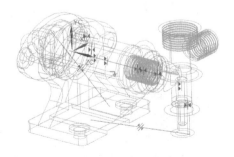

图 12-45　中心对齐约束（5）　　　　图 12-46　下阀瓣与阀体的配对装配

7. 添加上阀瓣零件

（1）选择"菜单"→"装配"→"组件"→"添加组件"命令或单击"装配"选项卡"基本"组中的"添加组件"按钮🔩，打开"添加组件"对话框。单击"打开"按钮🗁，打开"部件名"对话框，选择"上阀瓣.prt"文件，右侧预览窗口中显示出上阀瓣实体的预览图。单击"确定"按钮，打开"组件预览"窗口，如图 12-47 所示。

（2）在"添加组件"对话框中采用默认设置，在绘图区指定放置组件的位置，设置"放置"为"约束"，"约束类型"为"接触对齐"类型，在"方位"下拉列表中选择"接触"，选择上阀瓣中间圆台端面和阀体内孔端面，如图 12-48 所示。

图 12-47　"组件预览"窗口（6）

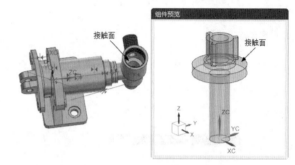

图 12-48　配对约束（5）

（3）在"方位"下拉列表中选择"自动判断中心/轴"，选择上阀瓣圆台外环面和阀体的外圆环面，如图 12-49 所示。

（4）对于上阀瓣与阀体的装配，由一个配对约束和一个中心约束，可以使上阀瓣形成欠约束，上阀瓣可以绕自身中心轴线旋转，单击"确定"按钮，完成上阀瓣与阀体的配对装配，结果如图 12-50 所示。

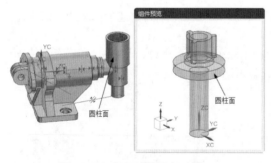

图 12-49　中心对齐约束（6）

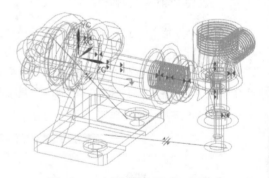

图 12-50　上阀瓣与阀体的配对装配

8. 添加阀盖零件

（1）选择"菜单"→"装配"→"组件"→"添加组件"命令或单击"装配"选项卡"基本"组中的"添加组件"按钮🔩，打开"添加组件"对话框，将"阀盖.prt"文件加载进来。单击"确定"按钮，打开"组件预览"窗口，如图 12-51 所示。

（2）在"添加组件"对话框中采用默认设置，在绘图区指定放置组件的位置，设置"放置"为"约束"，"约束类型"为"接触对齐"，在"方位"下拉列表中选择"接触"，选择阀盖中间圆台端面和阀体上端面，如图 12-52 所示。

（3）在"方位"下拉列表中选择"自动判断中心/轴"，选择阀盖圆台外环面和阀体的外圆环面，如图 12-53 所示。

图 12-51　"组件预览"窗口（7）

图 12-52　配对约束（6）

（4）对于阀盖与阀体的装配，由一个配对约束和一个中心约束，可以使阀盖形成欠约束，单击"确定"按钮，完成阀盖与阀体的配对装配，结果如图 12-54 所示。

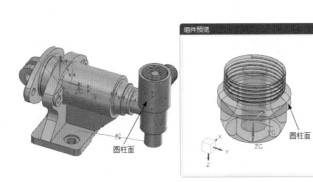

图 12-53　中心对齐约束（7）

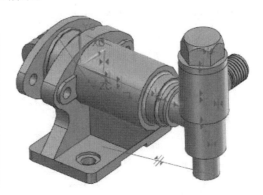

图 12-54　阀盖与阀体的配对装配

至此，已经将柱塞泵的 7 个零部件全部装配到一起，形成一个完整的柱塞泵的装配图。下面将学习如何设置装配图的显示效果，以便更好地显示零部件之间的装配关系。

为了将装配体内部的装配关系表现出来，可以将外包的几个零部件的显示设置为半透明，以达到透视装配体内部的效果。

9. 隐藏约束关系

选择"菜单"→"编辑"→"显示和隐藏"→"隐藏"命令，打开如图 12-55 所示的"类选择"对话框。单击"类型过滤器"按钮🔲，打开如图 12-56 所示的"按类型选择"对话框。选择"装配约束"选项，单击"确定"按钮，返回"类选择"对话框。单击"全选"按钮，选择视图中所有装配约束关系，单击"确定"按钮，隐藏装配约束关系，如图 12-57 所示。

图 12-55 "类选择"对话框   图 12-56 "按类型选择"对话框   图 12-57 隐藏装配约束关系

10. 编辑对象显示

（1）选择"菜单"→"编辑"→"对象显示"命令或使用快捷键 Ctrl+J，打开"类选择"对话框，如图 12-53 所示。在绘图窗口中，单击泵体、填料压盖和阀体 3 个零部件，单击"确定"按钮，打开"编辑对象显示"对话框，如图 12-58 所示。

（2）在"编辑对象显示"对话框中，将中间的"透明度"指示条拖动到 60 处，单击"确定"按钮，完成对泵体、填料压盖和阀体 3 个实体的透明显示设置，效果如图 12-59 所示。

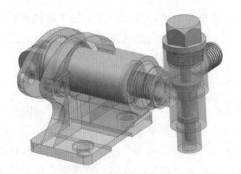

图 12-58 "编辑对象显示"对话框   图 12-59 设置装配图显示效果

12.4　自顶向下装配

自顶向下装配的方法是指在上下文设计（Working in Context）中进行装配。上下文设计是指在一个部件中定义几何对象时引用其他部件的几何对象。

例如，在一个组件中定义孔时需要引用其他组件中的几何对象进行定位。当工作部件是尚未设计完成的组件而显示部件是装配件时，上下文设计非常有用。

自顶向下装配的方法有以下两种。

1. 方法一

（1）先建立装配结构，此时没有任何几何对象。

（2）使其中一个组件成为工作部件。

（3）在该组件中建立几何对象。

（4）依次使其余组件成为工作部件并建立几何对象。注意，可以引用显示部件中的几何对象。

2. 方法二

（1）在装配件中建立几何对象。

（2）建立新的组件，并把图形添加到新组件中。

在装配的上下文设计（Designing in Context of an Assembly）中，当工作部件是装配中的一个组件而显示部件是装配件时，定义工作部件中的几何对象时可以引用显示部件中的几何对象，即引用装配件中其他组件的几何对象。建立和编辑的几何对象发生在工作部件中，但是显示部件中的几何对象是可以选择的。

📢 提示：

> 组件中的几何对象只是被装配件引用，而不是复制，修改组件的几何模型后装配件会自动改变，这就是主模型的概念。

12.4.1　第一种设计方法

该方法首先建立装配结构即装配关系，但不建立任何几何模型，然后使其中的组件成为工作部件，并在其中建立几何模型，即在上下文中进行设计，边设计边装配。

其详细设计过程如下。

（1）建立一个新装配件，如 _asm1.prt。

（2）选择"菜单"→"装配"→"组件"→"新建组件"命令或单击"装配"选项卡"基本"组中的"新建组件"按钮 🔧，打开"新建组件"对话框，如图 12-60 所示。

（3）在"新建组件"对话框中输入新组件的名称，如 model1，单击"确定"按钮，新组件即可被装到装配件中。

（4）重复上述步骤建立新组件 model2。

（5）打开装配导航器查看，如图 12-61 所示。

（6）在新的组件中建立几何模型，先选择 model1 成为工作部件，建立实体。

（7）使 model2 成为工作部件，建立实体。

（8）使装配件_asm1.prt 成为工作部件。

（9）选择"菜单"→"装配"→"组件位置"→"装配约束"命令，给组件 model1 和 model2 建立装配约束。

图 12-60 "新建组件"对话框

图 12-61 装配导航器

12.4.2 第二种设计方法

该方法首先在装配件中建立几何模型，然后建立组件，即建立装配关系，并将几何模型添加到组件中。

其详细设计过程如下。

（1）打开一个包含几何体的装配件或者在打开的装配件中建立一个几何体。

（2）选择"菜单"→"装配"→"组件"→"新建组件"命令或单击"装配"选项卡"基本"组中的"新建组件"按钮 ，打开如图 12-62 所示的"新建组件"对话框。单击"选择对象"按钮 ，在绘图窗口中单击选择某一组件，输入新组件的名字。

图 12-62 "新建组件"对话框

（3）如果勾选"删除原对象"复选框，则删除原始对象，同时将选定对象移至新组件；如果取消勾选该复选框，则可在装配中保留原始对象。在"新建组件"对话框中设置其他选项后，单击"确定"按钮，新组件就添加到装配件中了，并添加了几何模型。

（4）重复上述步骤，直至完成自顶向下的装配设计为止。

12.5 装配爆炸图

爆炸图是在装配环境下把组成装配的组件拆分开来，以更好地表达整个装配的组成状况，便于观察每个组件的一种方法。爆炸图是一个已经命名的视图，一个模型中可以有多个爆炸图。UG NX 默认的爆炸图名为"爆炸"，后加数字后缀。用户也可根据需要指定爆炸图名称。选择"菜单"→"装配"→"爆炸"命令，打开如图 12-63 所示的"爆炸"对话框。选中某一个爆炸图后，单击"信息"按钮①，可以查询该爆炸图的信息。

图 12-63　"爆炸"对话框

12.5.1　建立爆炸图

选择某一爆炸视图后，单击"爆炸"对话框中的"新建爆炸"按钮，打开如图 12-64 所示的"编辑爆炸"对话框。在该对话框中输入爆炸视图的名称，或者接受默认名，单击"确定"按钮，建立一个新的爆炸视图。

12.5.2　自动爆炸视图

在如图 12-64 所示的"编辑爆炸"对话框中，将"爆炸类型"设为"自动"，选择组件后，单击"自动爆炸选定项"按钮，如图 12-65 所示，系统就会创建自动爆炸视图。

图 12-64　"编辑爆炸"对话框

12.5.3　编辑爆炸视图

在如图 12-63 所示的"爆炸"对话框中，选中某个爆炸视图后，单击"编辑爆炸"按钮，打开如图 12-64 所示的"编辑爆炸"对话框。选择需要编辑的组件，单击"指定方位"按钮，可以直接用鼠标选取屏幕中的组件操控器，通过拖动鼠标指针或在坐标窗口中输入坐标数值，即可移动组件。

（1）取消爆炸所选项：在如图 12-66 所示的"编辑爆炸"对话框中，选择需要复位的组件后，单击"取消爆炸所选项"按钮，即可使已爆炸的组件回到原来的位置。

（2）全部取消爆炸：在如图 12-66 所示的"编辑爆炸"对话框中，如果单击"全部取消爆炸"按钮，则全部已爆炸的组件都会恢复到原来的位置。

（3）删除爆炸：在如图 12-63 所示的"爆炸"对话框中，选中某一爆炸视图后，单击"删除爆炸"按钮，即可将该爆炸视图删除。

（4）隐藏爆炸：在如图 12-63 所示的"爆炸"对话框中，在列表框中选中需要隐藏的一个或多个爆炸视图，然后单击"在可见视图中隐藏爆炸"按钮，则将选中的爆炸图隐藏起来，使视图区中的组件恢复到爆炸前的状态。

（5）显示爆炸：在如图 12-63 所示的"爆炸"对话框中，在列表框中选中一个爆炸视图，然后单击"在工作视图中显示爆炸"按钮，则将已建立的爆炸视图显示在视图区。

（6）复制爆炸：在如图 12-63 所示的"爆炸"对话框中，选定某个爆炸视图，单击"复制到新爆炸"按钮，将弹出如图 12-66 所示的"编辑爆炸"对话框，系统根据现有爆炸创建新的爆炸。

图 12-65　"自动"爆炸类型

图 12-66　"编辑爆炸"对话框

扫一扫，看视频

★重点　动手学——柱塞泵爆炸图

源文件：源文件\12\柱塞泵爆炸图.prt

本实例将对柱塞泵的爆炸图进行详细讲解。爆炸图是在装配模型中按照装配关系偏离零部件原来的位置的拆分图形。通过爆炸图可以方便查看装配中的零部件及其相互之间的装配关系，如图 12-67 所示。

在创建爆炸图之前，首先选择"菜单"→"文件"→"打开"命令或单击"主页"选项卡"基本"组中的"打开"按钮，

图 12-67　柱塞泵爆炸图

打开在第 12.3 节的"动手学"中所创建的柱塞泵装配图文件"柱塞泵.prt"。然后选择"菜单"→"文件"→"另存为"命令，在"文件名"文本框中输入"柱塞泵爆炸图"，单击"确定"按钮。

操作步骤　视频文件：动画演示\第 12 章\柱塞泵爆炸图.mp4

（1）建立爆炸视图。选择"菜单"→"装配"→"爆炸"命令或单击"装配"选项卡"爆炸"组中的"爆炸"按钮，打开"爆炸"对话框，如图 12-68 所示。在"爆炸"对话框中单击"新建爆炸"按钮，打开"编辑爆炸"对话框，如图 12-69 所示。

在"爆炸名称"文本框中输入爆炸视图的名称，或是接受默认名称，建立"爆炸 1"爆炸视图。接下来将零部件都炸开，有两种方法：自动爆炸组件和手动爆炸组件。

（2）自动爆炸组件。如图 12-69 所示，在"爆炸类型"下拉列表中选择"自动"，然后单击"自动爆炸所有"按钮。单击"编辑爆炸"对话框中的"确定"按钮，完成自动爆炸组件操作，如图 12-70 所示。

（3）编辑爆炸视图。单击"爆炸"对话框中的"编辑爆炸"按钮，打开"编辑爆炸"对话框，如图 12-71 所示。

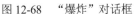

图 12-68 "爆炸"对话框

图 12-69 "编辑爆炸"对话框

图 12-70 自动爆炸组件

在"爆炸类型"下拉列表中选择"手动",在绘图窗口中单击柱塞组件,然后在"编辑爆炸"对话框单击"指定方位"按钮 $\overset{\cdot}{\subset}$,绘图窗口如图 12-72 所示。在弹出的坐标窗口中将 Z 轴坐标在原数值的基础上减去 40,即输入-149.5,然后按 Enter 键,将柱塞沿 Z 轴负向相对移动 40mm。

图 12-71 "编辑爆炸"对话框

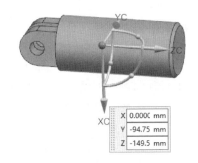

图 12-72 柱塞组件操控器

单击"应用"按钮后,完成对柱塞组件爆炸位置的重定位,结果如图 12-73 所示。

(4)编辑填料压盖组件。单击"编辑爆炸"对话框中的"选择组件"按钮 $\blacksquare$,在绘图窗口中单击填料压盖组件,然后在"编辑爆炸"对话框单击"指定方位"按钮 $\overset{\cdot}{\subset}$。在弹出的坐标窗口中将 Z 轴坐标在原数值的基础上加 120,即输入-69.7,然后按 Enter 键,将填料压盖沿 Z 轴正向相对移动 120mm,单击"应用"按钮,结果如图 12-74 所示。

图 12-73　柱塞组件爆炸位置重定位　　　　图 12-74　编辑填料压盖组件

（5）编辑上下阀瓣以及阀盖三个组件。通过"编辑爆炸"对话框，将上、下阀瓣以及阀盖三个组件分别移动到适当位置，最后单击"编辑爆炸"对话框中的"确定"按钮，完成柱塞泵爆炸图的绘制，结果如图 12-75 所示。

图 12-75　柱塞泵爆炸图

12.5.4　对象干涉检查

选择"菜单"→"分析"→"简单干涉"命令，打开如图 12-76 所示的"简单干涉"对话框。该对话框中提供了两种干涉检查结果对象的方法，下面对"结果对象"下拉列表中的两个选项介绍如下。

（1）干涉体：该选项用于以产生干涉体的方式显示给用户发生干涉的对象。在选择了要检查的实体后，则会在工作区中产生一个干涉实体，以便用户快速地找到发生干涉的对象。

（2）高亮显示的面对：该选项主要用于以加亮表面的方式显示给用户干涉的表面。选择要检查干涉的第一体和第二体，高亮显示发生干涉的面。

图 12-76　"简单干涉"对话框

12.6 部 件 族

部件族提供通过一个模板零件快速定义一类类似的组件（零件或装配）族方法。该功能主要用于建立一系列标准件，可以一次生成所有的相似组件。

选择"菜单"→"工具"→"部件和特征"→"部件族"命令，打开如图 12-77 所示的"部件族"对话框。

该对话框中部分选项功能说明如下。

（1）可用的列：该下拉列表中列出了用于驱动系列组件的参数选项。

①表达式：选择表达式作为模板，使用不同的表达式值来生成系列组件。

②属性：将定义好的属性值设为模板，可以为系列件生成不同的属性值。

③组件：选择装配中的组件作为模板，用于生成不同的装配。

④镜像：选择镜像体作为模板，同时可以选择是否生成镜像体。

⑤密度：选择密度作为模板，可以为系列件生成不同的密度值。

⑥特征：选择特征作为模板，同时可以选择是否生成指定的特征。

图 12-77 "部件族"对话框

选择相应的选项后，双击列表框中的选项或选中指定选项后单击"创建电子表格"按钮，就可以将其添加到"选定的列"列表框中，"选定的列"中不需要的选项可以通过"移除"按钮进行删除。

（2）部件族电子表格：该选项组用于控制如何生成系列件。

①创建电子表格：单击该按钮，系统会自动调用 Excel 表格，选中的相应条目会被列举在其中，如图 12-78 所示。

②编辑电子表格：单击图 12-77 所示的"创建部件族"按钮，对话框变为如图 12-79 所示，单击该按钮可以重新打开 Excel 表格进行编辑。

③删除族：删除定义好的部件族。

④取消：用于取消对于 Excel 的当前编辑操作，Excel 中还保持上次保存过的状态。一般在"确认部件"以后发现参数不正确，可以利用该选项取消本次编辑。

（3）可导入部件族模板：该选项用于连接 UG/Manager 和 IMAN 进行产品管理，一般情况下，保持默认选项即可。

（4）族保存目录：可以利用"浏览"按钮来指定生成的系列件的存放目录。

另外，如果在装配环境中加入了模板文件的主文件，系统会打开系列件选择对话框，用户可以自己指定需要导入的部件，完成装配。

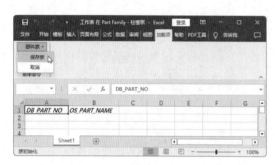

图 12-78　创建 Excel 表格　　　　　　　　　图 12-79　"部件族"对话框

12.7　装配信息查询

装配信息可以通过相关菜单命令进行查询，其命令主要在"菜单"→"信息"→"装配"子菜单中，如图 12-80 所示。

相关命令功能介绍如下。

（1）列出组件：执行该命令后，系统会在信息窗口列出工作部件中各组件的相关信息，如图 12-81 所示。其中包括部件名、引用集名、组件名、单位和组件被加载的数量等信息。

（2）更新报告：执行该命令后，系统将会列出装配中各部件的更新信息，如图 12-82 所示。包括部件名、引用集名、加载的版本、引用的版本、部件族成员状态和状态字段中的注释等。

（3）何处使用：执行该命令后，系统将查找出所有引用指定部件的装配件，并打开如图 12-83 所示的对话框。

当输入部件名称和指定相关选项后，系统会在信息窗口中列出引用该部件的所有装配部件，包括信息列表创建者、日期、当前工作部件路径和引用的装配部件名等信息，如图 12-84 所示。

图 12-80　查询装配信息命令

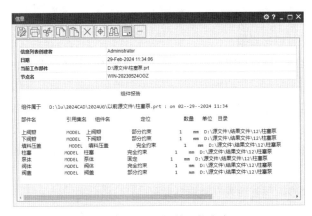

图 12-81 "列出组件"信息窗口

图 12-82 "更新报告"信息窗口

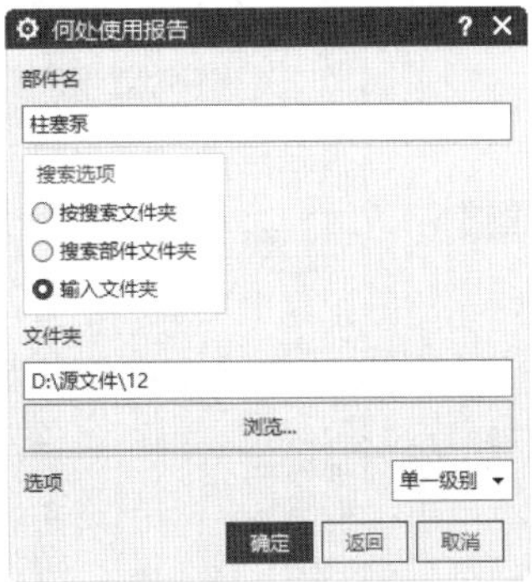

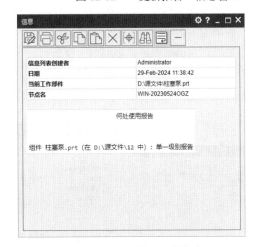

图 12-83 "何处使用报告"对话框

图 12-84 "何处使用"信息窗口

"何处使用报告"对话框中部分选项功能说明如下。

1) 部件名：该文本框用于输入要查找的部件名称，默认值为当前工作部件名称。

2) 搜索选项。

①按搜索文件夹：该选项用于在定义的搜寻目录中查找。

②搜索部件文件夹：该选项用于在部件所在的目录中查找。

③输入文件夹：该选项用于在指定的目录中查找。

3) 选项：该选项用于定义查找装配的级别范围。

①单一级别：该选项只用于查找父装配，而不包括父装配的上级装配。

②所有级别：该选项用于在各级装配中查找。

(4) 会话中何处使用：执行该命令后，可以在当前装配部件中查找引用指定部件的所有装配。系统会打开如图 12-85 所示的"会话中何处使用"对话框，在其中选择要查找的部件。选择指定部件后，系统会在信息窗口中列出引用当前所选部件的装配部件，如图 12-86 所示。信息包括装配部件名、状态和引用数量等。

（5）装配图：执行该命令后，系统会打开如图 12-87 所示的"装配图"对话框，在该对话框中设置完显示项目和相关信息后，指定一点用于放置装配结构图。

对话框上部是已选项目列表框，可以进行添加、删除信息等操作，用于设置装配结构将要显示的内容和排列顺序。

对话框中部是当前部件属性列表框和属性名文本框。用户可以在属性列表框中选择属性直接添加到项目列表框中，也可以在文本框中输入名称进行获取。

对话框下部是指定图形的目标位置，可以将生成的图表放置在当前部件、存在的部件或者是新部件中。

如果要将生成的装配结构图形删除，勾选"移除现有图表"复选框即可。

图 12-85　"会话中何处使用"
　　　　　对话框

图 12-86　"会话中何处使用"信息窗口

图 12-87　"装配图"对话框

12.8　装配序列化

装配序列化的功能主要有两个：一个是规定装配每个组件的时间与成本特性；另一个是用于表演装配顺序，指定一线的装配工人进行现场装配。

完成组件装配后，可建立序列化来表达各组件间的装配顺序。

选择"菜单"→"装配"→"序列"命令或单击"装配"选项卡"序列"组中的"序列"按钮，系统会自动进入序列环境并打开如图12-88所示的"主页"选项卡。

图12-88 "主页"选项卡

下面介绍该选项卡中主要选项的用法。

（1）完成：用于退出序列化环境。

（2）新建：用于创建一个序列。系统会自动为这个序列命名为"序列_1"，以后新建的序列名称依次为"序列_2""序列_3"等，依次增加。用户也可以自己修改名称。

（3）插入运动：单击该按钮，打开如图12-89所示的"录制组件运动"工具条。该工具条用于建立一段装配动画模拟。

① 选择对象：选择需要运动的组件对象。

② 移动对象：用于移动组件。

③ 只移动手柄：用于移动坐标系。

④ 运动录制首选项：单击该按钮，打开如图12-90所示的"首选项"对话框。该对话框用于指定步进的精确程度和运动动画的帧数。

⑤ 拆卸：用于拆卸所选组件。

⑥ 摄像机：用于捕捉当前的视角，以便回放时在合适的角度观察运动情况。

图12-89 "录制组件运动"工具条　　图12-90 "首选项"对话框

（4）装配：单击该按钮，打开"类选择"对话框，按照装配步骤选择需要添加的组件，该组件会自动出现在视图区右侧。用户可以依次选择要装配的组件，生成装配序列。

（5）一起装配：用于在视图区选择多个组件，一次全部进行装配。"装配"功能只能一次装配一个组件，该功能在"装配"功能选中之后可选。

（6）拆卸：用于在视图区选择要拆卸的组件，该组件会自动恢复到绘图区左侧。该功能主要是模拟反装配的拆卸序列。

（7）一起拆卸："一起装配"的反过程。

（8）记录摄像位置：用于为每一步序列生成一个独特的视角。当序列演变到该步时，自动转换到定义的视角。

（9）插入暂停：单击该按钮，系统会自动插入暂停并分配固定的帧数，当回放时，系统看上去像暂停一样，直到走完这些帧数。

（10）删除：用于删除一个序列步。

（11）在序列中查找：单击该按钮，打开"类选择"对话框，可以选择一个组件，然后查找应用了该组件的序列。

（12）显示所有序列：用于显示所有的序列。

（13）捕捉布置：用于把当前的运动状态捕捉下来作为一个装配序列。用户可以为这个序列取一个名字，系统会自动记录这个序列。

完成序列的定义后，就可以通过如图 12-91 所示的"回放"组来播放装配序列。最左边的是设置当前帧数功能，最右边的是播放速度调节功能，从 1~10，数字越大，播放的速度就越快。

图 12-91　"回放"组

扫一扫，看视频

★重点　动手学——柱塞泵装配动画

源文件： 源文件\12\柱塞泵装配图.prt

在上一节中，通过爆炸视图可以查看装配中的零部件及其相互之间的装配关系。在这一节中，将通过创建装配动画来查看组件的装配过程。创建装配动画可以很形象地表达各个零部件之间的装配关系和整个产品的装配顺序。

操作步骤　视频文件：动画演示\第 12 章\柱塞泵装配动画.mp4

（1）打开"装配序列"工具栏。选择"菜单"→"装配"→"序列"命令或单击"装配"选项卡"序列"组中的"序列"按钮，系统会自动进入序列环境并打开"主页"选项卡，如图 12-92 所示。

图 12-92　"主页"选项卡

（2）创建装配动画图。选择"菜单"→"任务"→"新建序列"命令或单击"主页"选项卡"装配序列"组中的"新建"按钮，创建"序列_1"。

（3）单击左侧资源条中的"序列_1"按钮，系统会在绘图窗口左侧的装配动画导航窗口中自动显示创建的新装配动画和在该装配动画中各种属性的装配零部件，如图 12-93 所示。

（4）编辑装配动画。选择"菜单"→"插入"→"运动"命令或单击"主页"选项卡"序列步骤"组中的"插入运动"按钮，打开"录制组件运动"工具条。

（5）在绘图窗口中选择阀盖零件，单击"录制组件运动"工具条中的"拆卸"按钮，该零件即被加入装配动画中，在左侧装配动画导航窗口中显示出来。同时，系统会在绘图窗口左侧的装配动画导航窗口中自动显示该零件名称，如图 12-94 所示。

（6）添加其他零部件。重复上述编辑装配动画操作，依次将上阀瓣、下阀瓣、阀体、填料压盖、柱塞及泵体添加到装配动画中，在装配动画导航窗口中将显示这些零部件的名称，如图 12-95 所示。

图 12-93 装配动画导航窗口（1）

图 12-94 装配动画导航窗口（2）

图 12-95 装配动画导航窗口（3）

在完成加入零部件的操作后，查看所创建的装配动画的选项将会被自动激活，可以利用"主页"选项卡"回放"组中的按钮来查看装配动画，如图 12-96 所示。

在播放装配动画时，可以看到装配动画导航窗口中加入装配动画中的各个零部件前面的符号会依次发生变化，如图 12-97 所示。

图 12-96 "回放"组

图 12-97 装配动画导航窗口的符号变化

第 13 章　工　程　图

内容简介

UG NX 的工程图能够满足用户的二维出图需求，尤其对传统的二维设计用户来说，很多工作还需要二维工程图。利用 UG NX 建模功能中创建的零件和装配模型，可以引用到 UG NX 制图功能中快速生成二维工程图，UG NX 制图功能模块建立的工程图是由投影三维实体模型得到的，因此，二维工程图与三维实体模型完全关联。模型的任何修改都会引起工程图的相应变化。本章简要介绍 UG NX 工程图中的常用功能。

内容要点

- ❯ 工程图概述
- ❯ 工程图参数预设置
- ❯ 图纸管理
- ❯ 视图管理
- ❯ 视图编辑
- ❯ 标注与符号

13.1　工程图概述

本节主要介绍如何进入工程图界面，并对工程图中的常见工具栏进行简单介绍。

选择"文件"→"新建"命令或单击"主页"选项卡中的"新建"按钮，在"新建"对话框中选择"图纸"选项卡，选择适当模板，单击"确定"按钮，即可启动 UG NX 工程制图模块，进入工程制图界面，如图 13-1 所示。

UG NX 工程制图模块提供了自动视图布置、剖视图、各向视图、局部放大图、局部剖视图、自动/手工尺寸标注、形位公差、表面粗糙度符号标注、支持 GB、标准汉字输入、视图手工编辑、装配图剖视、爆炸图、明细表自动生成等工具。具体各操作说明如下。

（1）"主页"选项卡，如图 13-2 所示。

（2）制图导航器操作，如图 13-3 和图 13-4 所示。与建模环境一样，用户同样可以通过图纸导航器来操作图纸。对应于每一幅图纸也会有相应的父子关系和细节窗口可以显示。在图纸导航器上同样有很强大的快捷菜单命令功能（右击调出）。对于不同层次，右击后打开的快捷菜单命令功能是不一样的。

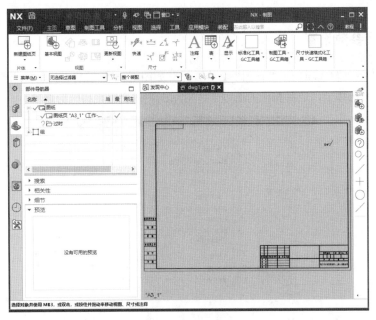

图 13-1　工程制图界面

图 13-2　"主页"选项卡

图 13-3　部件导航器

图 13-4　快捷菜单

13.2　工程图参数预设置

在添加视图时，应预先设置工程图的有关参数，设置符合国标的工程图尺寸，控制工程图的风格。下面对一些常用的工程图参数设置进行简单介绍，其他内容用户可以参考帮助文件。

13.2.1 工程图参数设置

选择"菜单"→"首选项"→"制图"命令，打开如图 13-5 所示的"制图首选项"对话框。该对话框中包含了 12 个选项卡，选择相应的选项卡，对话框中就会出现相应的选项。

图 13-5 "制图首选项"对话框

另外，对于制图的预设置操作，在 UG NX 2312 中的"用户默认设置"管理工具中可以统一设置默认值。选择"菜单"→"文件"→"实用工具"→"用户默认设置"命令，打开如图 13-6 所示的"用户默认设置"对话框进行默认设置的更改。

图 13-6 "用户默认设置"对话框

13.2.2　注释参数设置

选择"菜单"→"首选项"→"制图"命令，打开"制图首选项"对话框。在"制图首选项"对话框中选择"注释"选项卡下的"剖面线/区域填充"子选项卡，如图 13-7 所示。

"注释"选项卡下的部分子选项卡说明如下。

1．形位公差

（1）格式：设置所有形位公差符号的颜色、线型和宽度。

（2）应用于所有注释：单击此按钮，将颜色、线型和线宽应用到所有制图注释，该操作不影响制图尺寸的颜色、线型和线宽。

2．符号标注

（1）格式：设置标注符号的颜色、线型和宽度。

（2）大小：以毫米或英寸为单位设置标注符号的大小。

图 13-7　"剖面线/区域填充"子选项卡

3．焊接符号

（1）间距因子：设置焊接符号不同组成部分之间的间距默认值。

（2）符号大小因子：控制焊接符号中的符号大小。

（3）焊接线间隙：控制焊接线和焊接符号之间的距离。

4．剖面线/区域填充

（1）剖面线。

①断面线定义：显示当前剖面线文件的名称。

②图样：从派生自剖面线文件的图样列表设置剖面线图样。

③距离：控制剖面线之间的距离。

④角度：控制剖面线的倾斜角度。从正的 XC 轴到主剖面线沿逆时针方向测量角度。

（2）区域填充。

①图样：设置区域填充图样。

②角度：控制区域填充图样的旋转角度。该角度从平行于图纸底部的一条直线开始沿逆时针方向测量。

③比例：控制区域填充图样的比例。

（3）格式。

①颜色：设置剖面线颜色和区域填充图样。

②宽度：设置剖面线和区域填充中曲线的线宽。

（4）边界曲线。

①公差：用于控制 UG NX 沿着曲线逼近剖面线或区域填充边界的紧密程度。

②查找表观相交：表现相交和表观成链是基于视图方位看似存在的相交曲线和链，但实际上不存在于几何体中。

（5）岛。

①边距：设置剖面线或区域填充样式中排除文本周围的边距。

②自动排除注释：勾选此复选框，将设置剖面线对话框和区域填充对话框中的自动排除注释选项。

5．中心线

（1）颜色：设置所有中心线符号的颜色。

（2）宽度：设置所有中心线符号的线宽。

13.2.3　图纸视图参数

选择"菜单"→"首选项"→"制图"命令，打开"制图首选项"对话框。在"制图首选项"对话框中选择"图纸视图"选项卡下的"工作流程"子选项卡，如图 13-8 所示。

"图纸视图"选项卡下的部分子选项卡说明如下。

1．公共

（1）常规：用于设置视图的最大轮廓线、参考、UV 栅格等细节选项。

（2）可见线：用于设置可见线的颜色、线型和粗细。

（3）隐藏线：用于设置在视图中隐藏线所显示的方法。其中有详细的选项可以控制隐藏线的显示类别、显示线型和粗细等。

（4）虚拟交线：用于设置虚拟交线是否显示，以及虚拟交线显示的颜色、线型和粗细，还可以设置理论交线距离边缘的距离。

（5）螺纹：用于设置螺纹表示的标准。

（6）PMI：用于设置视图是否继承制图平面中的形位公差。

（7）光顺边：用于设置光顺边是否显示，以及光顺边显示的颜色、线型和粗细，还可以设置光顺边距离边缘的距离。

2．"截面"下的"设置"子选项卡

（1）格式。

①显示背景：用于显示剖视图的背景曲线。

图 13-8　"工作流程"子选项卡

②显示前景：用于显示剖视图的前景曲线。

③剖切片体：用于在剖视图中剖切片体。

④显示折弯线：在阶梯剖视图中显示剖切折弯线。仅当剖切穿过实体材料时才会显示折弯线。

（2）剖面线。

①创建剖面线：控制是否在给定的剖视图中生成关联剖面线。

②处理隐藏的剖面线：控制剖视图的剖面线是否参与隐藏线处理。此选项主要用于局部剖视图和轴测剖视图，以及任何包含非剖切组件的剖视图。

③显示装配剖面线：控制装配剖视图中相邻实体的剖面线角度。设置此选项后，相邻实体间的剖面线角度会有所不同。

④将剖面线角度限制在+/-45度：强制装配剖视图中相邻实体的剖面线角度仅设置为45°和135°。

⑤剖面线相邻公差：控制装配剖视图中相邻实体的剖面线角度。

（3）剖切线：用于设置剖切线的详细参数。

（4）断开：用于设置断裂线的详细参数。

13.3 图纸管理

在 UG NX 中，任何一个三维模型都可以通过不同的投影方法、不同的图样尺寸和不同的比例创建灵活多样的二维工程图。本节将介绍工程图纸的创建、打开、删除和编辑操作。

13.3.1 新建工程图

选择"菜单"→"插入"→"图纸页"命令或单击"主页"选项卡"片体"组中的"新建图纸页"按钮，打开如图 13-9 所示的"图纸页"对话框。

该对话框中部分选项功能介绍如下。

1. 大小

（1）使用模板：选择此选项，在该对话框中选择所需的模板即可。

（2）标准尺寸：选择此选项，在该对话框中设置标准图纸的大小和比例。

（3）定制尺寸：选择此选项，在该此对话框中可以自定义设置图纸的大小和比例。

（4）大小：用于指定图纸的尺寸规格。

（5）比例：用于设置工程图中各类视图的比例大小，系统默认的设置比例为1:1。

2. 图纸页名称

该文本框用于输入新建工程图的名称。名称最多可包含30个字符，

图 13-9 "图纸页"对话框

但不允许含有空格，系统自动将所有字符转换成大写形式。

3. 投影法

该选项用于设置视图的投影角度。系统提供的投影角度包括"第三角投影"和"第一角投影"两种。

13.3.2 编辑工程图

在对视图进行添加及编辑的过程中，有时需要临时添加剖视图、技术要求等，那么新建过程中设置的工程图参数可能无法满足要求（如比例不适当），这时需要对已有的工程图进行修改编辑。

选择"菜单"→"编辑"→"图纸页"命令，打开如图 13-9 所示的"图纸页"对话框。在该对话框中修改已有工程图的名称、尺寸、比例和单位等参数。完成修改后，系统会按照新的设置对工程图进行更新。需要注意的是，在编辑工程图时，投影角度参数只能在没有产生投影视图的情况下进行修改，否则，需要删除所有的投影视图后才能执行投影视图的修改。

13.4 视 图 管 理

创建完工程图之后，接下来应该在图纸上绘制各种视图来表达三维模型。生成各种投影是工程图最核心的问题，UG NX 制图模块提供了各种视图的管理功能，包括添加视图、对齐视图和编辑视图等。

13.4.1 建立基本视图

选择"菜单"→"插入"→"视图"→"基本"命令或单击"主页"选项卡"视图"组中的"基本视图"按钮，打开如图 13-10 所示的"基本视图"对话框。

该对话框中部分选项功能介绍如下。

（1）指定位置：该选项可以使用光标来指定一个屏幕位置，在所指定的位置放置所选视图。

（2）要使用的模型视图：该选项包括"俯视图""前视图""右视图""后视图""仰视图""左视图""正等测图"和"正三轴侧图"8 种基本视图的投影方式。

（3）比例：该选项用于指定添加视图的投影比例，其中共有 9 种方式，如果是表达式，用户可以指定视图比例与实体的一个表达式保持一致。

（4）定向视图工具：单击该按钮，打开如图 13-11 所示的"定向视图工具"对话框，用于定向视图的投影方向。

图 13-10 "基本视图"对话框

图 13-11 "定向视图工具"对话框

13.4.2 投影视图

选择"菜单"→"插入"→"视图"→"投影"命令或单击"主页"选项卡"视图"组中的"投影视图"按钮，打开如图 13-12 所示的"投影视图"对话框。

该对话框中部分选项功能介绍如下。

（1）父视图：该选项用于在绘图工作区中选择视图作为基本视图（父视图），并从它投影出其他视图。

（2）铰链线：选择父视图后，"定义折页线"按钮会被激活，所谓折页线就是与投影方向垂直的线。用户也可以单击该按钮来定义一个指定的、相关联的折页线方向。若不满足要求，用户还可以使用"反向"按钮进行调整。

13.4.3 局部放大视图

选择"菜单"→"插入"→"视图"→"局部放大图"命令或单击"主页"选项卡"视图"组中的"局部放大图"按钮，打开如图 13-13 所示的"局部放大图"对话框。

图 13-12 "投影视图"对话框

该对话框中部分选项功能介绍如下。

（1）按拐角绘制矩形：使用所选的两个对角拐角点创建矩形局部放大图边界。

（2）按中心和拐角绘制矩形：使用所选中心点和拐角点创建矩形局部放大图边界。

（3）圆形：在父视图中选择了局部放大部位的中心点后，创建有圆形边界的局部放大图。

图 13-13　"局部放大图"对话框

13.4.4　剖视图

选择"菜单"→"插入"→"视图"→"剖视图"或单击"主页"选项卡"视图"组中的"剖视图"按钮，打开如图 13-14 所示的"剖视图"对话框。

该对话框中部分选项功能介绍如下。

1. 剖切线

（1）定义：包括"动态"和"选择现有的"两种。如果选择"动态"，则根据创建方法，系统会自动创建截面线，将其放置到适当位置即可；如果选择"选择现有的"，则根据截面线创建剖视图。

（2）方法：在列表中选择创建剖视图的方法，包括简单剖/阶梯剖、半剖、旋转和点到点。

2. 铰链线

（1）矢量选项：包括自动判断和已定义。

①自动判断：为视图自动判断铰链线和投影方向。

②已定义：允许为视图手动定义铰链线和投影方向。

（2）反转剖切方向：反转剖切线箭头的方向。

图 13-14　"剖视图"对话框

3. 设置

（1）隐藏的组件：在视图中选择要隐藏的组件或实体，使其不可见。

（2）非剖切：在视图中选择不剖切的组件或实体，作不剖切处理。

13.4.5　局部剖视图

选择"菜单"→"插入"→"视图"→"局部剖"命令或单击"主页"选项卡"视图"组中的"局部剖视图"按钮，打开如图 13-15 所示的"局部剖"对话框。该对话框用于从任何父图纸视图中移除一个部件区域来创建一个局部剖视图。其示意图如图 13-16 所示。

图 13-15　"局部剖"对话框

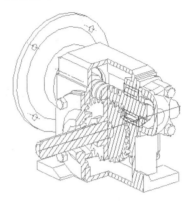

图 13-16　"局部剖"示意图

该对话框中部分功能选项说明如下。

（1）选择视图：用于选择要进行局部剖切的视图。

（2）指出基点：用于确定剖切区域沿拉伸方向开始拉伸的参考点，该点可通过"捕捉点"工具栏指定。

（3）指出拉伸矢量：用于指定拉伸方向，可用矢量构造器指定，必要时可使拉伸反向，或指定为视图法向。

（4）选择曲线：用于定义局部剖视图剖切边界的封闭曲线。当选择错误时，可单击"取消选择上一个"按钮，取消上一个选择。定义边界曲线的方法：在进行局部剖切的视图边界上右击，在打开的快捷菜单中选择"扩展成员视图"，进入视图成员模型工作状态。使用曲线功能在要产生局部剖切的位置创建局部剖切边界线。完成边界线的创建后，在视图边界上右击，再从快捷菜单中选择"扩展成员视图"命令，恢复到工程图界面。这样，就建立了与选择视图相关联的边界线。

（5）修改边界曲线：用于修改剖切边界点，必要时可用于修改剖切区域。

（6）切穿模型：勾选该复选框，则剖切时完全穿透模型。

★重点　动手学——创建端盖工程图

源文件：源文件\13\端盖工程图.prt

首先创建端盖的基本视图和投影视图，然后创建剖视图，最后创建局部放大视图。结果如图 13-17 所示。

扫一扫，看视频

操作步骤　视频文件：动画演示\第 13 章\端盖工程图.mp4

（1）新建文件。选择"文件"→"新建"命令或单击"主页"选项卡"标准"组中的"新建"按钮，打开"新建"对话框。在"图纸"选项卡中选择"A3-无视图"模板，在"关系"下拉列表中选择"引用现有部件"。在"要创建图纸的部件"栏中单击"打开"按钮，打开"选择主模型部件"对话框。单击"打开"按钮，打开"部件名"对话框，选择要创建工程图的"端盖"零件，然后连续单击两次"确定"按钮。

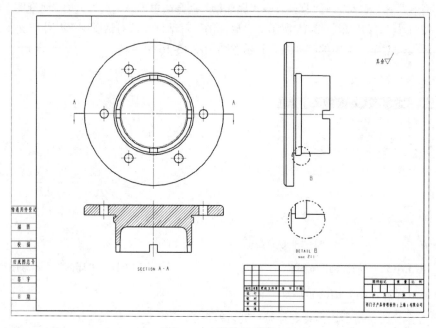

图 13-17　端盖工程图

（2）创建基本视图。进入制图界面后，系统将自动打开如图 13-18 所示的"基本视图"对话框。在"要使用的模型视图"下拉列表中选择"前视图"，在图纸中适当的地方放置基本视图，如图 13-19 所示。

图 13-18　"基本视图"对话框

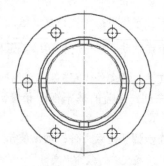

图 13-19　基本视图

（3）创建投影视图。系统将自动打开如图 13-20 所示的"投影视图"对话框，并自动选择上步创建的基本视图为父视图。选择投影方向，如图 13-21 所示，将投影放置在图纸中适当的位置，然后单击"关闭"按钮，结果如图 13-22 所示。

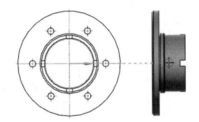

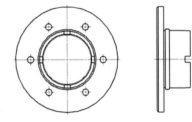

图 13-20　"投影视图"对话框　　　　图 13-21　选择投影方向　　　　图 13-22　将投影放置在适当的位置

（4）创建剖视图。选择"菜单"→"插入"→"视图"→"剖视图"命令或单击"主页"选项卡"视图"组中的"剖视图"按钮，打开如图 13-23 所示的"剖视图"对话框。选择基本视图为父视图，选择圆心为铰链线的放置位置，单击确定剖视图的位置，如图 13-24 所示。调整剖切方向，将剖视图放置在图纸中适当的位置，创建的剖视图如图 13-25 所示。

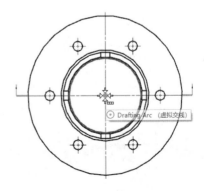

图 13-23　"剖视图"对话框　　　　　　　　　图 13-24　放置剖视图

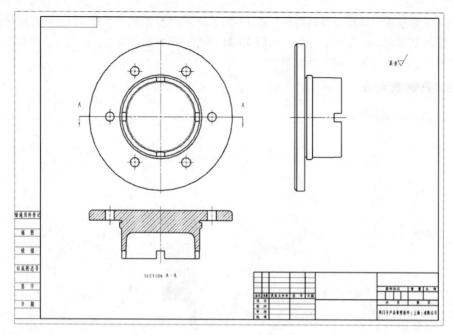

图 13-25　创建的剖视图

（5）创建局部放大图。选择"菜单"→"插入"→"视图"→"局部放大图"命令或单击"主页"
选项卡"视图"组中的"局部放大图"按钮，打开如图 13-26 所示的"局部放大图"对话框。选择
"圆形"类型，选择圆心和半径，如图 13-27 所示。系统自动创建局部放大图，将其放置到图纸中适当
的位置，如图 13-28 所示。

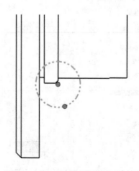

图 13-26　"局部放大图"对话框　　　　　图 13-27　选择圆心和半径

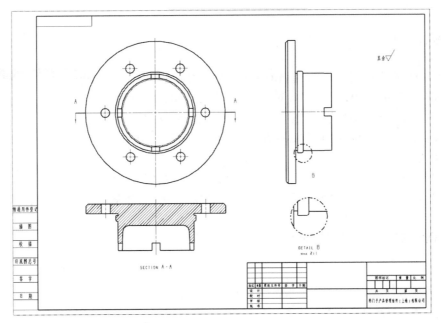

图 13-28　局部放大图

13.5　视图编辑

　　选中需要编辑的视图，右击打开快捷菜单和快捷工具栏，如图 13-29 所示，可以更改视图样式、添加各种投影视图等。

　　视图的详细编辑命令集中在"菜单"→"编辑"→"视图"子菜单中，如图 13-30 所示。

图 13-29　快捷菜单和快捷工具栏　　　　　　图 13-30　　"视图"子菜单

13.5.1 视图对齐

一般而言，视图之间应该对齐，但 UG NX 在自动生成视图时是可以任意放置的，需要用户根据需要进行对齐操作。在 UG NX 制图模块中，用户可以拖动视图，系统会自动判断用户意图（包括中心对齐、边对齐等多种方式），并显示可能的对齐方式，基本上可以满足用户对于视图放置的要求。

选择"菜单"→"编辑"→"视图"→"对齐"命令，打开如图 13-31 所示的"视图对齐"对话框。该对话框用于调整视图位置，使之排列整齐。

该对话框中部分选项功能说明如下。

1. 方法

（1）🔲自动判断：自动判断所选视图可能的对齐方式。

（2）🔲叠加：将所选视图叠加放置。

（3）🔲水平：将所选视图以水平方向对齐。

（4）🔲竖直：将所选视图以竖直方向对齐。

（5）🔲垂直于直线：将所选视图与一条指定的参考直线垂直对齐。

（6）🔲铰链副：将所选视图以铰链的方式对齐。

图 13-31　"视图对齐"对话框

2. 对齐

（1）至视图：用于选择视图中心的点对齐视图。

（2）模型点：用于选择模型上的点对齐视图。

（3）点到点：用于分别在不同的视图上选择点对齐视图。以第一个视图上的点为固定点，其他视图上的点以某一对齐方式向该点对齐。

3. 列表

在"列表"列表框中列出了所有可以进行对齐操作的视图。

13.5.2 视图相关编辑

选择"菜单"→"编辑"→"视图"→"视图相关编辑"命令或单击"主页"选项卡"视图"组"编辑视图"下拉菜单中的"视图相关编辑"按钮🔲，打开如图 13-32 所示的"视图相关编辑"对话框。该对话框用于编辑几何对象在某一视图中的显示方式，而不影响在其他视图中的显示。

该对话框中部分选项功能说明如下。

图 13-32　"视图相关编辑"对话框

1. 添加编辑

（1）▢ 擦除对象：擦除选择的对象，如曲线、边等。擦除并不是删除，只是使被擦除的对象不可见而已，单击"删除选定的擦除"按钮可使被擦除的对象重新显示。若要擦除某一视图中的某个对象，则先选择视图；而若要擦除所有视图中的某个对象，则先选择图纸，再选择此功能，然后选择要擦除的对象并单击"确定"按钮即可。

（2）▢ 编辑完整对象：编辑整个对象的显示方式，包括颜色、线型和线宽。单击该按钮，设置颜色、线型和线宽后单击"应用"按钮，打开"类选择"对话框。选择要编辑的对象并单击"确定"按钮，所选对象就会按照设置的颜色、线型和线宽显示。若要隐藏选择的视图对象，只需将所选对象的颜色设置为与视图背景色相同即可。

（3）▢ 编辑着色对象：编辑着色对象的显示方式。单击该按钮，设置颜色后单击"应用"按钮，打开"类选择"对话框。选择要编辑的对象并单击"确定"按钮，则所选的着色对象就会按照设置的颜色显示。

（4）▢ 编辑对象段：编辑部分对象的显示方式，用法与"编辑完整对象"相似。在选择编辑对象后，可选择一个或两个边界，则只编辑边界内的部分。

（5）▢ 编辑剖视图背景：编辑剖视图背景线。在建立剖视图时，可以有选择地保留背景线；而使用背景线编辑功能，不但可以删除已有的背景线，还可以添加新的背景线。

2. 删除编辑

（1）▢ 删除选定的擦除：恢复被擦除的对象。单击该按钮，将高亮显示已被擦除的对象，从中选择要恢复显示的对象并确认即可。

（2）▢ 删除选定的编辑：恢复部分编辑对象在原视图中的显示方式。

（3）▢ 删除所有编辑：恢复所有编辑对象在原视图中的显示方式。单击该按钮，在打开的警告对话框中单击"是"按钮，则恢复所有编辑；单击"否"按钮，则不恢复。

3. 转换相依性

（1）▢ 模型转换到视图：将模型中单独存在的对象转换到指定视图中，且对象只出现在该视图中。

（2）▢ 视图转换到模型：将视图中单独存在的对象转换到模型视图中。

13.5.3　移动/复制视图

选择"菜单"→"编辑"→"视图"→"移动/复制"命令或单击"主页"选项卡"视图"组"编辑视图"下拉菜单中的"移动/复制视图"按钮▢，打开如图 13-33 所示的"移动/复制视图"对话框。该对话框用于在当前图纸上移动或复制一个或多个选定的视图，或者将选定的视图移动或复制到另一张图纸中。

该对话框中部分选项功能说明如下。

（1）▢ 至一点：移动或复制选定的视图到指定点，该点可用光标或在跟踪条中输入坐标指定。

图 13-33　"移动/复制视图"对话框

（2）🔁 水平：在水平方向上移动或复制选定的视图。

（3）🔁 竖直：在竖直方向上移动或复制选定的视图。

（4）🔁 垂直于直线：在垂直于直线的方向上移动或复制视图。

（5）🔁 至另一图纸：移动或复制选定的视图到另一张图纸中。

（6）复制视图：勾选该复选框，可复制视图，否则只能移动视图。

（7）距离：勾选该复选框，可输入移动或复制后的视图与原视图之间的距离值。若选择多个视图，则以第一个选定的视图作为基准，其他视图将与第一个视图保持指定的距离。若取消勾选该复选框，则可移动光标或输入坐标值来指定视图位置。

13.5.4　视图边界

选择"菜单"→"编辑"→"视图"→"边界"命令，或在要编辑视图边界的视图的边界上右击，在弹出的快捷菜单中选择"边界"命令，打开如图 13-34 所示的"视图边界"对话框。该对话框用于重新定义视图边界，既可以缩小视图边界只显示视图的某一部分，也可以放大视图边界显示所有视图对象。

该对话框中部分选项功能说明如下。

1. 边界类型

（1）断裂线/局部放大图：定义任意形状的视图边界，使用该选项只显示出被边界包围的视图部分。用此选项定义视图边界，则必须先建立与视图相关的边界线。当编辑或移动边界曲线时，视图边界会随之更新。

（2）手工生成矩形：以拖动的方式手动定义矩形边界，该矩形边界的大小是由用户定义的，可以包围整个视图，也可以只包围视图中的一部分。该边界方式主要用于在一个特定的视图中隐藏不需要显示的几何体。

（3）自动生成矩形：自动定义矩形边界，该矩形边界能根据视图中几何对象的大小自动更新，主要用于在一个特定的视图中显示所有的几何对象。

图 13-34　"视图边界"对话框

（4）由对象定义边界：由包围对象定义边界，该边界能根据被包围对象的大小自动调整，通常用于大小和形状随模型变化的矩形局部放大视图。

2. 其他参数

（1）锚点：用于将视图边界固定在视图对象的指定点上，从而使视图边界与视图相关，当模型发生变化时，视图边界会随之移动。锚点主要用在局部放大视图或用手动定义边界的视图。

（2）边界点：用于指定视图边界要通过的点。该功能可使任意形状的视图边界与模型相关。当模型修改后，视图边界也随之变化，也就是说，当边界内的几何模型的尺寸和位置发生变化时，该模型始终在视图边界之内。

（3）包含的点：视图边界要包围的点，只用于"由对象定义边界"定义边界的方式。

（4）包含的对象：选择视图边界要包围的对象，只用于"由对象定义边界"定义边界的方式。

13.5.5 更新视图

选择"菜单"→"编辑"→"视图"→"更新"命令或单击"主页"选项卡"视图"组"编辑视图"下拉菜单中的"更新视图"按钮，打开如图 13-35 所示的"更新视图"对话框。

该对话框中部分选项功能说明如下。

（1）显示图纸中的所有视图：该选项用于控制在列表框中是否列出所有的视图，并自动选择所有过期视图。勾选该复选框之后，系统会自动在列表框中选择所有过期视图，否则，需要用户自己更新过期视图。

（2）选择所有过时视图：用于选择当前图纸中的过期视图。

（3）选择所有过时自动更新视图：用于选择每个在保存时勾选"自动更新"复选框的视图。

图 13-35 "更新视图"对话框

13.6 标注与符号

为了表达零件的几何尺寸，需要引入各种投影视图，为了表达工程图的尺寸和公差信息，必须进行工程图的标注。

13.6.1 尺寸标注

UG NX 标注的尺寸是与实体模型匹配的，与工程图的比例无关。在工程图中进行标注的尺寸是直接引用三维模型的真实尺寸，如果改动了零件中某个尺寸参数，工程图中的标注尺寸也会自动更新。

选择"菜单"→"插入"→"尺寸"子菜单中的命令，如图 13-36 所示，或单击"主页"选项卡"尺寸"组，如图 13-37 所示，共包含了 10 种尺寸类型，这里仅对常用的部分尺寸标注方式进行介绍。

图 13-36 "尺寸"子菜单命令

图 13-37 "尺寸"组

1. ⚡快速

可用单个命令和一组基本选项从一组常规、好用的尺寸类型快速创建不同的尺寸。以下为"快速尺寸"对话框中的常用测量方法。

（1）▥圆柱式：用来标注工程图中所选圆柱对象之间的尺寸，如图13-38所示。

（2）⚲直径：用来标注工程图中所选圆或圆弧的直径尺寸，如图13-39所示。

（3）⚙自动判断：由系统自动推断出选用哪种尺寸标注类型来进行尺寸的标注。

（4）▭水平：用来标注工程图中所选对象间的水平尺寸，如图13-40所示。

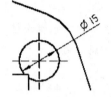

图13-38　"圆柱式"尺寸示意图　　图13-39　"直径"尺寸示意图　　图13-40　"水平"尺寸示意图

（5）▯竖直：用来标注工程图中所选对象间的垂直尺寸，如图13-41所示。

（6）⚹点到点：用来标注工程图中所选对象间的平行尺寸，如图13-42所示。

（7）⚹垂直：用来标注工程图中所选点到直线（或中心线）的垂直尺寸，如图13-43所示。

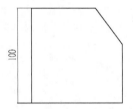
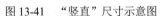
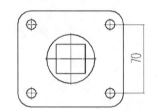

图13-41　"竖直"尺寸示意图　　图13-42　"点到点"尺寸示意图　　图13-43　"垂直"尺寸示意图

2. ⊤倒斜角

用于国标45°倒角的标注。目前不支持对于其他角度倒角的标注，如图13-44所示。

3. ▱线性

可将6种不同线性尺寸中的一种创建为独立尺寸，或者创建为一组链尺寸或基线尺寸。可以创建以下尺寸类型。

（1）⊘无：未创建尺寸集或选定尺寸从尺寸集中移除，仍为单个尺寸，如图13-45所示。

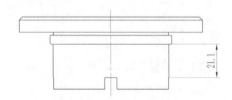

图13-44　"倒斜角"尺寸示意图　　　　图13-45　"无"尺寸示意图

（2）**链**：用来在工程图上生成一个水平方向（XC 方向）或竖直方向（YC 方向）的尺寸链，即生成一系列首尾相连的水平/竖直尺寸，如图 13-46 所示（在测量方法中选择水平或竖直，即可在尺寸集中选择链）。

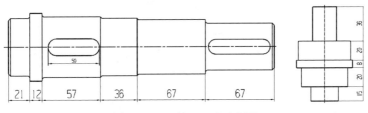

图 13-46　"链"尺寸示意图

（3）**基线**：用来在工程图上生成一个水平方向（XC 方向）或竖直方向（YC 方向）的尺寸系列，该尺寸系列分享同一条水平/竖直基线，如图 13-47 所示（在测量方法中选择水平或竖直，即可在尺寸集中选择基线）。

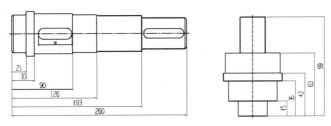

图 13-47　"基线"尺寸示意图

4. 角度

用来标注工程图中所选的两条直线之间的角度。

5. 径向

用来创建 3 个不同的径向尺寸类型中的一种。

（1）**自动判断**：根据光标位置和选择的对象自动判断要创建的径向尺寸的类型。

（2）**径向**：用来标注工程图中所选圆或圆弧的半径尺寸，但标注不过圆心。

（3）**直径**：用来标注工程图中所选圆或圆弧的直径尺寸。

6. 弧长

用来标注工程图中所选圆弧的弧长尺寸，如图 13-48 所示。

7. 坐标

用来在工程图中定义一个原点的位置，作为一个距离的参考点位置，进而可以明确地给出所选对象的水平或垂直坐标距离，如图 13-49 所示。

在放置尺寸值的同时，系统会打开如图 13-50 所示的"编辑尺寸"对话框（也可以单击每一个标注图标后，在拖放尺寸标注时，右击选择"编辑"命令，打开此对话框），其功能如下。

图13-48　"弧长"尺寸示意图

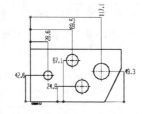

图13-49　"坐标"尺寸示意图

图13-50　"编辑尺寸"对话框

（1）文本设置：该选项会打开如图13-51所示的"文本设置"对话框，用于设置详细的尺寸类型，包括尺寸的位置、精度、公差、线条和箭头、文字和单位等。

（2）X.XX精度：用于设置尺寸标注的精度值，可以使用其下拉列表进行详细设置。

（3）×公差：用于设置各种需要的公差类型，可以使用其下拉列表进行详细设置。

（4）A编辑附加文本：单击该按钮，打开"附加文本"对话框，如图13-52所示，可以进行各种符号和文本的编辑。

图13-51　"文本设置"对话框

图13-52　"附加文本"对话框

"附加文本"对话框中"符号"栏"类别"下拉列表的部分选项功能说明如下。

1）用户定义，如图13-53所示。如果用户已经定义好了自己的符号库，可以通过指定相应的符号库来加载它们，同时还可以设置符号的比例和投影。

2）关系，如图13-54所示。用户可以将物体的表达式、对象属性、部件属性和图纸页区域标注出来，并实现关联。

图13-53　"用户定义"符号类型

图13-54　"关系"符号类型

13.6.2　注释编辑器

选择"菜单"→"插入"→"注释"→"注释"命令或单击"主页"选项卡"注释"组中的"注释"按钮 A，打开如图 13-55 所示的"注释"对话框。

该对话框中部分选项功能说明如下。

（1）原点：用于设置和调整文字的放置位置。

（2）指引线：用于为文字添加指引线，可以通过"类型"下拉列表指定指引线的类型。

（3）文本输入。

1）编辑文本。用于编辑注释，其功能与一般软件的工具栏相同，具有复制、剪切、加粗、斜体及大小控制等功能。

2）格式设置。编辑窗口是一个标准的多行文本输入区，使用标准的系统位图字体，用于输入文本和系统规定的控制符。用户可以在"字体"下拉列表中选择所需字体。

图 13-55　"注释"对话框

13.6.3　符号标注

选择"菜单"→"插入"→"注释"→"符号标注"命令或单击"主页"选项卡"注释"组中的"符号标注"按钮，打开如图 13-56 所示的"符号标注"对话框。

利用该对话框可以创建工程图中表示各部件的编号及页码标识等 ID 符号，还可以设置符号的大小、类型和放置位置。

该对话框中部分选项功能说明如下。

（1）类型：系统提供了多种符号类型供用户选择，每种符号类型可以配合该符号的文本选项，在 ID 符号中放置文本内容。

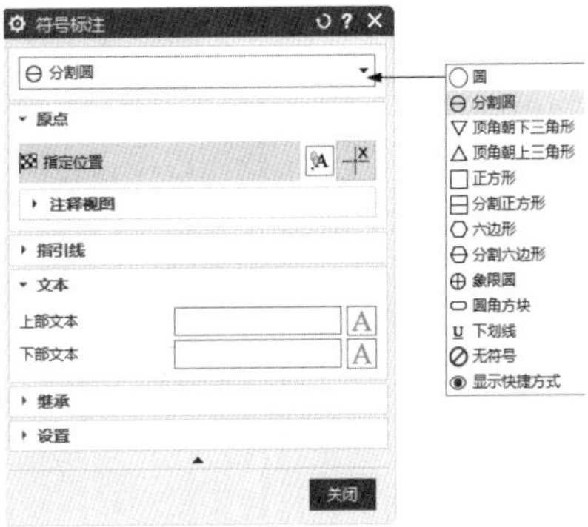

（2）指引线：为 ID 符号指定引导线。单击该按钮，可指定一条引导线的开始端点，最多可指定 7 个开始端点，同时每条引导线还可指定多达 7 个中间点。根据引导线类型，一般可选择尺寸线箭头和注释引导线箭头等作为引导线的开始端点。

图 13-56　"符号标注"对话框

（3）文本：如果选择了上下型的 ID 符号类型，可以在"上部文本"和"下部文本"中输入两行文本的内容；如果选择的是独立型 ID 符号，则只能在"上部文本"中输入文本内容。

（4）大小：各 ID 符号都可以通过"大小"文本框设置其比例值。

★重点　动手学——标注端盖工程图

源文件：源文件\13\标注端盖工程图.prt

首先设置注释首选项，然后标注端盖的各个尺寸，最后标注技术要求。结果如图 13-57 所示。

扫一扫，看视频

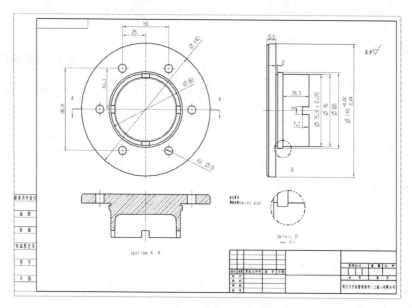

图 13-57　标注端盖工程图

操作步骤　视频文件：动画演示\第 13 章\标注端盖工程图.mp4

（1）注释设置。选择"菜单"→"首选项"→"制图"命令，打开如图 13-58 所示的"制图首选项"对话框，对其中的选项进行设置。

图 13-58　"制图首选项"对话框

（2）标注圆柱尺寸。选择"菜单"→"插入"→"尺寸"→"线性"命令，打开"线性尺寸"对话框。在对话框中选择"方法"下拉列表中的"圆柱式"选项，选择左视图中各端面的端点进行合理的尺寸标注，如图 13-59 所示。

（3）标注直径尺寸。选择"菜单"→"插入"→"尺寸"→"径向"命令，选择主视图中的圆进行合理的尺寸标注，如图 13-60 所示。

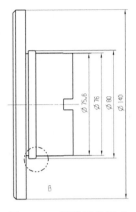

图 13-59　标注圆柱尺寸

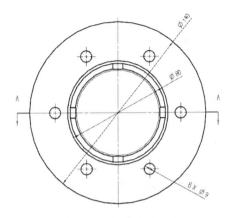

图 13-60　标注直径尺寸

（4）标注直线尺寸。选择"菜单"→"插入"→"尺寸"→"快速"命令，进行线性尺寸标注，如图 13-61 所示。

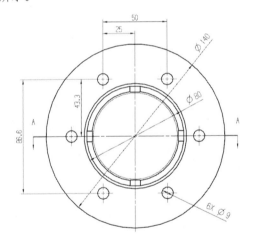

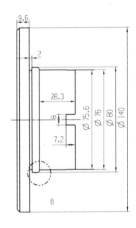

图 13-61　标注直线尺寸

（5）标注公差。选择要标注公差的尺寸，右击，打开如图 13-62 所示的快捷菜单，选择"编辑"命令，打开如图 13-63 所示的"编辑尺寸"对话框。在"公差"下拉列表中选择公差类型，选择"公差值"选项，在公差文本框中输入公差值，结果如图 13-64 所示。

（6）技术要求。选择"菜单"→"插入"→"注释"→"注释"命令或单击"主页"选项卡"注释"组中的"注释"按钮 A，打开如图 13-65 所示的"注释"对话框。在文本框中输入技术要求文本，拖动文本到合适的位置处单击，将文本固定在图样中，效果如图 13-66 所示。

图 13-62　快捷菜单

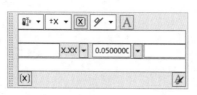

图 13-63　"编辑尺寸"对话框

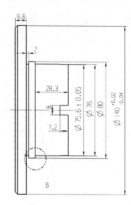

图 13-64　标注公差

图 13-65　"注释"对话框

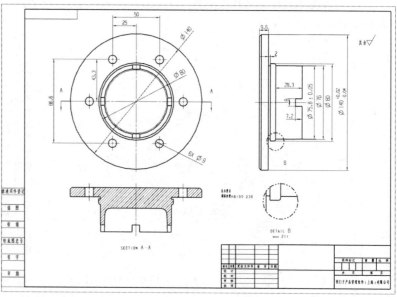

图 13-66　最后效果

扫一扫，看视频

13.7　综合实例——创建轴承座工程图

源文件：源文件\13\轴承座工程图.prt

　　本实例主要介绍工程制图模块的各项功能，包括创建视图、视图预设置、投影等制图操作，最后生成如图 13-67 所示的轴承座工程图。

操作步骤　视频文件：动画演示\第 15 章\轴承座工程图.mp4

（1）新建文件。选择"文件"→"新建"命令或单击"主页"选项卡"标准"组中的"新建"按钮，打开"新建"对话框。在"图纸"选项卡中选择"A3-无视图"模板，在"关系"下拉列表中选择"引用现有部件"。在"要创建图纸的部件"栏中单击"打开"按钮，打开"选择主模型部件"对话框。单击"打开"按钮，打开"部件名"对话框，选择要创建工程图的"轴承座"零件，然后连续单击两次"确定"按钮。

（2）创建基本视图。进入制图界面后，系统自动弹出如图 13-68 所示

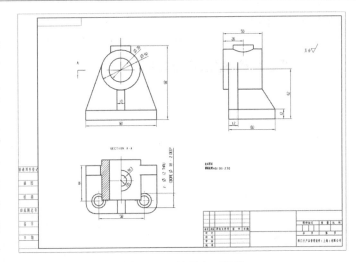

图 13-67　轴承座工程图

的"基本视图"对话框，单击"定向视图工具"按钮，打开如图 13-69 所示的"定向视图工具"对话框，指定法向矢量为 ZC 轴，指定 X 向矢量为 XC 轴，将视图定向为如图 13-70 所示的位置。单击"确定"按钮，将视图放置到适当位置，创建如图 13-71 所示的基本视图。

图 13-68　"基本视图"
对话框

图 13-69　"定向视图工具"
对话框

图 13-70　定向视图

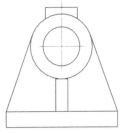

图 13-71　基本视图

（3）创建投影视图。系统自动弹出如图 13-72 所示的"投影视图"对话框，视图根据鼠标所在位置投影不同的视图，如图 13-73 所示，在基本视图右边单击，然后单击"投影视图"对话框中"关闭"按钮，完成投影视图的创建。

（4）创建半剖视图。选择"菜单"→"插入"→"视图"→"剖视图"命令或单击"主页"选项卡"视图"组中的"剖视图"按钮，打开"剖视图"对话框，如图 13-74 所示。在"方法"下拉列表中选择"半剖"，单击"选择视图"按钮，按系统提示选择半剖视图的父视图。选择屏幕中的基

本视图为父视图，捕捉基本视图的圆心为半剖视图的切割位置，再捕捉基本视图的圆心为半剖视图的折弯位置，完成半剖视图的创建，如图 13-75 所示。

图 13-72　"投影视图"对话框

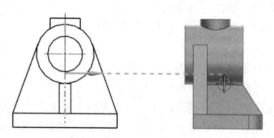

图 13-73　投影视图

图 13-74　"剖视图"对话框

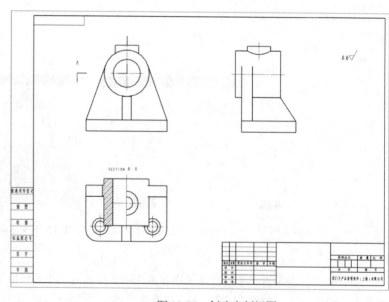

图 13-75　创建半剖视图

（5）利用各种标注方式进行尺寸标注，如图 13-76 所示。

（6）标注技术要求。选择"菜单"→"插入"→"注释"→"注释"命令或单击"主页"选项卡"注释"组中的"注释"按钮A，打开如图 13-77 所示的"注释"对话框。在"文字类型"下拉列表中选择 chinesef_fs，在"大小"下拉列表中选择 1.5，在对话框中部文本框中输入技术要求，单击"关闭"按钮，将文字放在图面右侧中间位置。创建的轴承座工程图如图 13-67 所示。

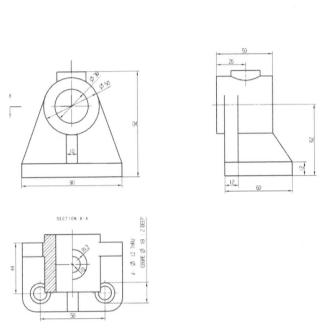

图 13-76　标注尺寸

图 13-77　"注释"对话框